.

www.cyber.co.kr

IT

알기 쉬운 첨단산업기술

이 상 혁 저

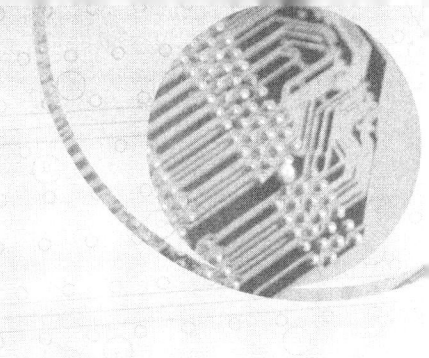

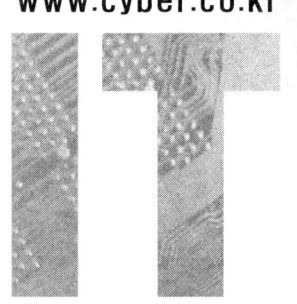

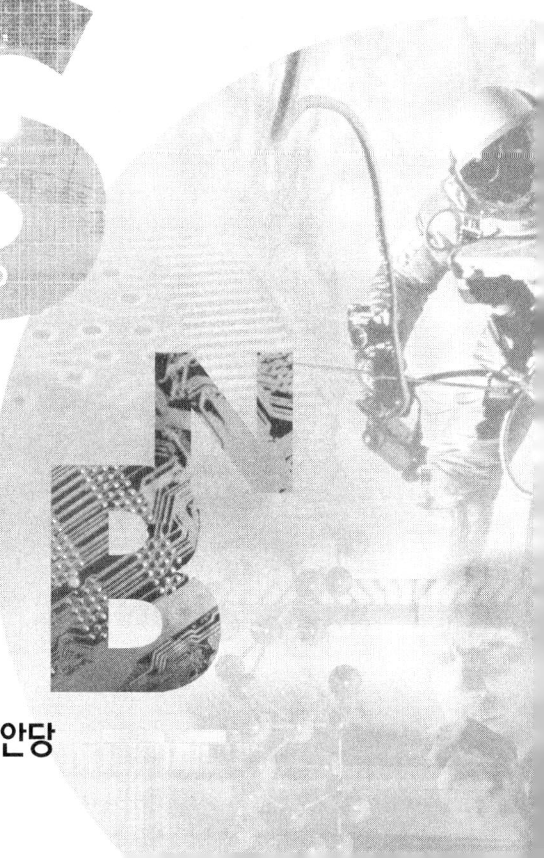

BM 성안당

인류는 원시 시대부터 현대의 문명 시대까지 오랜 기간 동안 과학 기술 문명을 끊임없이 발전시켜 왔다. 그 결과 오늘날 인류의 문명은 최첨단 산업사회(最尖端 産業社會)를 이룩하고 있다.

땅 위에는 초고속 열차가 레일 위를 떠서 시속 570km로 달리고 있으며, 하늘에는 초음속 비행기가 하루에 40,000km나 되는 지구 둘레를 한 바퀴 돌고 있다.

집안에서는 컴퓨터에서 인터넷을 이용하여 세계의 정치, 경제, 사회, 문화, 역사 및 교육 등에 관한 각종 자료를 찾아볼 수 있다. 그뿐만 아니라 집안에서 인터넷으로 국·내외 여행 티켓을 예약하고, 예금 통장을 확인하여 다른 사람에게 송금한다.

물건을 만드는 생산 공장에서는 사람 대신 산업용 로봇이 일을 한다.

지금부터 100년 전에 살았던 조상이 깨어났다고 하자. 그 분에게 이와 같은 현대의 상황을 이야기하면 믿겠는가? 그러나 현대에 살고 있는 우리들은 이와 같은 첨단 산업기기의 편리성을 알고는 있으나, 상식적인 내용도 이해하지 못하는 사람들이 많이 있다.

오늘날 과학 기술은 하루가 다르게 새로운 기계 기구와 장비 등을 만들어 내고 있다.

현대의 많은 문명기기들이 사용하는 엄청나게 많은 에너지는 어떻게 공급되고 있을까? 컴퓨터의 기억 소자는 어떻게 그 많은 양을 기억할까? 휴대폰은 선이 없이 어떻게 통화가 가능할까? 이와 같은 의문을 갖게 되면 궁금한 것들이 상당히 많아진다. 그뿐만 아니라 사람들은 계절에 관계없이 멀리 떨어진 남미나 아프리카의 과일도 언제나 사서 먹을 수 있다. 그 뿐만 아니라 동·식물의 돌연 변이를 인공적으로 일으켜 자연의 생태계가 변화되고 있다. 본인도 모르는 사이에 다이옥신이라는 물질이 몸에 축적되어 이름도 모르는 희귀병에 걸리는 수도 있다.

현대 사회를 정보화 지식 사회라고 한다. 이러한 시대에는 생활에 필요한 지식이 빈약한 사람은 삶의 경쟁에서 뒤지게 된다.

초·중·고등학교 교육에서는 몇 개의 도구 과목만을 강조하여 지도하기 때문에 현대의 문명기기에 대한 상식은 잘 알지 못하고 성인이 된다. 따라서 저자는 다년간 대학에서 대학생과 대학원생을 대상으로 강의하던 내용을 매년 업그레이드(upgrade)하고 수정 보완하여 이 책을 세상에 내놓게 되었다.

이 책에는 용어의 ( ) 안에 한자와 영어 단어를 함께 실었기 때문에 처음 대하는 사람은 내용이 어렵다고 느낄 수도 있으나, 그 의미를 쉽게 이해할 수 있도록 한 것이다. 그러므로 중·고등학교 학생은 물론 대학생과 대학원생들까지 폭넓게 이용할 수 있을 것이다. 특히, 중·고등학교 교사들이 이 책을 읽고 현대의 첨단 산업에 대한 상식을 넓힐 수 있도록 권장한다.

끝으로, 이 책이 나오기까지 옆에서 도와 준 민경일, 김수옥 선생님과 출판을 맡아 준 성안당 이종춘 회장님께 감사드린다.

저자 이 상 혁

차 례

2 0 0 0 년 대 의 현 대 산 업 기 술

오늘날 세계는 지구촌화되어 모든 정보나 지식이 급속도로 전파되고 있다. 2000년대를 지식 정보화 사회, 지식 산업 사회라고 하며, 어떤 사람들은 우주 시대, 지구촌 시대, 첨단 산업 사회라고도 한다. 이와 같은 시대에 우리들은 개인의 삶 양식을 새로운 패러다임으로 바꾸어 가야 한다.

I

2000년대의
첨단 산업 기술

1 ▶ 2000년대의 기술 문명 사회

　오늘날 세계는 지구촌화되어 모든 정보나 지식이 급속도로 전파되고 있다. 2000년대를 지식 정보화 사회, 지식 산업 사회라고 하며, 어떤 사람들은 우주 시대(space age), 지구촌 시대(global village age), 첨단 산업 사회(extreme industrial society)라고도 한다. 이와 같은 시대에 우리들은 개인의 삶 양식(樣式)을 새로운 패러다임(paradigm)으로 바꾸어 가야 한다.

　지금으로부터 약 10,000년 전부터 인간은 한 지역에 정착하여 농사를 짓고 가축을 기르는 농업을 17세기 말까지 수천 년 동안 유지해 왔다.

　18세기에 들어와 증기 기관의 발명에 의한 산업 혁명이 일어난 후 인간 사회는 급속도로 바뀌게 되었다.

　반도체(半導體, semi-conductor)에 의한 컴퓨터의 등장으로 종래 대부분의 기계는 자동화 기계로 바뀌어 그 기계 조작을 산업용 로봇이 하게 되었다. 또한, 선배로부터 배워오던 지식과 기술의 전수(傳授)가 무너져 가치관(價値觀)에 큰 변화를 가져오게 되었다.

　21세기 지식 기반 사회에서는 창조적 지식이 다른 생산 요소보다 더 큰 부가가치를 창출하게 된다. 그러므로, 앞으로 다가오는 사회는 현재의 연장이 아니고 경제적, 사회적, 문화적으로 큰 변혁을 가져 오게 될 것이다. 최근에는 창출된 새로운 지식들이 인터넷(internet)을 통해 수 초(sec) 안에 전 세계로 전파되고, 그 전파된 지식들이 또 다른 지식과 만나 순식간에 더 창의적이고 가치(價値)가 더 높은 지식으로 전환하게 된다.

　지식 기반 사회에서는 무지한 사람은 살기가 어렵고, 새로운 지식을 많이 보유한 자가 승리한다. 그러므로 미래의 사회는 더욱더 사람이 중심이 되고, 교육이 중심이 되며, 평생 학습이 보편화되는 사회이다.

2 ○ 2000년대의 새로운 기술

2000년 이후의 미래 산업 사회는 기초 과학은 물론 농업, 공업, 수산업, 의학 및 유전 공학 등 모든 분야에서 더욱 크게 변화될 것으로 예측하고 있다.

그림 I-1은 세계 각국 2,000명의 전문가들이 예측한 2010년까지 발전될 기술의 내용이다.

그림에서 보면 2007~2008년에는 암세포를 퇴치할 수 있으며, 2010년경에는 진도 6도 이상의 지진도 정확하게 예보할 수 있다. 그러나 2014년 3월 현재 이들 기술은 아직 미진한 부분이 있다. 또한,

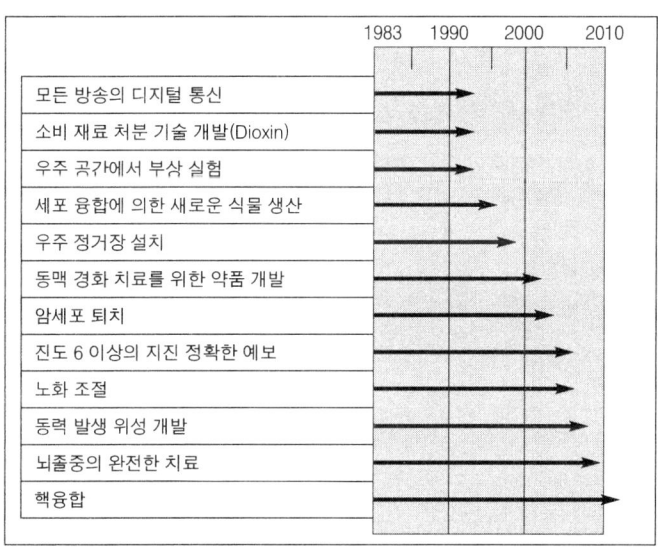

그림 I-1 ▲ 세계 각국 2000명의 전문가들이 예측한 2010까지의 발전될 공업 기술
[참고 자료 : Michael, R. K., Technology Literacy, University of North
Texas Denton Texas(1991), p. 98]

주사나 약물 복용에 의한 노화 조절도 가능하다. 다시 말해 사람이 나이가 많아 늙으면 피부가 노쇠화되는데, 그것을 젊었을 때의 피부로 유지한다는 것이다. 그뿐만 아니라 2015년 이후에는 핵융합 기술의 연구가 활발하게 진행되어 요즘 사용되는 원자력 발전소는 핵융합 발전소로 바뀌게 될 것이다.

　미래 산업 사회는 새로운 첨단 산업 기술이 개발되어 제품의 생산 주기가 더욱 단축되고, 정보 통신 산업의 우주화로 세계가 지구촌화됨에 따라 국제화 경쟁이 더욱 치열해질 것이다.

미래 산업 사회		
기술 혁신의 가속화	정보화 사회화	국제 경제의 심화
1. 제품 생산 주기의 단축 2. 핵심 기반 기술의 실용화 3. 신규 첨단 산업의 출현 4. 기술 이전 기피 및 지적 재산권의 보호 강화 5. FMS,* CIM**등에 의한 자동화	1. 사회 전반의 기반 구축 2. 사회 전 분야의 정보 네트워크화 3. 소프트웨어 비중의 증대 4. 정보 통신 산업의 우주화 및 광역화	1. 경제 문화 교류의 지구촌화 2. 세계의 동시 정보 권화 3. 지역별 경제 블록화 4. 기업 강점 집중 육성 및 전략적 제휴의 강화

* FMS : Flexible Manufacturing System(유연 자동화 시스템)
** CIM : Computer Integrated Manufacture(컴퓨터 통합 제조)
그림 Ⅰ-2 ▲ 산업 성장에 따른 산업 구조의 변화

3 ▶ 2000년대를 주도할 새로운 기술 공업 분야

우리 나라의 미래 유망한 기술 공업 분야는 다음과 같다.

(1) IT(Information Technology)
컴퓨터 프로그래머, 정보 처리사, 웹 디자이너, 컴퓨터 그래픽 등 새로운 직업이 상당히 늘어나고 있다.

(2) BT(Bio-Technology)
생명 공학 분야 → 무병 장수, 식량 해결, 삶의 질 향상 등

(3) ET(Energy Technology)
새로운 에너지 자원 개발 및 환경 분야(Environment Technology)

(4) NT(Nano Technology)
반도체 분야, 신소재 분야, 생명 공학 분야, 새로운 의약품 제조 분야 등

(5) CT(Culture Technology)
첨단 문화 예술 분야

(6) ST(Space Technology)
우주 항공 기술 분야

4 ▷ 현대 산업 기술의 이해

(1) 산업의 학문적 분류

산업을 학문적으로 분류하면 농업, 공업, 상업, 수산·해양업 및 가정으로 나뉜다. 농업에서는 곡식류, 야채류, 육류, 우유 등이 생산되고, 공업에서는 자동차, 선박, 비행기, 텔레비전, 냉장고, 세탁기, 비디오, 컴퓨터, 옷, 신발 등 여러 가지 제품이 생산되며, 수산·해양업에서는 각종 바다 물고기, 조개류, 미역, 다시마 등 해산물이 생산된다.

이들 농업, 공업, 수산·해양업에서 생산된 제품들은 상업의 유통 과정을 거쳐 가정에 배급되므로 가정은 모든 제품의 소비처이다. 학문적으로 분류된 가정은 의·식·주를 주로 다루며, 농업·공업·수산·해양업에서 생산된 제품을 배급받아 지혜롭게 소비하는 방법을 연구한다.

신규 첨단 산업의 출현으로 농업, 공업, 수산·해양업에서 생산되는 과정이나 장치 및 기계·기구가 새롭게 바뀌어 가고 있으며, 제품의 생산 주기도 단축되고 있다.

(2) 기술의 발달과 인류의 문화

조물주는 육지의 대부분 동물에게 천연의 옷을 주었고, 먹이를 찾는 방법을 가르쳐 주었다. 그러나 인간에게는 천연의 옷을 주지 않고 지혜를 주었다. 그러므로 고대 사회에서부터 인간은 좀더 영양가 높은 음식을 먹고, 보다 좋은 옷과 좋은 집에서 편안하게 살기를 원했다. 따라서 이와 같은 욕구(欲求)를 충족시키기 위해서 인간은 일을 하기 시작했고, 이 일을 보다 더 능률적이고 효과적으로 하기 위한 방법을 연구하게 되었다.

인간은 기본적인 衣·食·住가 해결된 후에는 여가를 유용하게 활용하려고 했으므로 새로운 취미를 갖기 원하게 되어 생활의 질이 빠른 속도로 향상되었다. 이에 따라 예술을 추구하고 자기의 존재와 삶의 목적을 생각하게 되어 예술(藝術), 종교(宗敎), 철학(哲學)이 발생되었다.

(3) 생활에 사용되는 재료의 변화

인류가 사용해 온 재료는 다음과 같은 시대로 변화하였다.

石器 時代 ⇒ 靑銅器 時代 ⇒ 鐵器 時代 ⇒ 鋼鐵 時代 ⇒ Plastic 時代(1960년대) ⇒ ceramics 時代(1970년대) ⇒ 新素材 時代(1980~2000)

태초 석기 시대의 인류는 불을 발견하고 불의 온도를 높이는 방법을 알면서 950℃ 정도에서 녹는 금속인 구리(Cu)를 발견하였다. 그러므로 구리로 여러 가지 물건을 만드는 청동기 시대가 왔다. 그 후 인류는 불의 온도를 더욱 높이는 방법을 연구해 내면서 1,538℃에서 순철(Fe)을 발견하여 철기 시대를 맞이한다. 나무나 석탄 등에 불을 붙여 부채나 풀무로 바람을 불어 주면 불의 온도는 더욱 올라간다. 이 때 불어 주는 바람을 가열하여 뜨거운 공기를 불어 주면 불의 온도는 더욱 올라간다. 또한, 순수한 산소(O_2)를 불이 주면 불의 온도는 더 높게 올라간다.

철(Fe)은 1,500℃ 정도에서 녹기 때문에 철을 넣고 녹일 도가니를 무엇으로 만들어야 할지 연구하게 되었다. 철을 녹이는 도가니를 철로 만들면 열을 가했을 때 철과 함께 녹기 때문이다. 이 때 연구해 낸 것이 내화(耐火) 벽돌이다.

내화 벽돌로 큰 도가니를 만들고, 그 안에 철(Fe), 석탄, 나무, 석회석 등을 넣고 같이 태워 철을 녹였다. 이와 같이 만든 도가니가 고로(高爐) 또는 용광로(cupola)이다. 그런데 이 때 얻어진 철은 단단하기는 하지만, 잘 부러지고 쪼개졌다. 이러한 원인은 무엇 때문일까? 석탄과 나무가 같이 타면서 철을 녹일 때 철(Fe)에 탄소(C)를 많이 포함시킨 것이다. 즉, 탄화철(Fe_3C)이 된 것이다. 그러므로 이 탄화철에서 탄소를 내보내는 방법을 연구하게 되었다. 탄화철(Fe_3C)에 순수한 산소를 보내 주었더니, $Fe_3C + O_2 \rightarrow 3Fe + CO_2$가 되어 탄소의 양을 줄일 수 있었다. 이와 같이 하여 강철(鋼鐵) 시대가 온 것이다.

철은 무게비로 보아 주철은 탄소의 양이 2.11~6.67%이고, 강철은 탄소의 양이 0.01~2.11%이다. 다시 말해 탄소가 2.11% 이하를 강철이라 한다. 철의 전체 무게를 100g이라 할 때, 철(Fe)은 97.89g이고, 탄소(C)는 2.11g인 것이다.

최근 포항 제철소나 광양 제철소에서 철을 만드는 방법은 고로(高爐)에 철(Fe) + 석회석($CaCO_3$) + 코크스(cocks)를 일정 비율로 섞어 넣고 열풍(더운 공기)으로 불어넣어 녹인다. 코크스는 석탄숯이라 할 수 있는 것으로, 코크스 공장에서 콩알 크기 정도로 동글동글하게 만든다. 2005년 3월 현재 우리 나라 철강 제조량은 세계 6위이다.

플라스틱은 원유(原油, crude oil)를 정제할 때 나오는 부산물로 얻게 된다. 선진국에서는 1960년대부터 가볍고 질기며 단단한 플라스틱(plastic)을 생활 도구의 재료로 사용해 왔다. 우리 나라에서는 최근에 플라스틱이 각종 그릇, 신발, 자동차 부품 등 생활 도구에 많이 쓰이고 있으며, 두 가지 이상의 재료를 혼합하여 만든 복합 재료(復合材料)가 가정용과 산업용으로 많이 쓰이고 있다.

복합 재료의 활용 예로는 오토바이를 탈 때 머리에 쓰는 헬멧(helmet)이나 바다 위에 뜨는 요트(yacht)를 들 수 있는데, 이것들은 탄소 섬유 강화 플라스틱(CFRP; Carbon Fiber Reinforced Plastic)으로 만든 것이다. 최근에는 이 CFRP가 화장실 변기, 소형 인공 폭포, 비행기의 날개와 문, 자동차 부품 등에 많이 쓰인다.

2000년대를 신소재(new material) 시대라고 한다. 신소재에는 각종 센서, 파인 세라믹스(fine ceramics)인 압전 세라믹스와 열전 세라믹스, 형상기억합금, 초전도 재료 등이 인간 생활을 크게 변화시켜 주고 있다.

센서(sensor)는 사람의 5가지 감각(시각, 청각, 후각, 미각, 촉각) 기능 즉, 오감(五感)을 기계나 기구가 구별할 수 있게 하는 것이다. 최근에는 산업용 로봇(robot)에 센서를 장치하여 로봇이 사람의 역할을 대신하고 있다.

압전 세라믹스는 순식간에 큰 전류를 일으키는 가스 라이터, 전자 레인지, 전화기의 송·수신 떨림판, 텔레비전, 오디오, 가습기 등에 주로 사용된다.

열전 세라믹스는 화장실의 자동 수세 장치, 도난 방지기, 야간 촬영 장비, 정글 속에서 적을 탐지하는 장비에 주로 쓰인다.

형상기억합금은 어떤 제품이 상온에서 외력(外力)을 받아 모양이 변해도 이것을 일정한 온도로 가열해 주면 원래 모양으로 되돌아오는 성질을 가진 금속으로, 니켈(Ni)−티탄(Ti) 합금과 구리(Cu)−아연(Zn)−알루미늄(Al) 합금이 많이 쓰인다. 이 형상기억합금은 인공 위성의 안테나, 로봇, 제트 전투기의 부품, 자동차 부품, 안경 프레임 및 여성용 브래지어 등에 많이 쓰이고 있다.

초전도 재료(超傳導材料, super conductor material)는 전기 저항이 급격히 떨어져서 0에 가까워지는 재료이다. 납(Pb) 또는 수은(Hg)의 합금이나 금속 간 화합물을 질대 0도(−273℃)까지 냉각시켜 주면 저항이 급격히 떨어져서 전기의 전도도가 불연속적으로 커지게 된다. 초전도 재료는 초전도 자기 부상 열차에 주로 쓰이며, 이 열차는 저항이 거의 없어 시속 570km까지 달릴 수 있다.

(4) 현대 산업의 변화

우리 나라의 산업 구조는, 농업화 시대(1962년 이전) → 공업화 시대(1962년~1993년) → 정보화 시대(1994년~2000년) → 서비스화 시대(2001년 이후)로 바뀌어 가고 있다.

우리 나라는 1945년 일본의 통치하에서 해방되어 1960년까지는 농업 국가로서 빈곤에 허덕이며 살아왔다.

1961년 5월 16일 박정희 대통령이 군사 혁명으로 집권하면서 1962년부터 공업 입국으로 경제개발 5개년 계획이 시작되었다. 공업의 불모지에서 신발, 가발, 피복 등 경공업부터 시작하여 중공업 → 중화학 공업으로 발전하였다. 그 결과 우리 나라는 공업 국가로서 2005년 3월 현재 교역량 세계 11위까지 향상된 선진국 대열에 서게 되었다.

　1960년대까지는 우리 나라의 국가 경제가 빈약하여 국민 소득이 많지 않으므로 어떤 물건이든지 갖기만을 원하였다. 그러므로 한 가지 종류의 물건을 대량 생산하는 소품종 다량 생산(小品種多量生産) 체제였다. 그러나 2000년대에 들어와 국가 경제가 향상되어 국민 소득이 증대됨에 따라 사람마다 욕구와 취향이 달라 각자의 개성을 찾게 되었다. 그러므로 주로 옷, 신발, 그릇류 등은 한 가지 종류를 대량으로 생산하는 것을 기피하게 되었다. 이와 같이 자기만의 취향에 맞는 주문 생산을 요구하게 되면서 다품종 소량 생산(多品種少量生産, order made production) 체제로 바뀌게 되었다. 또한, 바코드(bar-code)에 의한 컴퓨터 통합 생산(CIM; Computer Integrate Manufacturing) 체제로 바뀌고 있다.

　농업 분야에서는 새로운 재배 기술로 과일과 야채는 계절에 관계없이 연중 생산되고, 세포 융합에 의한 새로운 곡물이 생산되고 있다. 집에서 가축으로 키우던 소, 돼지, 닭, 오리 등은 대규모 목축업으로 바뀌고, 수정자 이식법에 의해 소 한 마리가 400~600마리의 새끼를 낳는 방법도 등장한지 오래 되었다.

　산업의 발달로 사람들은 도시로 모이게 되어 도시는 많은 사람들을 수용하기 위해 고층 아파트가 숲을 이루게 되었다. 도시에서는 동시에 모이는 쓰레기, 생활 하수 때문에 개천과 강의 생물들이 살지 못하게 되어 생태계가 파괴되고, 환경 오염이 인간의 생존마저 위협하고 있는 실정이다. 산밑에 작은 동네를 이루어 이웃 사람들끼리 옹기종기 모여 살던 마을은 사람이 살지 않는 폐허로 바뀌어 가고 있다.

　제품을 생산하는 공장의 크고 작은 기계와 장치는 물론, 도시의 고층 빌딩마다 설치된 에어컨디셔너, 텔레비전, 선풍기, 냉장고 등 전자 제품들은 많은 전기 에너지를 요구하고 있다. 그러므로 수력 발전소와 화력 발전소에서 발전되는 전기량만으로는 부족하기 때문에 원자력 발전소를 20기나 가동시키고 있다. 2014년 3월 현재 우리 나라의 전기 에너지 공급은 화력 발전이 55.6%, 원자력 발전이 43%, 수력 발전이 1.4%를 차지하고 있다.

정보 산업 분야에서는 IT(Information Technology) 기술은 활용 측면에서 세계 1위이고, 전화 사정 역시 세계 1위이다.

2014년 3월 현재 우리 나라 인구 5,000만 중 약 3,500만 명이 휴대용 전화를 가지고 있다.

신호 체계도 아날로그(analog) 신호에서 디지털(digital) 신호로 바뀌어 광케이블을 이용함으로써 텔레비전 화면이 선명하고, 전화도 선 2개로 750통화까지 가능하게 되었다. 그 뿐만 아니라 최근의 스마트폰은 컴퓨터의 모든 기능을 하고 있다.

자기의 휴대 전화로 세계 어디에서나 통화가 가능하고 신용 카드나 신분증, 휴대용 TV, 전자 인감 증명, 자동 경보, 자동차 도난 감시, 인터넷 검색, 인터넷 뱅킹, 네비게이션, 화상 통화, 소셜 네트워크(SNS) 등 그 역할이 다양하여 우리들은 너욱 편리한 생활을 할 수 있게 될 것이다.

참고 문헌

- 공정호(2004). 10년 후 한국. 해냄.
- 이상혁 외 2인(1999). 기술 교과 교수 학습 방법론. (주)교학사.
- 이상혁(1992). 현대 산업 기술의 이해. 대한교과서(주).
- 대한 공업 교육학회(1993). 工業敎育의 課題와 發展方向. 學術發表誌.
- 이선(1999). 지식기반 사회를 향한 인력자원 개발의 방향과 과제. 제2차 KRIVET HRD. 정책 포럼, 한국직업능력개발원.
- Bame, E. allen & Cumming Paul(1980). Exploring Technology, Davis publications, Inc.
- Bloom, S. S., Madaus, G. F. & Hastings, J.T.(eds). (1981). Evaluation to improve Learning, N. Y.; McGraw Hill.
- Michael, J. Dyrenfurth & Michael, R. Kozak(1991). Technology Literacy, 40th year 1991, Glencoedivision, Macmillan/McGrawhill.
- OECD(1996). Employment and Growth in Knowledge based economy.

에   너   지   자   원

미래의 에너지 자원은 환경에 영향을 미치지 않고 고갈의 문제가 없는 에
너지 자원이어야 한다.

현재 사용되고 있는 화석 에너지의 사용에 따른 자원 고갈과 화석 연료 사
용에 따른 지구 온난화 및 지구촌 전체의 환경 문제 증가에 따른 대체 에
너지 자원 개발이 시급하게 되었다. 그러므로 쓰레기를 생물체에게 먹여
알코올이나 메탄올 등 탈 수 있는 연료나 가스를 만드는 방법을 연구하게
된 것이다.

II

에너지 자원 *

1 ❯ 화석 에너지 자원

화석 에너지 자원(fossil energy resources)에는 석탄(coal), 석유
(petroleum), 천연 가스(natural gas) 등을 들 수 있다. 이들 에너지
자원은 우리들 일상 생활에 직접적으로 영향을 미치고 있으며, 이것들
의 이용 역시 공업 기술 개발의 기초가 되는 에너지 산업의 원동력이
라고 할 수 있다.

예부터 인류는 넓은 해양에 있는 천연 자원 중에서 수산 자원에 많
은 혜택을 받아 왔으나, 20세기부터는 광물 자원인 철 금속, 비철 금
속은 물론 화석 에너지 자원 없이는 한시도 생존하기 어렵게 되었다.

(1) 석탄이 있는 곳

석탄은 오랜 옛날에 기온이 높고 습기가 많은 지역에서 번성하여 자
란 식물이 늪이나 호수에 매몰되어 시간이 흐름에 따라 많은 퇴적물이
덮여 산화 작용이나 박테리아(bacteria)에 의해 부패되지 않고 지층의
압력과 열에 의하여 변질된 것인데, 이와 같은 작용을 탄화 작용(炭火
作用)이라 한다. 이 작용은 땅 속에 묻혀 있는 식물이 공기와의 접촉이
없이 특수한 박테리아를 매개로 식물이 분해되는 동시에, 수분(H_2O分)
이나 이산화탄소(CO_2), 메탄 가스(CH_4) 등을 서서히 내보내면서 석탄

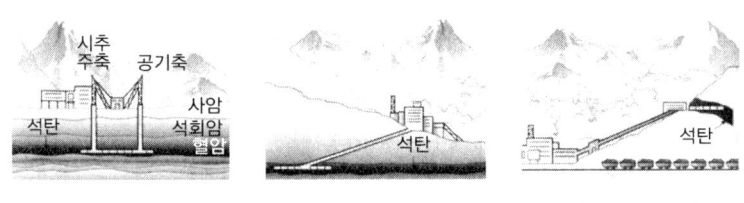

(a) 시추 채굴법   (b) 경사 채굴법   (c) 갱도 채굴법
그림 II-1 ▲ 석탄 채굴의 여러 가지 방식

이 된다.

석탄은 탄화 작용을 많이 받을수록 탄소(C)량이 많아져서 연소할 때 높은 열량을 내게 된다. 탄화 작용은 지층(地層)이 오랫동안 지열과 압력을 받거나 또는 지각 변동에 의해 달라지는 것을 말한다. 예를 들면, 제3기 지층 속의 석탄은 갈탄(褐炭)이지만, 고생대의 석탄은 일반적으로 무연탄(無煙炭)이나 유연탄(有煙炭)으로 되어 있다.

석탄의 종류는 탄화도(炭化度)에 따라 표 Ⅱ-1과 같이 나뉜다.

표 Ⅱ-1 ▼ 석탄의 종류

구분 석탄의 종류	세부 명칭	특 징	탄소 함유율(%)	열량(Btu/Kg)
토탄 (土炭, lignite)	이탄 (泥炭)	오래 되지 않아 탄화 작용이 불충분한 갈색의 석탄으로, 탈 때 매연과 악취가 많이 나며, 화력이 약하고 재가 많다.	22~29	24,000~35,000
아탄 (亞炭, sub-bituminous)	아갈탄 (亞褐炭)	식물이 완전히 부패되거나 분해되지 않고 진흙과 함께 늪이나 저수지에 퇴적된 것	38~50	37,000~49,500
유연탄 (有煙炭, bituminous)	갈탄(褐炭) 역청탄 (瀝靑炭)	고생대에서 많이 나며, 고압·고열에 의해 변질된 것으로 불이 쉽게 붙고, 연기가 많이 발생된다.	50~79	54,000~67,500
무연탄 (無煙炭, anthracite)		고생대부터 탄화 작용이 시작된 것으로 불이 늦게 붙으며, 연소시 연기가 나지 않으며, 화력이 강하고, 오랜 시간 연소한다.	91~97	58,500~66,500

(참고 자료) Anthony E. Schwaller(1980). Energy Technology Sources of Power, Davis Publication, Inc.

(2) 석유가 있는 곳

석유는 육지에서 바다로 흘러 들어가는 유기 물질과 바다에 사는 플랑크톤(plankton)이나 각종 해저 생물의 유해로써 이루어져 있다.

미생물의 유해는 점토분(粘土粉)과 같이 해저에 침전되고 쌓여진 유기 물질(有機物質)들은 이산화탄소(CO_2)나 물로 분해되지 않고 염기성 박테리아에 의해 메탄(CH_4) 또는 분자량이 큰 탄화수소(CH)로 변한다. 이와 같은 퇴적 작용이 계속되어 침전물은 지하에 묻히게 되고, 가해지는 지열 및 점토분의 촉매 작용으로 유기 물질의 일부가 원유로 변해간다.

또한, 석유가 모일 수 있는 조건은 휘발성이 강한 원유가 오랫동안 지층을 형성하여 오는 동안에 증발되거나 새어 나가지 않고 보존될 수 있는 다음과 같은 특별한 지질학적 조건이 필요하다.

첫째, 석유가 만들어져서 고일 수 있는 지하 동굴이 있어야 한다.

둘째, 동굴 밑바닥에는 석유가 올라올 수 있는 투과성 바위가 있어야 하고, 동굴 위 천정에는 석유가 지표면으로 투과하여 올라오지 못하도록 비투과성 바위가 덮개로 있어야 한다.

석유는 신생대 지층에 총 매장량의 60%가 있고, 중생대 지층에 25%, 고생대 지층에 15%가 들어 있다.

원유(crude oil)는 여러 가지 종류의 탄화수소가 용해되어 있는 천연산 그대로의 석유를 말한다. 대부분 원유의 색깔은 검은색이지만, 포함되어 있는 물질의 성분에 따라 갈색인 것도 있다.

배사형 구조(背斜形構造)를 이루고 있는 곳에서는 윗부분부터 가스, 석유, 소금물이 비중의 크기에 따라 분리되어 있다. 또한, 원유에 포함된 탄화수소는 유전에 따라 여러 가지 종류가 있고, 용해되어 있는 고체의 종류는 파라핀계, 나프틴계, 혼합계로 분류된다.

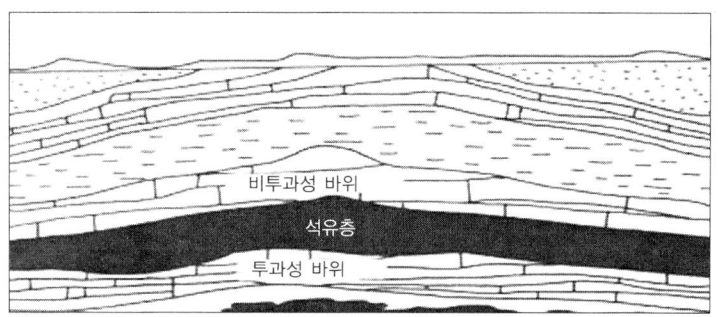

(a) 배사형 구조(anticline type)

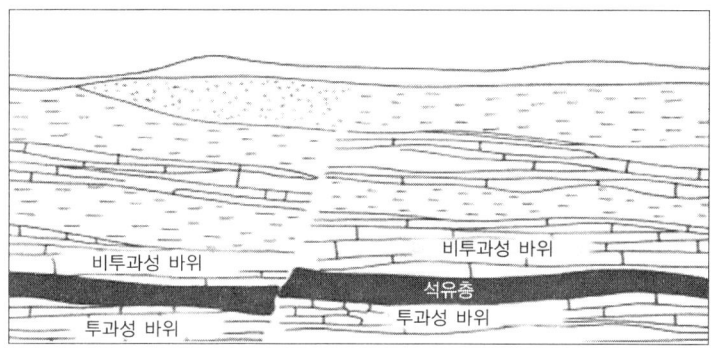

(b) 단층 구조(fault type)

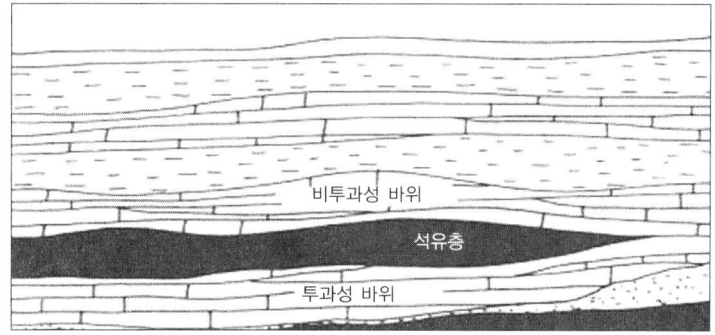

(c) 성층 구조(stratigraphic type)

그림 II-2 ▲ 석유가 있는 곳

2 ○→ 수소 에너지 자원

인류가 사용한 연료의 역사를 보면 나무, 석탄, 석유 및 천연 가스 등으로 고체, 액체, 기체 연료로 변천하여 가고 있다.

연료는 주로 탄소와 수소($C-H$) 성분으로 이루어지는데, 고급 연료로 변함에 따라 탄소보다는 수소가 많이 함유되는 구성을 이룬다. 궁극적으로는 탄소가 전혀 없이 순수한 수소만이 미래의 연료가 되리라는 예측이 가능하다.

현재의 에너지 공급은 화석 연료에 기초를 두고 있다.

세계 에너지 자원의 90% 정도는 석유, 천연 가스, 석탄 등에 의해 공급된다. 화석 연료는 에너지 밀도가 높고, 장기간의 보관이 가능하며, 수송의 편리성 등의 장점이 있다.

화석 연료를 이용하기 위한 주유소, 송유 시설, 파이프 라인 등의 기반 시설이 갖추어져 있다. 그러나 화석 연료는 매장량의 한계가 있어서 에너지 고갈과 그에 따른 가격의 폭등, 산업의 붕괴 현상이 발생될 것이다. 또한, 화석 연료는 자연 환경을 오염시킨다. 황산화물, 질소산화물, 탄화수소 등의 오염 물질이 배출되고, 화석 연료가 연소할 때에는 지구 온난화에 가장 큰 영향을 미치는 CO_2의 배출을 피할 수 없다.

미래의 에너지 자원은 환경에 영향을 미치지 않고 고갈의 문제가 없는 에너지 자원이어야 한다. 태양열 에너지, 수력, 풍력, 해수 온도차 및 파력 등의 에너지 자원은 열, 전기와 같은 유용한 에너지의 형태로 전환되어 사용된다.

수소는 현재의 석탄, 석유, 천연 가스 등의 에너지 자원을 대체하게 될 것이다. 수소는 화석 연료와 같은 방법으로 저장하여 수송할 수 있으며, 현재의 천연 가스 저장, 수송의 기반 시설을 그대로 활용할 수 있다. 태양열 에너지에 의한 수소의 생산이 경제적 경쟁력만 갖추게 되면 수소는 무한대의 완전 무공해 사이클을 이루는 에너지로 사용될 것이다. 수소의 원료인 물(H_2O)은 지구상에 많이 있고, 연소하면 연기가 나오지 않고 물이 생기는 등 미래의 무공해 에너지 자원으로서 가장 각광을 받고 있다.

1973년 10월 에너지 위기(energy crisis) 이래 세계 각국에서 수소 에너지 자원 개발이 활발히 전개되고 있는 실정이다.

오늘날 수소는 대부분 석유 탈황(石油脫黃), 암모니아 제조 등 화학 공업 부문의 원료적인 것으로 쓰이며, 그 제조 기술이 값싸게 대량 생산할 단계에 아직 이르지 못하고 있으므로 열원(熱源)으로서의 이용도는 아주 낮은 편이다.

(1) 수소

수소(水素, hydrogen)의 동위 원소로는 질량수 2 및 3인 것(중수소, 삼중 수소라고 한다)이 있지만, 다른 원소의 경우와는 달리 보통 수소 원자(질량수 1인 것)의 2배·3배로 되기 때문에 질량의 차가 뚜렷하여 성질의 차이가 크다. 그러므로 보통 수소를 프로튬(protium, H), 중수소를 듀테륨(deuterium, D), 삼중수소를 트리튬(tritium, T)으로 하여 구별한다.

수소는 1766년 영국의 헨리 캐번디시(Henry Cavendish, 1731~1810)에 의하여 처음으로 물질로서 확인되었다. 이것을 올바르게 원소라고 인식한 것은 프랑스의 A. L. 라부아지에(Antoine Laurent Lavoisier, 1743~1794)이다. 그는 1783년 뜨겁게 가열한 철관 속에 수증기를 통과시켜 물을 분해하여 수소를 얻는 데 성공하였다. 또한, 수소를 연소시키면 물이 생기는 사실도 밝혀내었다. 이로부터 그리스어의 물을 뜻하는 히드로(hydro)와 생성한다는 뜻의 제나오(gennao)를 합쳐 hydrogene이라 하였다. 영어 hydrogen은 여기에서부터 유래된 것이다.

수소는 지구상에 널리 분포되어 있다.

① 대기 상층부에는 대량으로 존재하나, 대기 하층부에는 극히 미소량 (0.00001부피%)이 있다.

② 화산의 분기(噴氣), 천연 가스 등에서 산출되기도 한다.

③ 셀룰로오스나 단백질이 세균의 작용으로 분해될 때 소량 발생한다.

④ 물 또는 많은 유기화합물을 이루어 널리 존재한다.

⑤ 지구 이 외의 천체(天體) 특히, 태양을 비롯한 많은 별에 수소 가스 및 원자 상태의 수소가 존재하는 것으로 알려지고 있다.

(2) 수소의 성질

수소는 원자 번호 1번으로 무색(無色), 무미(無味), 무취(無臭)의 기체로, 지구상에 존재하는 물질 중에서 가장 가볍다. 항상 수소 분자 H_2로 이루어진다. 임계 온도(臨界溫度)는 $-239.9℃$, 임계 압력은 $12.8 \ kg/cm^2$, 액화되는 온도는 $-259.14℃$이다.

산소와 수소가 2 : 1인 혼합물은 500℃ 이상에서 격렬하게 반응하여 폭발한다. 그 밖에 황과는 황화수소(H_2S)를, 질소와는 암모니아(NH_3)를, 염소와는 염화수소(HCl)를 생성한다. 또한, 많은 금속과도 직접 반응하여 수소화합물을 만든다. 금속 염화물이나 산화물을 가열하면 환원되어 금속을 생성한다.

수소는 일반적으로 화합물 중에서의 원자가는 양 1가(H_2O) 또는 음 1가(NH_3)의 값을 가진다.

(3) 수소의 제조법

현재의 수소 제조 원료로는,

① 화석 연료 유래의 탄소질 원료

② 메탄올(methanol, CH_3OH)

③ 소금 전기 분해의 부생 수소

④ 제철 부생 가스 중의 수소

⑤ 재래식 물 전기 분해

등의 방법이 이용되고 있다. 이 중 90% 이상이 주로 석탄가스를 포함한 석유 화학 공정에서 제조되고 있다.

현재와 같이 수소가 탄화수소로부터 제조된다면 수소의 경제성은 탄화수소의 가격(석유 가격)에 크게 의존하여 변동하게 된다. 또한, 제조시 탄화수소(HC)의 연소에 의해 발생하는 환경 오염 물질(CO_2, NO_x, SO_x, CO 등)은 이용 가능한 발열량을 기준으로 비교하면 줄지 않으므로 수소의 이점을 갖지 못한다. 따라서 수소 본래의 이점을 100% 살리기 위해서는 탄화수소가 아닌 원료 즉, 물을 원료로 사용한 수소 제조가 바람직하다고 할 수 있다.

① 현재 사용되는 수소의 제조법

㉮ 탄화수소의 수증기 개질에 의한 제조 : 나프타(naphtha) 또는 천연 가스에 수증기와의 반응으로 수소를 얻는 방법이다.

㉯ 탄화수소의 부분 산화 : 부분 산화의 특징은 원료의 불순물에 좌우되지 않고 수소 제조가 가능하여 중질유 및 석탄을 원료로 사용할 수 있는 특징이 있다. 원료를 산소 또는 공기, 수증기를 사용하여 1~50atm., 1,300℃ 전후에서 부분 산화 반응시켜 수소를 얻는다.

㉰ 메탄올로부터의 수소 제조 : 메탄올을 구리-아연 촉매상과 250℃ 이하에서 개질하여 합성 가스를 제조할 수 있다. 현재 메탄올을 이용한 수소 제조는 일부가 고순도 제조용으로 실용화 단계에 있다. 이 단계에서 중요한 것은 수소 제조기의 소형화, 고효율화와 시스템의 안정성 등이다.

㉱ 식염 전해로부터의 수소 제조 : 식염 용액의 전해에 의한 가성소다 제조시 수소가 발생한다.

㉲ 물의 전기 분해에 의한 수소 제조 : 물을 전기 분해할 때에는 양극(+)에는 니켈(Ni) 도금철을, 음극(-)에는 철(Fe)을 연결하고,

25~30%의 수산화칼륨 수용액(KOH)을 사용한다.

현재와 같은 물의 전기 분해법은 에너지 소비적 공정이므로 수소를 대량으로 제조하는 데에는 적절하지 못하다.

- 양극 반응 : $2OH^- \rightarrow H_2O + \frac{1}{2}O_2 + 2E^-$
- 음극 반응 : $2H_2O \rightarrow H_2 + 2OH^-$

② **미래의 수소 제조법**

㉮ **고분자 전해질을 이용한 물 전해** : 고분자 전해질은 불소(F)계 수지를 사용하고, 전극 반응에 관계하는 이온은 프로톤(H^+, proton, 양자)만 사용하므로 식염 분해에서와 같이 공존 이온에 의한 부반응으로 전류 효율이 저하되지 않는다. 또한, 순환액이 비전도성이므로 알칼리 전해에서의 누수 전류 손실이 없고, 순도도 99.999%로 높다.

㉯ **산화물 고체 전해질에 의한 물 분해** : 물 분해는 고온으로 될수록 이온 분해 전압은 낮아지고, 과전압도 적어진다. 따라서 수천 ℃의 고온에서 물 분해가 진행되면 고분자 전해질에 비해 저전압으로 조업하여 높은 에너지 효율로 수소 제조가 가능하다.

20여 년 전부터 이탈리아의 마르케티 연구소에서는 물에 브롬화칼륨(KBr)과 수은(Hg)를 넣고 700℃ 정도로 가열하여 산소와 수소가 이온 분리되는 방법을 개발하였다. 그러나 물을 700℃까지 가열하는 것도 경제성이 맞지 않아 좀더 낮은 온도에서 이온 분리가 되는 방법을 연구하고 있다.

㉰ **열화학 사이클에 의한 물 분해법** : 열화학법은 다단(多段)의 반응 사이클에 의해 1,000℃ 이하의 열원을 사용하여 물을 분해하는 것이 특징이다.

㉱ **물의 광분해법** : 식물의 광합성은 산화 사이클을 통해 물 분해가 진행되고 전자 에너지가 방출된다. 이 때 엽록체는 광에너지를

흡수하여 전자의 에너지 준위(準位)를 더욱 높이는 펌프 역할을
한다. 이 때 에너지 준위가 높아진 전자는 생성된 수소 이온과
CO_2로부터 탄수화물을 합성하게 된다.

(4) 수소 저장 합금

수소 저장 합금(水素貯藏合金)은 금속과 수소가 반응하여 생성된 금
속 수소화물이다.

태양 에너지를 이용하여 해수(海水)로부터 얻을 수 있는 수소는 자
원적 제약을 받지 않을 뿐만 아니라, 환경 보전 측면에서도 문제되지
않는 매우 좋은 에너지 매체로서 주목되었다. 따라서 안전하면서도 효
율적인 저장 방법과 수송 방법을 검토하게 되었다. 1960년 최초로 네
덜란드의 필립스 사에서 란탄(La)-니켈(Ni)계(系)의 수소 저장 합금을
개발하였다. 이것은 금속과 수소가 반응하면 금속이 수소 가스를 흡수
하게 되어 금속 수소 화합물을 생성하고, 이를 다시 가열하면 수소가
방출되는데, 금속에 따라 흡수와 방출의 양이 다르다. 그 중에서도 티
탄(Ti)-철(Fe) 합금, 란탄(La)-니켈(Ni) 합금, 마그네슘(Mg)-니켈
(Ni) 합금 등은 거의 실용화 단계에 있다.

(5) 수소의 특징

수소는 암모니아, 염산, 메탄올 등의 합성에 대량으로 사용되고 있
다. 그 밖에 기름을 경화시키기 위하여 수소를 첨가하거나, 액체 연료
의 제조, 산소 – 수소 불꽃으로 금속의 절단과 용접, 백금(Pt), 석영
(SiO_2, 石英) 등의 세공 등에도 널리 사용된다. 또한, 액체 수소는 끓
는점이 아주 낮기 때문에 냉각제로 사용되기도 한다.

수소의 특징을 요약하면 다음과 같다.
① 수소와 산소가 반응하여 연소하면서 2,700℃의 높은 열이 발생한다.
② 수소를 액체로 만들어 로켓 연료로 사용한 것은 오래 전부터이다.
③ 기체 수소를 계속 압축하면 압축되면서 열이 높게 올라간다. 그 주

위를 계속 냉각시키면서(약 −259.4℃까지) 압축시키면 기체 상태에서 액체로 바뀌게 된다.

④ 기체 수소를 액체 수소로 만들면 그 부피가 $\frac{1}{865}$ 로 줄게 된다.

⑤ 액체 수소 1g을 연소할 때 2,900 cal 정도의 열량이 나온다. 이것은 가솔린 1g의 열량보다 2배가 넘는다.

⑥ 수소를 자동차의 연료로 사용한다.

⑦ 가정에서는 도시 가스나 프로판 가스 대신 이용하는 것이 가능하다.

(6) 수소 연료의 장·단점

① 장점

㉮ 수소는 연료로 사용할 경우에 연소시 극소량의 NO_x 발생을 제외하고는 공해 물질이 생성되지 않으며, 직접 연소에 의한 연료로나 연료 전지 등의 연료로서 사용이 간편하다.

㉯ 수소는 가스나 액체로서 쉽게 수송할 수 있으며, 고압 가스, 액체 수소, Metal hydride(금속 수소 화합물 또는 수소 저장 합금) 등의 다양한 형태로 저장하는 것이 용이하다.

㉰ 수소는 궁극적으로는 무한정인 물을 원료로 하여 제조할 수 있으며, 사용 후에는 다시 물로 재순환이 이루어진다.

㉱ 수소는 산업용의 기초 소재로부터 일반 연료, 수소 자동차, 수소 비행기, 연료 전지 등 현재의 에너지 시스템에서 사용되는 거의 모든 분야에 이용될 수 있다.

② 단점

㉮ 순수한 수소를 얻는 데 비용이 많이 든다.

㉯ 액화하는 데 비용이 많이 든다.

㉰ 폭발성이 강하고, 발화하기 쉽다.

㉱ 증발성이 매우 크다.

(7) 수소의 이용

① **자동차 연료** : 수소가 에너지 자원으로서 갖고 있는 장점은 연소하면 매우 적은 양의 질소 산화물(NO_x)만을 발생할 뿐 다른 공해 물질이 전혀 발생하지 않는다는 점이다. 또한, 수소는 지구상에 존재하는 거의 무한한 양의 물을 원료로 만들어 낼 수 있으며, 사용 후에는 다시 물로 재순환되기 때문에 고갈될 걱정이 없는 무한 에너지 자원이다. 따라서 오늘날 저공해 자동차의 필요성이 대두되는 현대 사회에서 자동차의 연료로서 수소는 크게 환영받고 있다.

수소 자동차는 일반 가솔린 자동차와 달리 가솔린 대신에 수소를 연료로 하므로 배기 가스의 주성분이 물이며, 질소 산화물이 약간 배출되는 것 외에는 공해 물질을 거의 배출하지 않는다. 수소 자동차를 실용화하는 데 가장 중요한 문제는 수소의 저장 방법이다.

액체 수소 저장 탱크와 금속 수소 화합물을 이용한 수소 저장 탱크 등 두 가지 방법이 쓰인다.

액체 수소를 이용하는 경우, 수소를 액화시키는 것이 어렵고, 저장 도중에 수소가 손실될 수 있으며, 저장 탱크를 만드는 것 또한

그림 II-3 ▲ 수소 자동차

쉽지 않다. 수소 저장 탱크에 금속 수소 화합물을 이용하는 경우, 수소 저장 합금이 무거운 금속이므로 자동차의 자체 무게가 무거워지게 된다. 만일 현재의 자동차의 연료통 크기 정도 되는 40*l*짜리 연료통을 부착한다면 수소 저장 합금의 무게만 300kg이 넘는다. 그러므로 수소를 액화(液化, liquid)할 필요가 있다.

❖ **수소 자동차 연료의 문제점**

㉮ **충전소의 문제점** : 20년 간 수소 연료 차량 개발에 주력해 온 독일의 BMW 사는 수소 연료 충전소 문제로 고민을 하고 있다. 연료를 보충할 충전소가 가까이에 없으면 차가 잘 팔리지 않을 것이다. 그러므로 BMW 사는 운전자가 휘발유와 수소 가운데 선택할 수 있는 하이브리드(hybrid) 차량을 먼저 출시하였다. BMW 사는 2005년 5월 11일까지 BMW 그룹 네트워크를 통해 독일 내에서 이용할 수 있는 수소 연료 스테이션을 갖게 될 것이므로 2010년까지는 유럽의 전 지역에 충분한 수소 연료 기지 네트워크(network)를 설치할 계획을 수립해 놓고 있다.

㉯ **수소 공급의 문제점** : BMW 사는 효과적인 수소 제조에 대한 연구도 활발하게 진행하고 있으며, 물을 전기 분해하는 데 필요한 전기를 태양 에너지를 사용하여 경제적으로 충분한 수소를 생산하는 방안을 연구하고 있다.

㉰ **기체 수소의 액화 방법** : 기체 수소를 액체로 만들어 로켓(rocket) 연료로 사용해온 것은 오래 전부터이다. 기체 수소를 계속 압축하면 압축되면서 열이 높게 올라가며 더 이상 압축되지 않는다. 이 때의 온도가 임계 온도(critical temperature, 수소의 임계 온도 : 240℃)이고, 압력이 임계 압력(critical pressure)이다. 이 때 압축한 주위를 계속 냉각시키면 액체 수소로 바뀌게 된다. 이와 같은 방법으로 모든 기체는 액체로 만들 수 있다.

② **비행기 연료로 이용** : 수소의 가벼운 무게와 우수한 연소 성질 및 환경 친화성 때문에 수소는 비행기의 이상적인 연료이다. 독일과 러시아는 수소를 연료로 쓰는 항공 수송의 개발에 협력하기로 동의하였다. 일본은 수소가 연료로 사용되어질 것으로 기대되는 초음속의 수송에 대한 연구와 개발 작업에 들어갔다.

③ **항공 우주선에 이용** : slush hydrogen(액체와 고체 수소의 혼합물)의 효과로 기대되는 에어로 스파크 로켓 엔진(aero spark rocket engine)을 사용하고, 수소의 다른 독특한 성질을 사용하며, 저장소의 축소를 가져오게 됨으로써 기존 우주선 크기의 3분의 1로 작은 우주선을 제조할 수 있을 것이다.

④ **해군에서의 활용** : 독일 해군은 차기 잠수함 연료 동력을 위해 수소 연료 전지 공장을 합병시키기로 결정하였으며, 호주, 캐나다, 이탈리아 해군에서는 잠수함에 수소 연료 전지 이용을 실험하고 있다.

⑤ **연료 전지로 이용** : 1839년 영국의 그로브(Grove, R.William)에 의해 수소를 연료로 하는 최초의 연료 전지(燃料電池, fuel cell)가 제작, 실험되었으나 제조 비용, 연료의 특수성 및 짧은 수명 등으로 연구 개발이 미비하였다.

연료 전지는 우주선, 특수 잠수함, 무인 통신 중개소 등과 같이 단위 부피당 높은 발전 출력이 요구되는 곳에 사용하기 위하여 1960년 초부터 미국, 소련 등에서 본격적인 연구가 시작되었다.

미국 우주 개발 계획의 하나로 제너럴 일렉트릭(General Electric) 사에서 연료 전지를 개발하여 1965년에 우주선 제미니(Gemini; 쌍둥이자리의 뜻) 호에 장착하는 첫 번째 시도가 이루어졌다.

산업 혁명 이후 시작된 화력 발전은 심각한 지구 공해 문제와 1970년대 초의 석유 파동 등으로 자원 고갈 문제에 부닥치게 되었다. 이에 선진 세계 각국에서는 공해 요인이 적고 효율이 높은 연료 전지의 개발에 큰 관심을 갖게 되었다.

최근 현재 우리 나라에서도 미래의 에너지원 중 하나로 기대되는 연료 전지 개발에 많은 예산을 투입하고 있다.

㉮ 연료 전지의 장점
- 발전 효율이 35% 정도인 기존의 발전 장치보다 10~25% 더 높다.
- 환경 오염이 전혀 없다.
- 다양한 연료(석탄, 천연 가스, 석유 등)를 사용할 수 있다.
- 다양한 발전 용량의 제작이 가능하다. 발전소와 같은 대용량의 발전이나 자동차를 움직일 정도의 적은 양의 발전 등 발전 용량을 쉽게 조절할 수 있다.

㉯ 연료 전지의 단점
- 발전소 건설 비용이 많이 든다(기존의 화력 발전소 건설에는 1kW

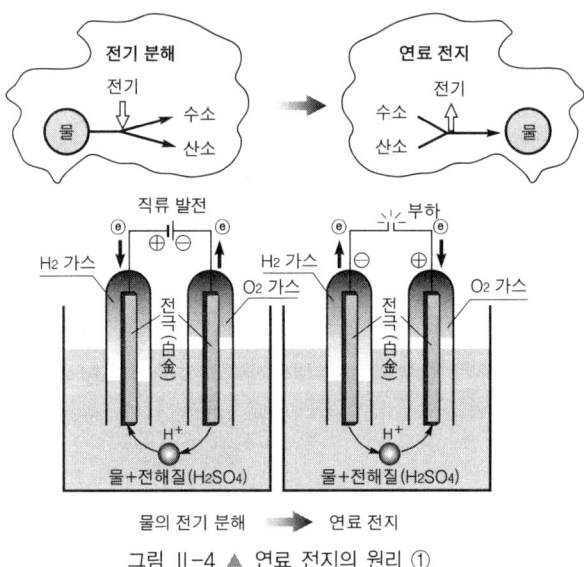

그림 Ⅱ-4 ▲ 연료 전지의 원리 ①

당 1,200$이 소요되나, 연료 전지 발전소 건설에는 3,000$ 이상이 필요하다).

- 연료 전지의 수명과 신뢰성을 향상시키는 기술적 연구 개발이 더 이루어져야 한다.

㉤ **연료 전지의 원리** : 물을 전기 분해하면 전극에서 산소와 수소가 발생한다. 연료 전지는 물의 전기 분해 역반응을 이용하는 것으로, 수소와 산소로부터 전기와 물을 만들어 내는 것이다.

연료 전지는 일반 화학 전지(예 건전지, 축전지 등)와 달리 수소와 산소가 공급되는 한 계속 전기를 생산할 수 있다.

그림 Ⅱ-4는 연료 전지의 기본 단위인 단위 전지에서 전기가 생성되는 과정을 나타낸 것이다. 이것이 바로 연료 전지에서 사용될 수소를 얻을 수 있는 방법이다.

천연 가스, 메탄올, 석탄 가스 등과 같은 화석 연료와 수증기가 만나게 되면 수소, 일산화탄소, 이산화탄소가 생성된다. 이 중에서 수소만을 골라 내어 연료 전지의 연료극에 수소를 공급한다. 이렇게 만들어진 수소를 밑에 있는 단위 전지의 연료극에 공급해 주는 것이다.

연료극과 공기극에 각각 수소와 공기(O_2)가 공급되어 전해질과 반응하여 이온을 형성된다. 이렇게 생성된 이온이 전기 화학 반

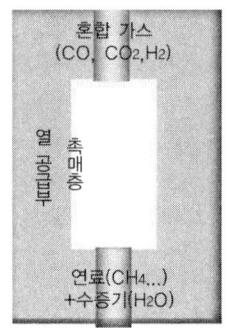
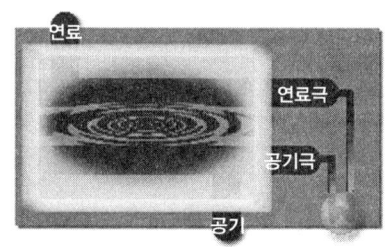

그림 Ⅱ-5 ▲ 연료 전지의 원리 ②

응을 일으켜 물을 형성하는 과정에서 연료극에서 전자가 생성되어 공기극으로 이동하면서 결국 전기가 발생된다. 연료 전지에서 전기를 일으키는 하나의 기본체인 셀(cell) 한 개에서 전기가 발생하지만, 이 전기의 양은 우리가 실생활에 사용하기에는 매우 적은 양이다. 그래서 셀들을 여러 개 포개서 많은 양의 전기 에너지로 사용하게 된다. 여러 개의 셀들을 모아 놓은 것을 스택(stack)이라 한다. 이렇게 생성된 전류는 직류 전류로서, 직류 전동기의 동력으로 사용되거나 전력 변환기를 통해 교류 전류로 변환시켜 사용하기도 한다.

연료 전지 반응에서 생성되는 부가적인 열은 난방용으로 사용될 수도 있다.

연료 전지의 연료인 수소는 순수한 수소를 이용하거나, 도시 가스, 메탄올, 에탄올 같은 탄화수소를 이용하여 개질(改質)이라는 과정을 거쳐 생산된 수소를 이용한다. 공기극으로 공급되는 산소의 경우, 순수한 산소를 이용하면 연료 전지의 성능을 높일 수

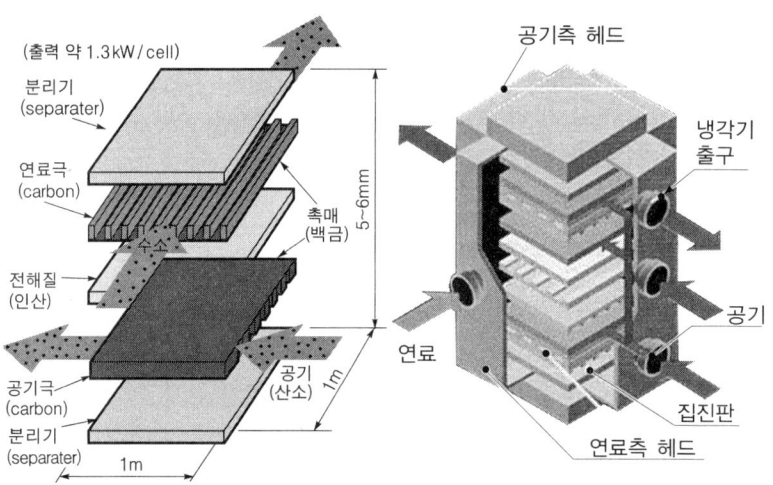

그림 II-6 ▲ 전지 본체를 구성하는 단위
셀의 구조

그림 II-7 ▲ 여러 개의 셀을 모아 놓은
스택의 구조

있지만, 산소 저장에 따른 비용과 무게가 증가하게 된다. 따라서 공기를 그대로 이용하는 방식을 이용하고 있다.

⑥ **수소 폭탄 :** 수소 폭탄($水素爆彈$, hydrogen bomb)은 수소의 원자핵이 융합하여 헬륨(He)의 원자핵을 만들 때 방출되는 에너지를 이용하여 살상 파괴용으로 만든 것이다.

전형적인 반응식은 삼중 수소(H_3)와 이중 수소(H_2)가 고온하에서 반응하여 헬륨의 원자핵이 융합되면서 1개의 중성자가 튀어나온다. 이들 수소는 액체 상태의 것을 사용하기 때문에 습식($濕式$)이라 한다. 습식은 냉각 장치 등이 있어 부피가 크게 되므로 실용에는 적합하지 않다. 그러므로 리튬(Li : 원자 번호 3)과 수소의 화합물(고체)을 사용하는 건식($乾式$)이 개발되었다. 그 반응의 예를 들면 중수소화 리튬이 고온하에서 중성자의 충격을 받으면 헬륨과 이중 수소나 삼중 수소가 생성되고, 다시 이중 수소와 삼중 수소가 융합하여 헬륨이 생겨나며, 중성자가 튀어나오게 되는 것이다. 수소 폭탄의 반응에는 임계량($臨界量$)이 없으므로 이론적으로는 대형화 또는 소형화가 가능하다.

최초의 수소 폭탄은 1952년 미국에서 습식 실험이 있었고, 1년

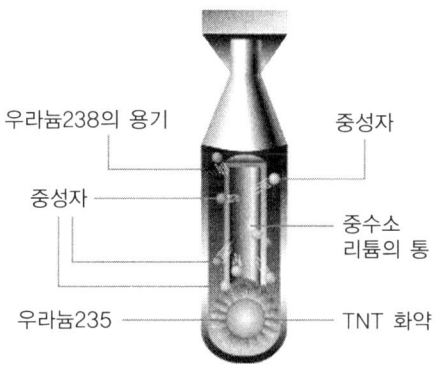

우라늄238의 용기 　　　중성자

중성자

중수소
리튬의 통

우라늄235 　　　 TNT 화약

그림 II-8 ▲ 수소 폭탄의 구조

후 1953년 구소련에서 건식 실험에 성공하였으며, 지금까지 실험에서 성공한 것 중 최대의 것은 소련의 58Mt급이다.

수소 폭탄에는 수소 폭탄, 초우라늄 폭탄, 순융합 폭탄 등이 있다.

메가톤급 수소 폭탄은 지표 폭발(地表爆發)의 경우 풍향에 따라 150km 이상에 걸친 방사능의 국지적 강하에 의한 치사 지구(致死地區)를 형성한다. 오늘날 전략 무기라고 하는 대형 핵무기는 이에 속한다. 순융합 폭탄은 현재 연구 중에 있으나, 원자 폭탄을 방아쇠로 사용하지 않는, 잔류 방사능(殘留放射能)이 없는 '매우 깨끗한 폭탄'이라고 할 수 있다.

(8) 수소 에너지 이용이 실용화되기까지의 연구 과제
① 수소를 싼 값에 대량으로 생산할 수 있는 제조법
② 경제적인 저장과 수송법
③ 연료 전지로의 이용 방법 연구

참고 문헌

• 이상혁(1992). 현대산업·기술의 이해. 대한교과서(주).
• 이재성(1988). 에너지와 환경. 서울대학교 출판부.
• 윤천석(2004). 대체 에너지. 인터비젼.
• 한국화학공학회(1996). 에너지공학. 교보 문고.
• 두산세계대백과사전 : http://www.encyber.com
                    : http://hydrogen.com.ne.kr/docum/storge.htm
• 연료전지 연구센터 : http://nfcrc.kier.re.kr

3 ▷ 원자력 에너지 자원

(1) 원자력 에너지의 발전과 이용

원자력 에너지(atomic energy)는 1895년 독일의 뢴트겐이 X-선을 발견하면서 방사선 전자(電子)가 급격하게 장벽에 부딪칠 때 단파장(短波長)의 전자파(電磁波)가 물질을 투과하는 것을 알게 된 후 시작되었다. 그 후 아인슈타인(Einstein, Albert ; 1897~1955)이 1905년 특수 상대성 이론(特殊 相對性 理論)($E=mc^2$)을 발표하면서 연구가 더욱 활발하게 되었다.

1932년 차드윅(Chadwick)은 알파(α) 입자를 베릴륨(Be)에 부딪쳐서 중성자(中性子; 양자(陽子)와 거의 같은 질량을 가지며 전하(轉荷)가 없는 소립자)를 발견하여 우라늄235($^{235}_{92}$U)가 핵분열을 일으킬 수 있다는 사실을 밝혀내었고, 1939년 독일의 한(Hahn, O)은 우라늄235에 속도가 낮은 중성자를 충돌시켜서 핵분열하는 것을 발견하였다. 또한,

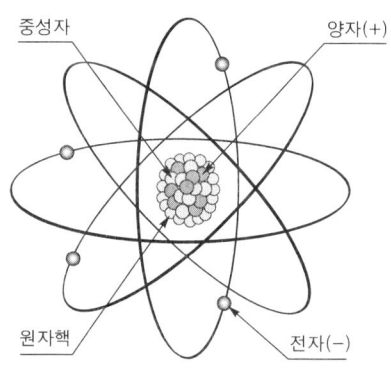

중성자   양자(+)

원자핵   전자(−)

그림 II-9 ▲ 원자의 구조

1942년 이탈리아의 로마 대학 교수인 물리학자 페르미(Fermi, Enrico; 1901~1945)가 핵분열 연쇄 반응(連鎖反應) 실험에 성공하면서 원자력 에너지가 실용화되었다.

우라늄($^{235}_{92}$U) 1g이 핵분열하면 석탄 3ton이 연소했을 때 발생하는 에너지가 발생하고, 우라늄 1kg에서는 3,000ton짜리 배로 세계를 일주(一周)할 수 있는 에너지가 발생한다. 원자력을 처음 응용한 것은 제2차 세계 대전 당시인 1945년 8월 일본에 투하된 원자 폭탄이었다.

(2) 핵분열과 연쇄 반응

우라늄235($^{235}_{92}$U)에 중성자가 충돌하면 작은 질량을 가진 몇 개의 우라늄235로 분열되는데, 이것을 핵분열(核分裂)이라 한다.

우라늄235가 중성자를 흡수하면 핵 내부에 여분의 에너지를 갖고 있기 때문에 불안정하여 10~14초 이내에 2~3개의 우라늄235로 분열되고 큰 에너지가 발생하게 된다. 그리고 이 때 나온 중성자가 작게 분열된 우라늄235와 다시 충돌하여 2~3개로 핵분열되며, 에너지가 발생되는 작용을 계속하게 된다. 이와 같은 작용을 핵분열 연쇄 반응(核分裂 連鎖 反應)이라 한다.

핵분열이 단번에 발생하도록 설계하여 만든 것이 원자 폭탄이고,

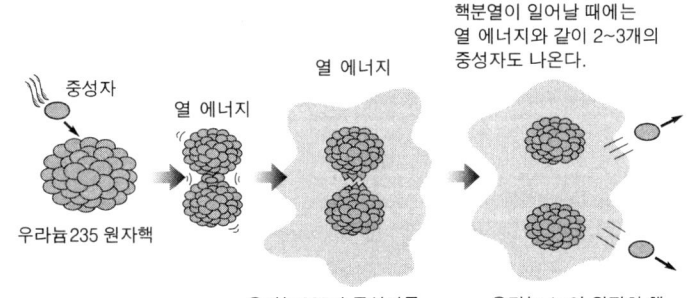

핵분열이 일어날 때에는 열 에너지와 같이 2~3개의 중성자도 나온다.

열 에너지

중성자

열 에너지

우라늄235 원자핵

우라늄235가 중성자를 흡수하면서 2개로 쪼개진다.

우라늄 1g이 완전히 핵분열했을 때 석탄 3톤이 연소한 열량이 나온다.

그림 II-10 ▲ 핵분열과 연쇄 반응

핵분열이 서서히 계속하여 일어나서 에너지만을 발생하도록 만든 것이 원자로이다.

(3) 원자로와 원자력 발전

원자로는 원자 핵분열 연쇄 반응이 서서히 일어나도록 하면서 필요한 만큼의 에너지를 안전하게 사용할 수 있게 만든 장치이다. 원자로는 핵연료 다발 사이에 제어봉(control rod)을 장치하고, 이 제어봉이 올라갔다 내려갔다 하면서 핵분열 연쇄 반응을 조절한다. 제어봉은 중성자를 잘 흡수하는 카드뮴(Cd)이나 카드뮴 합금 또는 붕소(B)로 만든다.

원자로의 주요 구성 요소는 다음과 같다.

① **핵연료(nuclear fuel)** : 적은 양의 주석(Sn), 철(Fe), 크롬(Cr)과 니켈(Ni)이 함유되어 있는 지르코늄(Zr) 합금인 지르칼로이(zircaloy)로 만들어진 핵연료봉 내부에는 필렛(pillet)이 장착되어 있다.

원자로에 사용되는 핵연료는 50~200개의 연료봉을 다발로 만들어 약 120~900개의 연료 다발이 원자로에 장착되어 있다.

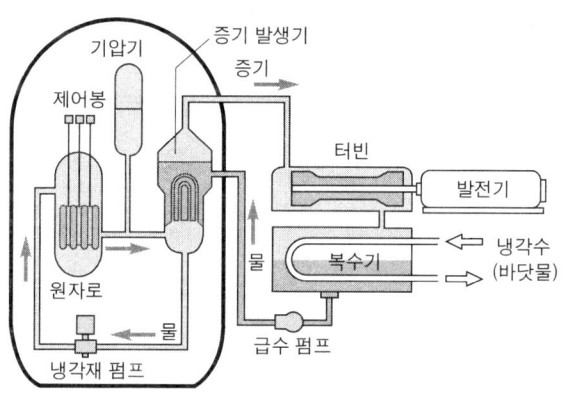

그림 II-11 ▲ 원자로의 구조

② **감속재(moderator)** : 핵분열에서 생성되는 중성자는 높은 에너지를 가진 고속 중성자(fast neutron)이다. 우라늄235 원자의 핵분열을 일으키는 중성자는 열중성자(slow neutron)이어야 한다. 그러므로 고속 중성자를 열중성자로 변환하기 위해 감속재가 필요하다. 열중성자가 우라늄235 원자에 흡수되면 핵분열 반응이 일어난다.

　　감속재는 주로 경수(經水)가 사용되며, 원자로의 종류에 따라 중수(重水), 베릴륨(Be) 또는 흑연(C)이 사용되기도 한다.

③ **냉각재(coolant)** : 연료봉에서 발생하는 열을 제거하기 위해 사용하며, 원자로의 종류에 따라 다른 냉각재를 사용한다. 예를 들어 가압수형 경수로의 경우 물을, 비등수형 경수로는 액상의 나트륨 금속을, 기체 냉각로(GCR)는 CO_2 또는 He을 냉각재로 사용한다.

④ **원자로 용기(reactor vessel)** : 핵연료, 감속재 그리고 냉각재는 모두 원자로 용기 내에 설치되어 있는데, 원자로 용기는 높은 압력에 견딜 수 있어야 하며, 그 두께는 용기에 가해지는 압력에 따라 달라진다.

　　원자로 중심부 둘레에는 중성자가 원자로 밖으로 나가는 것을 막기 위한 반사체가 있으며, 반사체 바깥쪽에는 중심부에서 핵분열할 때 발생하는 강력한 방사선을 막기 위하여 철근 콘크리트 차폐벽으로 되어 있다.

(4) 원자로의 종류

　　원자로는 감속재의 종류에 따라 경수로(輕水爐), 중수로(重水爐), 흑연로(黑煙爐)로 나뉜다.

　　경수로에는 쉽게 구할 수 있는 보통의 물을 사용하는 대신 2~4%의 농축 우라늄을 사용하고, 중수로는 제조한 중수를 사용하는 대신 농축도가 0.7%인 천연 우라늄을 사용하기 때문에 원료값이 싸다. 우리 나라의 원자로는 거의 대부분이 경수로이고, 월성 1, 2호기가 중수로이다. 경수로에는 가압수형 경수로와 비등수형 경수로가 있다.

표 II-2 ▼ 원자로의 종류

원자로의 종류 구분	경수로		중수로	흑연로
	가압수형	비등수형		
연 료	2~4%의 농축 우라늄		0.7%로 농축된 천연 우라늄	천연 우라늄
냉 각 재	물(경수)	물(경수)	중수	이산화탄소(CO_2) 헬륨 가스(He)
감 속 재	물(경수)	물(경수)	중수	흑연

① **가압수형 경수로(加壓水形輕水爐, PWR; Pressurized Water Reactor)** : 원자로 내의 물을 150기압, 350℃로 압력과 온도를 높여 물이 끓지 못하게 한 다음, 증기 발생기 주위를 돌아 순환하는 물을 끓여 증기를 발생시키고, 이 증기로 터빈을 돌려 발전시킨다.

가압수형은 비등수형에 비해 방사능에 오염된 물이 1차 계통에만 한정된다.

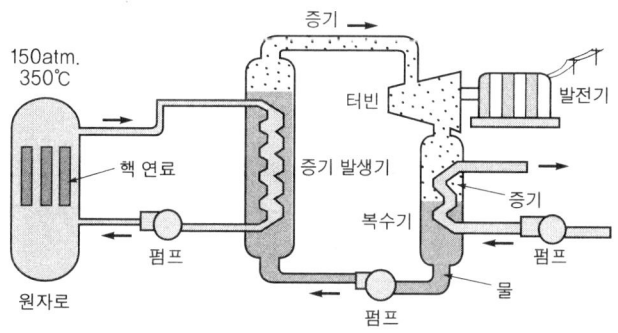

그림 II-12 ▲ 가압수형 경수로

② **비등수형 경수로(沸騰水形 輕水爐, BWR; Boiling Water Reactor)** : 원자로 용기 내에서 물을 직접 끓게하여 발생한 증기

로 터빈을 돌리고, 발전기를 돌려 전기를 일으키는 것이다. 그러므로 비등수형은 사고가 발생했을 때 방사능 오염이 심하다.

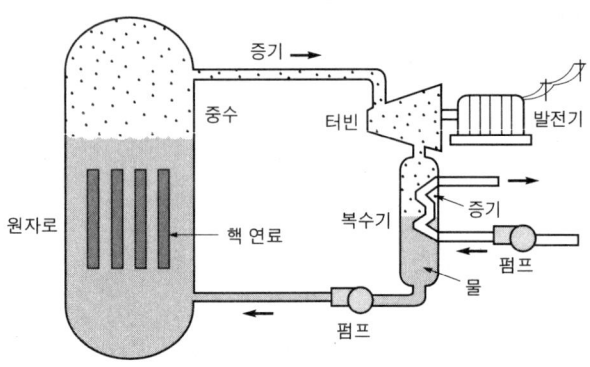

그림 II-13 ▲ 비등수형 경수로

③ **흑연로(黑鉛爐)** : 흑연로라 함은 냉각제로 흑연을 사용하는 것으로, 플루토늄을 생산하기 위한 원자로이다. 흑연로에서 발전을 할 경우 원자로 내부를 흑연으로 채워서 우라늄 핵분열을 할 때 발생되는 열을 식힌다. 이 때 연료봉의 표면에 핵분열시 발생한 열과 흑연의 반응에 의해서 플루토늄이 매달리게 된다. 이것을 모으면 원자 폭탄을 제조할 수 있는 플루토늄(^{239}Pu)을 얻을 수 있다.

■ **우라늄(^{235}U)과 플루토늄(^{239}Pu)의 차이점** ■

 천연 우라늄에는 핵분열을 할 수 있는 우라늄235가 0.7%밖에 함유되어 있지 않다. 그러므로 자연에 많이 있는 우라늄238(^{238}U)에 중성자를 흡수시켜 인공 핵분열 물질인 플루토늄239(^{239}PU)를 만들어 낸다.
 제2차 세계 대전 때 미국이 일본에 투하한 원자 폭탄은 1945년 8월 6일에 히로시마에 우라늄235(^{235}U) 원자탄, 8월 9일에는 나가사키에 플루토늄239(^{239}PU) 원자탄이 투하되었다.

$$^{238}U + {_0}n^1 = {^{239}}Pu$$

(5) 우리 나라 원자력 발전의 현황

① **원자력 발전** : 원자력 발전은 원자력 에너지를 산업에 응용한 것이다. 원자력 발전소는 미국, 일본, 프랑스를 비롯하여 약 40여 개 나라에 720여 기가 있다. 우리 나라의 원자력 발전소는 2014년 2월 기준으로 고리(1, 2, 3, 4호기), 신고리(1, 2, 3호기), 월성(1, 2, 3, 4호기), 신월성(1, 2호기), 영광(1, 2, 3, 4, 5, 6호기), 울진(1, 2, 3, 4, 5, 6호기)의 총 25기이다.

우리 나라의 원자력 발전이 국내 전체 전력 수요의 약 43%을 점유한다. 한편, 화력 발전은 우리 나라 전력 수요의 55.6%를 점유하며, 수력 발전은 1.4%를 점유하고 있다.

그림 II-14 ▲ 울진 원자력 발전소

② **한국형 경수로** : 한국형 경수로는 미국형 경수로를 기본으로 하여 미국의 컴버션 엔지니어링사(Combustion Engineering Co.)와 한국원자력연구소, 한국전력공사, 한국중공업주식회사가 공동으로 설계한 것이다.

한국형 경수로의 특징은 다음과 같다.

㉮ 증기 발생기 2대가 수직으로 설치되어 있다.

㉯ 원자로가 5중 벽으로 안전하다.

㉰ 첨단 전자 계측 장치가 설치되어 있어 비상 운전시 제어봉을 자동으로 떨어뜨리고 냉각수를 급히 쏟아 붓게 되어 있다. 한국형

경수로는 영광 3호기를 기본 모델로 영광 4호기, 울진 3, 4호기에 설치되어 있다.

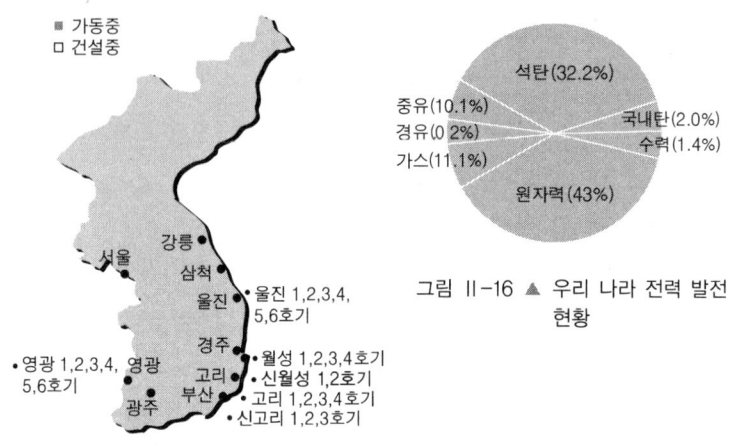

그림 Ⅱ-16 ▲ 우리 나라 전력 발전 현황

그림 Ⅱ-15 ▲ 우리 나라 원자력 발전소의 위치(2014. 2 기준)

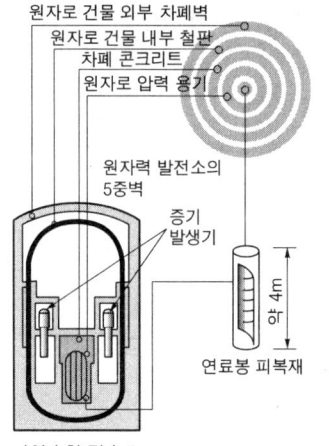

• 제1벽 : 연료 필렛
• 제2벽 : 원자로 압력 용기
• 제3벽 : 차폐 콘크리트 벽
• 제4벽 : 두께 20cm 정도의 원자로
　　　　　내부 철판
• 제5벽 : 원자로 외부 콘크리트 차폐벽

※ 원자로의 지름은 50m 정도이고, 높이는 72m 정도이며, 콘크리트 벽 두께는 1.2m 정도가 된다. 또한, 핵연료봉 피복재는 높이가 약 4m 정도이다.

그림 Ⅱ-17 ▲ 한국형 경수로의 단면도

③ KEDO의 북한 원전 건설 추진

㉮ 북한 핵문제의 대두와 미-북 기본 합의문 채택 : 북한 핵문제

는 1992년 1월 북한이 스위스 제네바에서 국제원자력기구 (IAEA; International Atomic Energy Association)의 안전조치협정에 서명한 이후 핵개발 의혹이 발생되면서부터 국제적인 문제로 대두되었다.

이러한 핵개발 의혹을 해결하기 위하여 IAEA는 규정에 따라 특별 사찰을 요구하였다. 이에 북한이 반발하면서 1993년 3월 핵비확산 금지 조약(NPT; Non-Proliferation Treaty) 탈퇴를 선언함에 따라 국제적 긴장과 불안이 고조되기 시작하였다.

이에 따라 유엔 안전보장이사회는 의장 성명(1993. 4) 및 결의안 채택(825호, 1993. 5)을 통해 북한의 NPT 복귀와 IAEA 안전조치협정 이행을 요구하였다.

이에 모든 유엔 회원국들도 해결 노력을 촉구하였다. 이러한 유엔 안보리 결의에 기초하여 핵 비확산 체제를 주도해 온 미국이 북한과 핵문제 해결을 위한 협상을 시작하였다.

1993년 6월부터 3단계의 협상을 거쳐 1994년 10월 미국과 북한은 '제네바 기본합의문'을 채택·서명하였는데, 제네바 기본 합의의 가장 큰 의의는 무엇보다도 북한 핵문제의 근원적 해결을 위한 토대가 마련되었다는 데 있다고 할 수 있다.

표 II-3 ▼ 제네바 회담 기본 합의문 주요 내용

□ **북한 흑연 감속 원자로의 경수로 발전소로의 대체**
  - 2003년을 목표 시한으로 총 발전 용량 약 2,000MW의 경수로 제공
  - 북한의 흑연 감속 원자로 동결에 따른 연간 50만 톤의 중유 제공 등
□ **미·북 관계 개선 및 한반도 비핵화 노력 등**

㉯ 한반도 에너지개발기구(KEDO)의 설립 : 북한에 건설될 경수로의 공급과 재원 조달을 담당할 국제 기구인 '한반도 에너지개발기구(The Korean Peninsula Energy Development Organization)'가 1995년 3월 한·미·일 3국의 주도하에 설립

되었다.

KEDO는 최고 의사 결정 기구인 집행 이사회와 이를 실무적으로 뒷받침하는 사무국 및 모든 회원국 대표로 구성되는 총회로 구성되어 있다.

집행 이사회는 원회원국인 한·미·일에서 각 1인씩 3인의 집행 이사로 운영되어 오다가 1997년 9월 유럽연합(EU)이 가입하여 4개국으로 확대되었다. 회원국은 집행 이사국 4개국과 핀란드, 캐나다, 뉴질랜드, 호주, 인도네시아, 칠레, 아르헨티나, 폴란드, 체코 등의 9개국과 일반 회원국으로 구성되어 있다.

㉰ KEDO-북한 간 경수로 공급 협정 체결

표 II-4 ▼ KEDO-북한 간 경수로 공급 협정 주요 내용

□ **공급 범위**
  - 2개의 냉각재 유로를 가진 1,000MW 용량의 가압 경수로 2기
□ **상환 조건**
  - 북한은 각 호기별 3년 거치 기간 포함, 20년 간 무이자 연 2회 분할 상환
□ **인도 일정**
  - KEDO는 2003년 완공을 목표로 인도 일정 수립
  - 북한은 경수로 사업 진전에 따라 핵 동결을 유지하고 궁극적으로는 관련 시설 해체
□ **이행 구조**
  - KEDO는 주 계약자를 선정하고, 주 계약자와 상업 공급 계약 체결
□ **사업 추진시 긴요한 사항에 대한 북한 협조 규정**
  - 효율적인 통행로 보장, 보안이 유지되는 독자 통신 수단 설치
  - KEDO, 계약자 및 하청 계약자와 파견 인원에 대한 신변 안전과 재산 보장 등

㉱ KEDO와 한전 간주계약 체결 : KEDO와 한전은 1996년 3월 20일 '주계약자 지정 합의문'을 채택함으로써 한전이 일괄 도급 방식(turn-key)으로 대북 경수로 공급 사업을 전반적으로 수행

해 나갈 주계약자로 공식 지정되었다.

한편, 우리 정부는 1996년 7월 '남북 교류 협력에 관한 법률'에 근거하여 한전을 대북 경수로 지원 사업을 추진하는 남북 협력 사업자로 승인하였다. 1년 후인 1997년 8월에는 초기 현장 공사에 대한 협력 사업을 승인하였으며, 1999년 12월 15일 본 공사에 대한 협력 사업을 KEDO와 한전 간에 본 공사 착수를 위한 계약이 체결되어 북한 경수로 건설 사업을 추진해 나가고 있다.

㉮ 북한 경수로 설치 위치 및 분담금 현황

  ㉠ 경수로 설치 위치 : 함경남도 신포(한국형 경수로 2기)

  ㉡ 총공사비 : 46억 $(약 5조 5,200억 원)

  • 한국 : 총 공사비의 70%(약 32억 2천만 $, 약 3조 8,640억 원)

  • 일본 : 10억 $ 상당의 엔화 기여(정액), 총 공사비의 21.7%

  • 미국 : 잔여 3억 8천만 $에 대한 조달 책임, 총 공사비의 8.3%

(6) 원자력의 이용

원자력 에너지는 원자력 발전 이 외에 방사선 동위 원소(放射線 同位 元素, radiant rays isotope)와 방사선을 과학, 공업, 농업, 식품, 의료, 군사, 등 다양한 분야에 이용되고 있다.

방사선 동위 원소는 α선, β선, γ선과 같은 방사선을 방출할 수 있는 동위 원소를 말한다. 요즈음에는 동위 원소 기술이 쉽게 보급되고 실용화되어 싼 값으로 손쉽게 이용할 수 있다. 우리 나라의 원자력 발전소에서는 약 34종의 방사선 동위 원소를 생산할 수 있다.

방사선 동위 원소 이용을 분야별로 나누어 보면 다음과 같다.

① **과학에 이용** : 방사선 동위 원소를 이용해 원자로 가속기(加速機)에서 원자핵 또는 소립자(素粒子)를 연구한다.

현재 입자 가속기는 핵 물리 연구 이외의 공업용, 의료용으로 이용되며, 그 사용 분야도 넓어지고 있다.

② **공업에 이용** : 두 가지 이상의 물질을 혼합할 때에 물질 속에 아주 적은 양의 방사성 동위 원소를 투과시키면 물질이 혼합되는 속도와 혼합되는 과정을 측정할 수 있다.

토목 분야에서는 하천의 수량(水量), 유속, 지하수의 상태, 댐 둑의 누수 검사 등에 이용된다.

방사선을 이용하여 제트기 엔진 또는 금속 재료의 내부 결함을 조사하거나 강철판 또는 종이의 두께를 일정하게 만들거나 측정하기도 하며, 두꺼운 철판 용접이나 철골 구조 건물 및 선박 건조 등의 비파괴 내부 검사에 많이 쓰인다.

③ **농업에 이용** : 방사선은 농업 분야에서 품종 개량과 해충 구제는 물론 가축의 질병을 진단하고 치료하는 일에서 추적자(tracer)로서 비료의 효율을 높이는 일 등 다양하게 이용되고 있다.

품종의 개량에는 돌연변이 현상을 이용하는데, 변이란 기원(起源)을 같이 하는 개체 사이에서 형질이 다른 것이 나타나는 일을 말한다. 신품종 식물을 만드는 데 있어서 특히, 돌연변이 현상이 중요한 역할을 하지만, 돌연변이 현상은 자연계에서 좀처럼 찾아보기 어렵고 언제 일어날지 예측할 수도 없다. 그러나 방사선을 이용할 경우 식물의 돌연변이를 비교적 쉽게 일으킬 수 있다. 또한, 비료가 흙에서 어떻게 변화하며 식물에 흡수되는가를 연구할 수 있어 식물의 성장 촉진 방법을 알 수 있다.

④ **식품에 이용** : 식품에 방사선을 쪼이면 식품을 안전하게 장기간 보존할 수 있다.

방사선에 쪼인 식품은 씨앗의 경우 싹이 트는 발아(發芽)가 멎게 되고 감자나 양파와 같은 근채류(根菜類)는 성장이 억제된다. 또한, 식품을 썩게 하는 각종 미생물과 해충을 죽이게 되므로 신선도를 오랫 동안 유지할 수 있다.

따라서, 식품의 방사선 처리는 식품의 사용 목적에 따라 다음과 같이 다르다.

- 발아와 성장을 멎게할 목적
- 식품 표면에 있는 미생물 발육의 억제 목적
- 식품 표면의 모든 미생물을 완전 살균하기 위한 목적

⑤ **의학에 이용** : 적은 양의 방사선을 주사로 인체에 주입하여 여러 가지 종류의 암의 발생 위치나 간장, 신장 등의 기능을 검사하는 데 사용된다. 또한, X선 진단 장치에서 첨단 의료 장비로 불리는 자기 공명 영상(MRI; Magnetic Resonance Imaging) 장치나 컴퓨터 단층 촬영(CT) 장치에 방사선을 이용하고 있다.

⑥ **전쟁 무기에 이용** : 인류 과학 문명의 발달은 전쟁 무기의 발달과 그 맥을 같이 한다고 할 수 있다. 20세기 이후 가장 위대한 발견이면서 또한 가장 큰 재앙으로 불리는 원자력은 사용자에 따라서 다음 세대의 에너지원으로 혹은 인류를 영원히 소멸시킬 파괴의 근원으로 여겨지고 있다.

오랜 옛날부터 새로운 기술은 항상 전쟁 무기를 개발하는 데 먼저 사용되었다. 원자력 역시 제2차 세계 대전 중에 개발된 원자 폭탄을 필누로, 원자력을 추신력으로 하는 원사력 잠수함, 원자력 항공 모함 등에 이용되었다.

(7) 방사성 폐기물의 처리

방사성 물질의 반감기(半減期)는 방사성의 세기가 반($\frac{1}{2}$)으로 줄어드는 것을 말한다. 방사성 원소의 세기가 반으로 줄어 안정 원소가 되기 위해서는 상당히 오랜 시간이 지나야 한다. 그러므로 방사성 폐기물은 땅 속 깊은 곳에 묻어 보관하게 된다.

방사성 폐기물은 방사선의 세기에 따라 중·저준위 폐기물과 고준위 폐기물로 구분된다.

중·저준위 폐기물은 원자력 발전소 내에서 방사선 작업시 입었던

옷, 장갑, 기기류 등으로 방사능의 오염도가 낮은 것이다.

고준위 폐기물은 원자로에서 사용한 핵연료 다발이다.

2005년 3월 현재 우리 나라 원자력 발전소에서 나오는 방사성 폐기물은 원자력 발전소 내의 임시 보관 저장소에 저장하고 있는 실정이다. 한편, 병원이나 산업체에서 나오는 방사성 폐기물은 대전 원자력 환경기술원에서 저장 관리하고 있다. 방사성 폐기물은 영구히 땅 속에 묻어 환경 친화적으로 처분해야 한다.

방사성 폐기물은 플라스틱 드럼(drum)에 넣고 플라스틱을 녹여 밀봉한 다음, 땅 속을 10m 이상 깊게 파고 콘크리트로 방벽을 만들어 지하수가 스며들지 않도록 하고, 흙으로 덮고 그 위에 나무를 심어야 한다.

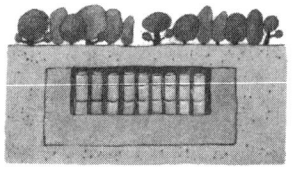 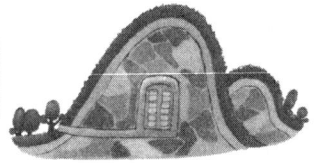

(a) 천층 처분 방식   (b) 동굴 처분 방식

그림 II-18 ▲ 방사성 폐기물 처리 방식

🔹 **참고 문헌**

• 과학기술부 (2002). 원자력 관련 주요현황 및 통계자료.
• 과학기술부(2002). 원자력발전 백서 2001.
• 이상혁(1992). 현대산업·기술의 이해. 대한교과서(주).
• 이창근(1997). 원자력의 현재와 미래. 한국과학문화재단.
• 최장동(1996). 한국의 원자력개발 현황과 전망. 제18회 한·일 원자력산업세미나 자료.
• 한국원자력문화재단(2004). 행복 에너지 원자력과의 만남, catalog.
• Schwaller, Anthony E. (1980). Energy Technology(Sources of Power). Davis Publications, Inc. Worcester, Massachusetts.

4 ◐ 그 밖의 대체 에너지 자원

(1) 바이오매스 에너지 자원

① **바이오매스 에너지의 뜻** : bio mass energy에서 bio는 biology (생물)에서 따온 것이고, mass는 질량 또는 물질을 나타내는 말이다. 그러므로 바이오매스 에너지란 생물체 에너지라고 할 수 있다.

② **바이오매스 에너지 자원의 등장 배경** : 2000년대에 들어와 세계 여러 나라에서는 국민들이 도시로 집중하여 도시는 대형화되어 가고 있다. 많은 사람들이 밀집하여 사는 도시에서 발생하는 비닐과 플라스틱, 음식물 쓰레기는 하루만 지나도 산더미 같이 쌓이고 있다. 요즈음에도 이들 쓰레기는 적절한 장소를 찾아 땅에 묻거나 열병합 발전소(熱併合發電所)에서 태우고 있다.

또한, 현재 사용되고 있는 화석 에너지 자원의 사용에 따른 자원 고갈, 지구 온난화 및 지구촌 전체의 환경 문제가 크게 증가되어 대체 에너지 자원 개발이 시급하게 되었다. 그러므로 쓰레기를 생물체에게 먹여 알코올이나 메탄올 등 탈 수 있는 연료나 가스를 만드는 방법을 연구하게 된 것이다.

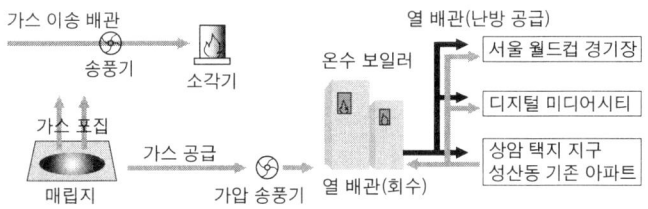

그림 II−19 ▲ 난지도 메탄 가스 활용 및 공급

③ **바이오매스 에너지 자원의 개발** : 쓰레기를 생물체에 먹여 연료나 연소할 수 있는 가스를 만드는 방법에는 다음과 같은 것들이 있다.

　㉮ 비닐과 플라스틱을 박테리아(bacteria)에게 먹여 알코올을 배설하도록 하는 방법

　㉯ 종이, 볏짚, 톱밥, 옥수수대, 나무 부스러기나 동물의 배설물을 박테리아에게 먹여 메테인가스(CH_4)를 내뿜도록 하여 그것을 모아 연료로 사용하는 방법

　㉰ 연근해 앞바다에 유조선이 침몰하여 기름을 바다에 쏟으면 박테리아는 그 기름을 모두 먹고 플랑크톤(plankton)을 배설하여 물고기 먹이가 되도록 하는 방법

④ **바이오매스 에너지 자원 개발의 특징**

　㉮ 장점
- 풍부한 자원과 큰 파급 효과
- 환경 친화적 생산 시스템
- 환경 오염 감소(온실가스, 아황산가스 등)
- 생산 에너지의 형태가 다양(연료, 전력, 천연 화합물 등)

　㉯ 단점
- 자원이 산재(수집 및 수송이 불편)
- 다양한 자원의 이용 기술 다양성과 개발의 어려움
- 단위 공정에 대규모 설비 투자

⑤ **바이오매스 에너지 자원 개발의 문제점** : 쓰레기에서 얻는 바이오매스 에너지 자원을 많이 얻기 위해서는 박테리아가 짧은 시간 내에 많은 수로 번식을 해야 많은 쓰레기를 빨리 먹어치울 수 있다. 그러나 현재까지 개발된 박테리아는 번식 속도가 느려 실용화되지 못하고 있는 실정이다. 박테리아의 번식 기술이 개발되면 이 바이오매스 에너지 자원은 크게 각광받게 될 것이다.

(2) 해수 온도차 발전

열대 지방의 해수 온도는 30℃까지 올라간다. 그러나 수심(水深) 500m 깊이의 해수 온도는 7~8℃ 정도이므로 바다 표면의 해수와 20℃ 이상의 온도차가 발생한다.

액체 암모니아(NH_3)나 프로판(C_3H_8)을 바다 표면의 더운 해수로 기화(氣化)시켜 그 기화된 가스로 터빈(turbine)을 돌리고 발전기를 돌려 전기를 얻는 방법이다.

발전에 쓰인 암모니아 가스나 프로판 가스는 500m 이하의 깊은 바다 밑에서 끌어올린 낮은 온도의 바닷물로 다시 액화(液化)되어 기화기로 보내진다. 이와 같은 방식으로 전기를 일으키는 것을 해수 온도차 발전이라 한다. 그러나 이 방법도 다음과 같은 문제점이 있다.

▨ 해수 온도차 발전의 문제점 ▨

- 천연적인 지역이 있어야 한다.
- 장치 설비 투자비에 버금가는 많은 양의 전기 에너지를 생산할 수 있어야 한다.

(3) 그 밖의 미래 대체 에너지 자원

그 밖의 미래 대체 에너지 자원에는 태양열 에너지 자원, 풍력 에너지 자원, 땅 속에서부터 얻는 지열 에너지 자원, 바닷물의 조력(潮力) 및 파력(波力) 에너지 자원, 남극의 1,500m 이하 바다 밑에 갇혀 저온, 고압하에서 메테인(CH_4)이 주성분인 천연가스가 얼음처럼 고체화되어 있는 고체환원가스(gas hydrate) 덩어리 등이 있다.

🔖 참고 문헌

- 이상혁(1992). 현대산업·기술의 이해. 대한교과서(주).
- 한국화학공학회 (1996). 에너지공학. 교보 문고.
- 연료 전지 연구센터 : http://nfcrc.kier.re.kr
- 한국자동차산업연구소 : http://kari.hmc.co.kr
- 두산세계대백과사전 : http://www.encyber.com

새 로 운 재 료 의 이 용

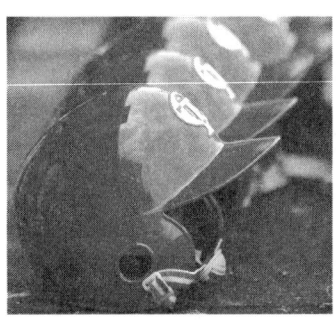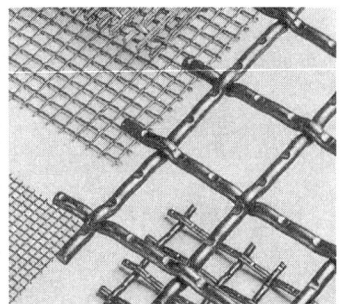

인류는 석기 시대 → 청동기 시대 → 철기 시대 → 플라스틱 시대 → 신소재 시대로 발전해 왔다. 최근에는 돌을 원료로 하는 새로운 석기 시대로 접어든 느낌이다. 다시 말해서, 인류는 새로운 제2의 석기 시대를 맞이하고 있다고 할 수 있겠다. 이와 같은 현상은 새로운 토기(土器) 즉, 영어로 파인 세라믹스(fine ceramics)의 개발이 급격히 진보한 결과이며, 지금까지 사용해 왔던 금속 재료나 그 밖의 여러 가지 특수 재료(플라스틱)로서는 보다 좋은 제품을 만들 수 없기 때문이었다.

세라믹스 재료는 최근에 우주 개발, 원자력 산업, 전자 산업의 발달에 의해서 널리 사용되고 있다.

III

새로운 재료의 이용 ✳

1 생활에 사용되는 재료의 변화

　우리들이 가정에서 사용하는 식기류의 재료를 살펴보면 50여 년 전에는 놋쇠 그릇을 사용했다. 그 후 양은 그릇에서 스테인리스강(stainless steel) 그릇, 플라스틱 그릇, 최근에는 공해가 적은 돌가루로 만든 사기 그릇이 등장하게 되었으며, 철이나 스테인리스강으로 만든 가정용 프라이팬(frypan)도 최근에는 그 위에 돌가루를 입힌 것들이 많이 쓰이고 있다.

　인류는 석기 시대 → 청동기 시대 → 철기 시대 → 플라스틱 시대 → 신소재 시대로 발전해 왔다. 최근에는 돌을 원료로 하는 새로운 석기 시대로 접어든 느낌이다. 다시 말해서, 인류는 새로운 제2의 석기 시대를 맞이하고 있다고 할 수 있겠다.

　이와 같은 현상은 새로운 토기(土器), 영어로는 파인 세라믹스(fine ceramics)의 개발이 급격히 진보한 결과이다. 이것은 지금까지 사용해 왔던 금속 재료나 그 밖의 여러 가지 특수 재료(플라스틱)로서는 보다 좋은 제품을 만들 수 없기 때문이었다.

　세라믹스 재료는 약 30~40년 전까지는 도자기나 벽돌 등의 이용이 거의 전부였다. 그러나 최근에 와서는 우주 개발, 원자력 산업, 전자 산업의 발달에 의해서 널리 사용되고 있다.

2 ○ 플라스틱

(1) 플라스틱의 출현

최초의 플라스틱은 19세기 중엽에 만들어졌다. 그 당시 코끼리의 상아는 당구공, 피아노 건반, 머리빗 등의 상품을 만들기 위해 그 수요가 대단히 많았다. 이 때문에 코끼리의 사냥은 점차 늘어갔고, 마침내 아프리카에서 수렵 금지 법안이 입법되기도 하였다. 그러나 그 당시 당구 경기는 대단한 인기가 있었고, 당구공을 얻기 위해 인조 상아를 만드는 사람에게 많은 상금을 걸기도 하였다.

1868년 독일의 하이어트(Hyatt)는 장뇌(樟腦)를 가지고 천연 셀룰로오스 섬유에 질산을 반응시켜 최초의 플라스틱을 만들었는데, 이것을 셀룰로이드라고 불렀다. 이 셀룰로이드를 이용하여 당구공이 만들어졌고, 자동차 유리, 영화 필름 등에 이용되었다. 그러나 셀룰로이드는 열에 대해 불안정하여 가끔 화재의 원인이 되기도 하였다.

그 후, 1909년에 미국의 베이클란트(Baekeland)가 페놀과 포름알데히드를 이용하여 최초의 인공 합성 수지인 페놀 수지를 만들었는데, 이를 베이클라이트(Bakelite)라고 불렀다. 베이클라이트의 공업화를 시작으로 폴리염화비닐 수지, 요소 수지, 폴리스티렌 수지, 나일론(Nylon), 폴리에스테르 수지, 테플론 수지, 실리콘 수지 등이 공업화되어 합성 고분자의 새로운 영역과 가능성을 보였다.

제2차 세계 대전을 계기로 아세틸렌 화학 공업과 석유 화학 공업이 발달하여 원료 합성이 용이해졌으며, 과학 기기의 발달로 고분자의 구조와 성질 등의 연구가 활발해짐에 따라 플라스틱 공업이 급진적으로 발달되었다.

특히, 1952년 지글러(Ziegler)가 새로운 촉매를 발견함으로써 그 동안 고온, 고압에서 이루어지던 고분자의 합성이 상온, 상압에서도 가능해졌다.

1955년 나타(Natta)는 이를 이용한 입체 규칙성 고분자를 만드는 획기적인 연구를 성공하게 되었다. 이 후에도 계속해서 현재 이용되고 있는 것과 같은 600여 종류의 새로운 플라스틱이 쏟아져 나와 눈부신 발전을 하고 있다.

(2) 플라스틱의 용도

목재처럼 썩지도 않고 벌레 먹을 염려도 없는 모조 합성 건재로 만들어진 가구, 보통 유리와는 달리 자외선을 통과시키는 합성 수지를 사용하여 실내에서도 일광욕이 가능한 주택, 소나기를 맞아도 마치 방금 다림질을 한 것처럼 말짱한 실리콘 수지의 합성 섬유 옷, 식사 후 접시를 옆으로 기울여서 살짝 흔들면 막 씻어낸 사기그릇과 같이 깨끗해지는 얇은 실리콘 수지로 코팅된 접시 등을 현재 우리 실생활에서 쉽게 찾아볼 수 있다.

① **농업 분야에 이용** : 합성 수지 즉, 플라스틱의 출현은 농사에도 커다란 변화를 가져왔다. 오염이나 호우로부터 야채들을 지켜 주는 비닐이다. 폴리에틸렌은 햇빛은 자유롭게 통과시키지만, 습기나 온도는 빠져나가지 못하게 한다. 봄이 되기도 전에 여러 가지 야채를 먹을 수 있는 것도 이 폴리에틸렌 덕분이다. 또한, 밭으로 통하는 급수용 도랑으로 물이 통과하는 동안에 많은 물이 손실되는데, 비닐막으로 도랑 안을 덮어 주면 물의 손실을 막을 수 있다.

② **가축 사료 저장에 이용** : 겨울 동안에는 가축에게 건조시킨 풀을 먹인다. 사일로(silo)에서 준비한 가축용 먹이는 값이 비싸다. 그러나 이제는 사료도 폴리머 자루에 넣어서 경제적으로 보관할 수 있게 되었다. 폴리머 자루를 이용하면 사료의 질도 저하되지 않으며, 값도 싸다.

③ **기계 생산 분야에 이용** : 기계 생산에 있어서도 플라스틱은 필수 불가결한 존재이다. 재료비는 물론 노동 시간도 절약된다. 플라스틱으로 기계 부품을 만들 때에는 하나의 주형에서 간편하게 대량 생산이 가능하기 때문이다. 플라스틱 판을 프레스 작업하면 그것으로 완성품이 된다.

④ **금속 대신 기계 재료로 이용** : 얼마 전까지 대부분의 기계 부품은 철(Fe), 구리(Cu), 주석(Sn) 등의 금속으로 만들어 왔다. 그러나 그 대부분은 이제 플라스틱에 의해 대체되게 되었다. 주석 1톤을 얻기 위해서는 300톤의 광석을 처리해야만 한다. 그러나 이제는 1톤의 플라스틱으로 3~4톤의 금속을 대신할 수 있게 되었다.

⑤ **컴퓨터 부품이나 시계 제조에 이용** : 컴퓨터의 부품에는 카프론 (capron)이 사용되며, 시계도 케이스와 내부 기어도 플라스틱으로 만들 수 있는 시대가 되었다. 녹이 슬지 않으므로 기름을 쳐 줄 필요도 없고 보수나 점검도 훨씬 쉬워졌다.

⑥ **저수지나 제방 등의 토목 공사에 이용** : 홍수 때 많은 양의 물이 밀려오는 밭을 보호하기 위해 물이 지나는 길에 플라스틱 자루를 전면에 깔아 두고 그 안에 물을 넣는다. 플라스틱 제방을 최초로 시작한 곳은 일본이다. 물을 가득 넣은 자루를 탄탄하게 쌓아올려 두면 수압을 견딜 수 있는 튼튼한 제방이 된다.

　현재 몇몇 지역에서는 큰 네오프렌(neoplen) 자루에 넣어 그것으로 홍수 때 밀려오는 많은 물을 막는 방법에도 이용되고 있다. 이것으로 만든 저수지 벽은 높이를 자유롭게 조절할 수 있다는 장점이 있다. 자루에 들어 있는 물을 줄이면 벽이 낮아지고, 반대로 물을 펌프로 공급해 주면 벽이 높아진다.

⑦ **의학 분야에 이용** : 교통 사고로 뼈가 손상되었을 때 이용할 수 있는 것은 뼈의 조직과 유사한 플라스틱이다. 진짜 뼈와 비슷하다면

인체에서 부작용도 그리 크지 않을 것이다. 손이나 발의 골절에도 플라스틱이 많이 이용된다.

상처 봉합에 사용되는 실도 다 나은 후에 뽑아야 하는 번거로움과 고통이 뒤따랐으나, 이제는 실을 뽑을 필요가 없게 되었다. 치료된 후에는 피부 조직 속에 녹아버리는 플라스틱 실이 개발되었기 때문이다.

인체에서 혈관이 막히면 세포가 죽게 되므로 신선한 혈액이 전달되지 못하게 되어 그 부분을 잘라내어야 한다. 그러나 요즈음에는 플라스틱 혈관을 사용함으로써, 절단하지 않아도 치료가 가능하게 되었다. 혈관과 혈관을 봉합하는 작업은 매우 어려우며, 고도의 기술이 요구된다. 그러나 이제는 '풀로 붙이는 것'과 같이 간단하게 봉합할 수 있는 기술이 개발되었다.

⑧ **우주 항공 분야에 이용** : 우주로 날아가기 위해서는 입고 있는 옷도 특별한 것으로 준비해야 한다. 우주선이 나는 대기권 밖에는 공기가 없으며, 우주선 내부는 온도가 급격히 상승하거나 하강하는 어려운 상황에 처하게 된다. 그러나 새롭게 개발된 합성 수지나 합성 섬유로 몸을 보호하면 안심할 수 있다.

3 ▷ 파인 세라믹스

세라믹스의 어원은 희랍어의 Keramos이며, 도자기를 대상으로 사용되었다. 또, 이 세라믹스라는 말이 널리 사용된 것은 60여 년 전부터인데, 미국에서 금속(金屬)과 비금속(非金屬)을 가마에 넣고 열을 가하여 만들어진 제품에 세라믹스라는 말을 사용하여 왔다.

파인 세라믹스(fine ceramics)는 '정밀한 세라믹스'라는 뜻이며, 금속 재료에 비해 높은 열에 잘 견디고, 강도가 높으며, 전기가 통하지 않는 장점이 있다.

(1) 파인 세라믹스의 특징

1981년 4월 12일 미국 케이프 케네디 우주 공항을 출발한 최초의 우주 연락선 콜롬비아(Columbia) 호 외부 표면에는 37,061개의 실리콘 타일(silicon tile)을 붙였다. 그 까닭은 이 연락선이 공기가 없는 외기권(外氣圈)을 돌 때에는 별 문제가 없지만, 지구로 돌이올 때에 시속 2,800km로 돌입하면 지구 대기권의 공기가 마찰하여 선체 표면 온도가 1,500℃ 이상의 높은 열을 발생하기 때문에 이 높은 열의 충격을 막기 위한 것이었다. 또, 이 우주선 조종석 앞에 있는 4개의 유리창도 세라믹스의 특수 유리로 되어 있었다. 이와 같이, 우주 연락선의 외부를 실리콘 타일로 만든 것은 우주선 표면이 알루미늄 합금이나 금속으로 만들면 모두 타버리거나 늘어나 못 쓰게 되지만, 이 세라믹스는 그 열을 견디어 내기 때문이다.

이 파인 세라믹스로 자동차 기관을 만들면 높은 온도에 견딜 수 있으므로 기관(engine)을 냉각시키는 라디에이터(radiator)가 필요 없게 된다. 자동차의 라디에이터와 물 순환을 돕는 물 펌프 그리고 파이

그림 Ⅲ-1 ▲ 세라믹스로 만든 자동차 기관

프 등의 무게는 상당히 무겁다. 세라믹스 기관 자동차는 라디에이터가 필요 없게 되므로, 그만큼 가벼워질 뿐만 아니라 자동차 무게가 가벼워지면 연료 소비량도 적어진다.

철의 비중은 7.8인데 비하여 세라믹스의 비중은 3 정도이므로 자동차 기관의 무게가 반 이하로 가벼워진다. 세라믹스 기관 자동차는 장시간 운전으로 기관이 과열되어도 별 이상이 없을 뿐만 아니라, 기관이 닳지 않고 윤활유도 필요 없으며 고장이 적다. 따라서 가볍고 고장이 없는 좋은 자동차를 선보일 날이 멀지 않았다.

2005년 3월 현재 미국과 일본, 독일 등 세계 여러 나라에서는 세라믹스 자동차 기관 연구에 몰두하고 있다.

(2) 파인 세라믹스의 장점과 단점

① 장점

㉮ 일반적으로 높은 열에 견디며 썩지 않는다.

㉯ 마멸이 잘 되지 않아 기계적 강도가 뛰어난 성질을 가지고 있다.

② 단점

㉮ 금속 재료와 같이 쉽게 깎을 수 없다.

㉯ 충격에 약하여 잘 깨진다.

세라믹스는 물이나 기름 또는 흙 속이나 어떠한 물질 속에 아무리 오랫동안 넣어 두어도 썩지 않는다. 또한, 전기나 자기가 통하지 않는 특성을 가지고 있고 광학적인 기능이 뛰어날 뿐만 아니라 열에 약한 전자 기기의 수명을 늘리게 되므로, 가정용 전기 제품이나 컴퓨터 부품에 널리 쓰이고 있다. 특히, 컴퓨터에서 사람의 두뇌 역할을 하는 가장 중요한 심장부인 기억 연산 소자(記憶演算素子)는 실리콘(Si)을 소재로 만든 반도체 재료이다. 또한, 자석, 방열기판, 저항 소자, 콘덴서, 센서, 고체 전지, 발진자 LSI(대단위 집적 회로) 등 여러 가지 부품을 만들 수 있다.

우리 나라에서 생산하는 원적외선(遠赤外線) 히터(heater)는 파인 세라믹스를 이용한 것으로, 원적외선의 복사열(輻射熱, radiant heat)을 내어 가열 대상물의 분자를 심하게 진동시켜 가열(加熱), 건조(乾燥)시키는 것이다. 종전의 일반 히터보다는 적은 전력으로 2 ~10배의 많은 열을 낼 수 있으므로 에너지 절약에 큰 효과가 있다.

(3) 파인 세라믹스의 제조 방법

파인 세라믹스의 제조 방법에는 여러 가지가 있으나 상당히 복잡하므로, 일반적인 방법을 쉽게 소개하면 다음과 같다.

파인 세라믹스의 주원료는 산화알루미늄(Al_2O_3)이다. 고강도 파인

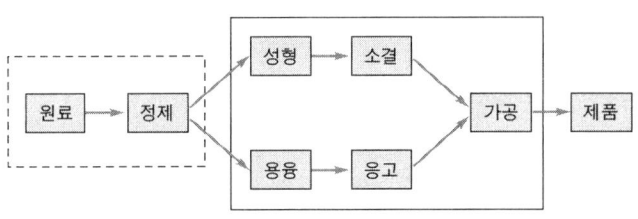

그림 Ⅲ-2 ▲ 파인 세라믹스의 제조 과정

세라믹스는 질화규소(SiN)나 탄화규소(SiC)를 주원료로 한다.

유리를 만드는 방법과 같이 인공적으로 합성한 산화 알루미늄 원료를 잘 골라(정제) 1,700~2,000℃의 높은 온도로 가열하여 녹인(이것을 용융이라 한다) 다음, 냉각시킨다. 그 다음 수소 가스(H_2)나 질소 가스(N_2) 또는 그 밖의 가스를 세라믹스로 만든 물체에 불어 주면서 높은 온도로 구운(이것을 소결이라 한다) 다음, 필요한 모양으로 만들어 낸다.

파인 세라믹스 중에서 많이 쓰이는 것에는 압전 세라믹스와 열전 세라믹스가 있다.

① **압전 세라믹스(PZT, 壓電 ceramics)** : 압전 세라믹스는 두께를 얇게 압축하여 만든 것이다. 압전 세라믹스에 압력을 가하면 정(+)의 전압이 발생되고, 잡아당기면 부(−)의 전압이 발생하는 현상이 일어나게 된다. 또한, 압전 세라믹스에 전압을 인가하게 되면 재료 내에 수축이 일어나고, 반대의 전압을 인가하게 되면 늘어나는 현상이 일어난다.

압전 세라믹스는 순식간에 큰 전류를 일으키는 가스 라이터, 전자 레인지, 전화기의 송·수화기 떨림판, 가습기, 라디오, 텔레비전, 오디오 등의 전자 기기에도 널리 쓰인다.

② **열전 세라믹스(熱電 ceramics)** : 열전 세라믹스는 일종의 온도 센서로 미세한 열도 감지할 수 있다.

최근에는 화장실 자동 수세 장치, 도난 방지기, 야간 촬영 장비, 정글 속에서 적의 탐지, 자외선 카메라 등에 사용되고 있다.

4 ▷ 형상기억합급

형상기억합금(形狀記憶合金, shape memory alloy)은 자기의 원래 모양을 기억하고 있어서 변형시켜도 일정한 온도가 되면 다시 원래의 모습으로 되돌아가는 놀라운 기능을 갖고 있는 새로운 금속이다.

사람이나 동물에게만 기억이라는 능력이 있는 것이 아니라, 컴퓨터를 포함해 금속에서도 기억 능력을 갖게 되었다. 이러한 형상기억합금을 이용해 스프링을 만들었다고 했을 때 실온에서는 스프링이 탄성한계(彈性限界) 이상으로 잡아 늘리게 되면 원래 모양으로 돌아가지 않는다. 그러나 변형된 이 스프링이 어떤 온도 이상으로 가열하게 되면 원래의 모양대로 되돌아간다. 이러한 성질은 스프링 모양뿐만 아니라 더 복잡한 모양도 기억하고 있다가 전혀 다른 모양으로 바뀌었어도 일정한 온도가 되면 원래의 형상으로 복원하게 된다.

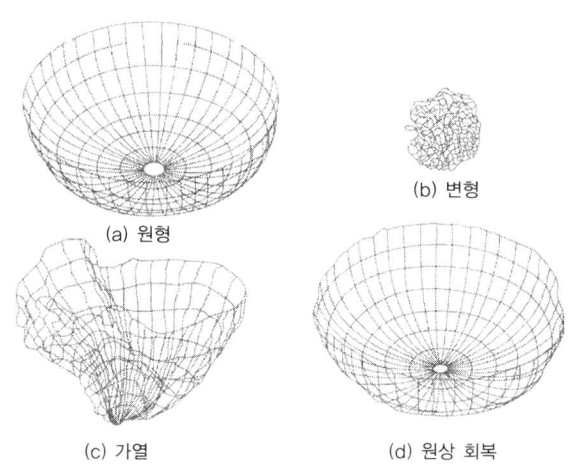

(a) 원형

(b) 변형

(c) 가열

(d) 원상 회복

그림 Ⅲ-3 ▲ 형상기억합금을 이용한 우주선 안테나

(1) 형상기억합금의 원리

금속은 작은 결정들의 집합체이다. 결정이란 원자들이 규칙적으로 배열된 상태로 원자들의 배열 방법에 따라 결정 구조가 다르게 된다. 그런데 똑같은 성분의 금속일지라도 온도에 따라 결정 구조가 달라지는 것들이 있는데, 각 상(相, phase)마다의 자유 에너지 차이에 따라 상변태(相變態)가 일어나게 되므로 결정 구조가 달라져서 금속의 여러 가지 특성들도 달라지게 된다.

형상기억합금도 상변태를 하는데, 저온에서는 마르텐사이트 (martensite)라고 하는 결정 구조를 가지고 있지만, 일정한 온도가 되면 열역학적으로 안정된 오스테나이트(austenite)라고 하는 결정 구조로 바뀌게 된다. 이와 같이 결정 구조가 다르기 때문에 변태 온도 이상과 이하에서 각각 재료를 변형시킬 때 원자들의 이동 방법에 차이가 있게 된다.

오스테나이트 결정 구조에서는 외력이 가해지면 슬립(slip)면을 따라 원자들 간의 결합이 끊어지면서 서로 엇갈리게 되어 다시 원래 상태로 돌아가지 못하므로 영구 소성 변형(永久塑性變形)이 된다. 그러나 마르텐사이트 결정 구조에서는 원자들 사이의 결합이 끊어지지 않고, 원자들의 전체 위치가 그대로 이동하게 된다. 이러한 변형을 쌍정 (twin) 변형이라고 하는데, 이것은 마치 거울면같이 변형 후의 양측 결정이 서로 쌍둥이처럼 대칭적으로 되기 때문이다.

쌍정 변형이 일어난 합금의 온도를 변태점 이상으로 올리면 상변태에 의해 결정 구조가 다시 오스테나이트 구조로 바뀌면서 변형 전의 원래 상태로 되돌아오게 된다.

이러한 형상기억합금의 재료로 가장 많이 이용되고 있는 것이 변태 온도가 80℃인 티탄(Ti)-니켈(Ni)의 합금이다. Ti-Ni계 형상기억합금을 이용한 응용 분야로는 가정용 기구, 산업용 기구, 의료용 기구 등에 널리 응용되고 있다. 또한, 최근 컴퓨터와 정보 통신 등의 첨단 기술 발달과 더불어 Ti-Ni계 형상기억합금을 이용한 소형 액추에이터

(actuator) 및 자동화 부품 기술 분야에 응용되고 있으며, 구리(Cu)-
아연(Zn)-알루미늄(Al) 합금도 많이 쓰인다.

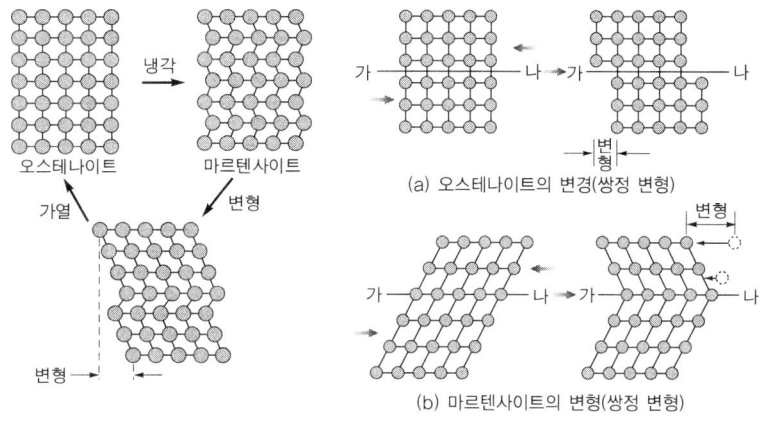

그림 Ⅲ-4 ▲ 형상기억합금의 원리   그림 Ⅲ-5 ▲ 형상기억합금의 형태 변형

(2) 형상기억합금의 이용

형상기억합금은 여러 분야에 응용이 가능한데, 한 가지 예를 들면
우주선이나 인공 위성의 복잡한 안테나에 이용할 수 있다. 그물 모양
의 거대한 인테나를 부착한 채로 우주선을 대기권 밖으로부터 쏘아 올
리기는 매우 힘들다. 그러나 형상기억합금으로 안테나를 만들어 이것
을 작게 접은 다음, 우주선을 쏘아 올리면 태양의 복사열에 의해 제모
습을 기억해서 원래의 안테나 모습대로 펼쳐지게 된다.

실제 가장 효과적으로 이용되고 있는 분야는 전투기의 유압 파이프
와 해군 함정의 배관 계통 연결 부분으로, 종전의 용접에 의한 방법 대
신 형상기억합금을 이용하여 파이프를 연결하고 있다.

그림 Ⅲ-6에 있는 A 파이프와 B 파이프를 연결하기 위해서 실온에
서 파이프의 지름보다 약간 작은 지름의 이음새를 형상기억합금으로
만든다. 그 다음 영하 40℃ 이하의 낮은 온도에서 이음새의 지름을 파

이프의 지름보다 넓혀 파이프를 접속한 실온에 내 놓으면 이음새가 원래의 굵기로 되돌아오면서 파이프를 단단하게 접속시키게 된다. 이렇게 만들어진 파이프는 기체 또는 액체의 압력이 아주 높아도 이음새 부분에서 새는 사고가 발생하지 않는다. 또한, 종전의 용접 방식으로 하게 되면 용접 부위의 재료가 열을 받아 내부 조직의 변화로 인해 부식이나 균열이 될 우려가 있으나, 형상기억합금을 사용하게 되면 그와 같은 위험을 줄일 수 있다.

형상기억합금으로 자동차의 문을 만들면 자동차가 접촉 사고를 일으켜 문이 찌그러졌을 때 가스 용접 토치 불로 찌그러진 문을 가열해 주면 원래 문의 모양으로 되돌아오게 된다. 이 때 벗겨진 페인트만 칠해 주면 간단하게 수리가 된다.

형상기억합금은 인공 위성의 안테나, 로봇, 제트 전투기의 부품, 자동차 문, 안경테, 인공 치아 및 여성용 브래지어 등에 쓰이고 있다.

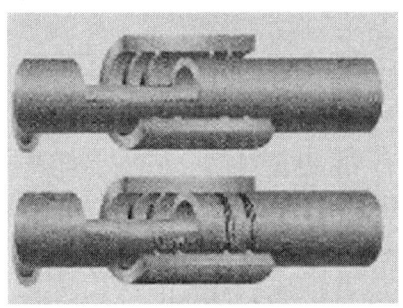
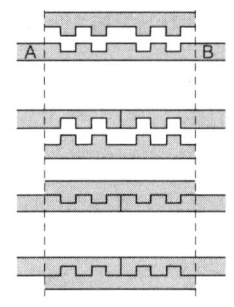

(a) 형상기억합금 파이프의 실제 모양   (b) 형상기억합금 파이프의 단면도

그림 Ⅲ-6 ▲ 형상기억합금을 이용한 파이프의 연결

5 복합 재료

복합 기술은 최근에 나온 것이 아니고, 상당히 오랜 옛날부터 있었다. 고대 이집트에서는 짚으로 보강한 벽돌을 만들었다. 이것도 2가지 이상의 재료를 복합한 것이므로 복합 재료(複合材料)라 할 수 있다. 그러나 근대적인 복합 재료는 1942년 유리 섬유를 강화한 것으로부터 시작되며, 1960년대에 들어와서는 우주 개발 경쟁과 함께 강도가 좋고 가벼운 재료가 필요함에 따라 더욱 깊이 있는 연구가 진행되었다. 1970년대 후반부터는 금속이나 세라믹스계의 복합 재료 실용화 연구가 시작되었다.

종래에는 금속과 그 밖의 비슷한 재료를 규격화하여 가격을 저렴하게 대량 생산하였다. 그러나 복합 재료는 무조건 만들어 내는 것이 아니고, 요구되는 성능과 수요에 맞추어 설계되어 제작된다. 요즘 시장이나 가게에 가서 어떤 물건을 보면 영어로 CFRP라고 쓰여진 것들을 종종 볼 수 있다. 이 말은 C는 탄소(carbon), F는 섬유(fiber), R은 강화(reinforced), P는 플라스틱(plastic)의 머리 글자이다. 이것을 우리말로 옮기면, '탄소섬유강화 플라스틱'이라고 하는 복합 재료이다.

쉽게 말하면, 복합 재료는 위와 같이 두 가지 이상의 재료를 혼합하여 만든 재료로 각각의 원재료가 가지고 있는 특성을 살린 재료라고 할 수 있다. 다만, A재료와 B재료를 각각 50%씩 혼합하여 C재료를 만들었다고 하였을 때, 이 C재료가 A와 B의 성질만을 가졌다고는 할 수 없다. 이 C재료는 A, B의 성질 이 외에 알지 못하는 성질 x를 가지게 된다. 즉, 복합 재료는 이 x성질이 매우 우수한 것이다. 더욱 튼튼하고 더욱 가벼우며, 높은 열에 잘 견딜 뿐만 아니라 많은 양을 대량 생산할 수 있는 장점이 있다.

그림 Ⅲ-7 ▲ 복합 소재로 만든 경주용 요트

오토바이를 탈 때 머리에 쓰는 헬멧(helmet)이나 바다 위에 뜨는 요트도 이 CFRP로 만들며, 높은 열에 잘 견디기 때문에 최근에는 호텔의 내부 재료(內部材料)와 욕조 변기도 이 재료로 만들고 있다. 어느 음식점에 가 보면 실내에 있는 소형 인공 폭포나 지하 전철벽의 바위를 볼 수 있다. 겉으로 보아서는 천연 바위와 똑같이 되어 있는데, 이것도 역시 CFRP 제품이다. 미국에서는 육상 기관인 자동차 부품과 항공기에 많이 쓰이고 있다. 특히, 보잉767 비행기의 날개와 문에 이 CFRP가 사용되었다.

유리나 세라믹스는 취약하므로 구조 재료로서는 사용하기 어렵지만, 이들의 단점을 섬유로 보강하고 개선하는 연구가 계속 진행되고 있다. 앞으로 복합 재료는 연구 방법에 따라 여러 가지 종류를 만들어 낼 수 있다.

복합 재료는 우주 정거장이나 우주 위성 발전소가 건설될 때 그 건축 재료로 많이 사용될 것이다. 더욱이 성능이 좋은 재료가 개발되고, 그 재료의 신뢰성이 높아지면 재료 한 가지를 단독으로 사용하지 않고 복합 재료를 사용하는 세상이 올 것이다.

6 ⟩ 비정질

1기압 상태일 때 물은 0℃에서 얼어 고체가 되고, 열을 가하면 100
℃에서 끓게 된다. 드라이아이스(dry ice)는 고체에서 직접 기체로 바
뀐다.

고체는 딱딱하고, 액체는 흐르는 것으로 어떠한 그릇에도 담을 수
있다. 액체가 기체로 변화하게 되면 같은 압력 밑에서 체적이 갑자기
팽창하게 된다. 따라서 기체 분자는 액체 분자에 비하여 자유자재로
움직일 수 있다. 또, 액체나 기체에서는 원자 배열이 규칙적이지 않지
만, 고체에서는 원자 배열이 질서를 매우 잘 지키고 있다. 이와 같은
상태를 결정(結晶)이라고 한다. 즉, 물질의 안정된 고체 상태는 결정
상태이다.

오늘날 전자 산업의 중추 역할을 하는 LSI(Large Scale Integrate)

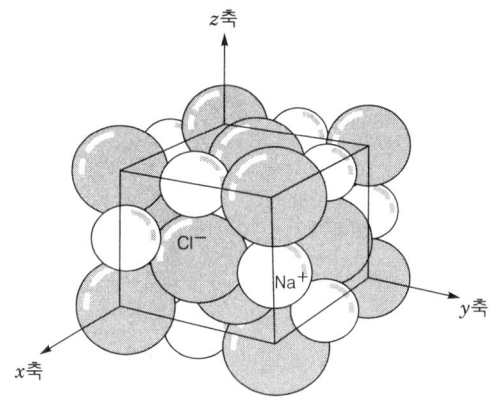

그림 Ⅲ-8 ▲ 염화나트륨(NaCl)의 결정 모양

등의 반도체 기판(半導體其板)이 되는 실리콘(Si)은 인공적으로 만든 완전한 결정체이다. 그 속에는 1,025개 이상의 원자가 질서 있게 규칙적으로 배열되어 있다.

우리들의 주위에 있는 금속이나 암석(岩石)을 살펴보면 작은 결정 여러 개가 모여서 된 것을 쉽게 알 수 있다. 이와 같은 것을 다결정체(多結晶體)라 한다. 그러나 유리는 확실히 딱딱한 고체이지만, 그 속의 원자 배열 모양(原子排列模樣)은 결정과는 다르며, 오히려 액체에 가깝다.

액체는 각 원자가 서로 위치를 바꾸면서 움직이는 데 반하여, 유리는 움직이는 액체 원자를 순간적으로 사진 찍은 것과 같은 상태이다. 최근에 사용되는 반도체는 이 유리와 같이 만든 상태이며, 금속도 유리와 같이 만들 수 있다. 이와 같이 결정이 아닌 물질을 비정질(非晶質) 또는 아모르퍼스(amorphous)라고 한다.

일반적으로 물체가 액체 상태에서 결정이 생길 때에는 핵이 먼저 생기고 그것이 성장한다. 그러므로 금속이 액체 또는 기체 상태에 있을 때에 원자가 질서있게 결정 상태를 가지지 못하도록 온도를 갑자기 내려 주면 원자가 움직이지 못하고 굳어지므로 이 아모르퍼스 고체가 된다. 이 때, 냉각시키는 온도는 1초당 10만 ℃ 이하로 내려 주어야 한다. 이 아모르퍼스 고체는 전자 산업 분야에서 반도체, 트랜스의 철심 재료, 광자기 기록(光磁氣記錄) 등에 사용되며, 에너지 손실과 열 발생이 적어 각광을 받고 있다.

7 ❯ 초전도 재료

전도(傳導, conductor)란 열이나 전기가 물체의 한 부분으로부터 점차 다른 곳으로 옮겨가는 현상을 말한다.

전기에서 초전도는 전기 저항이 완전히 0이 되는 제로 저항(zero resistance)이라는 것과 임계 온도 이하에서 초전도체 내부로 자기장이 침투하지 못하는 완전 반자성 효과를 갖고 있다.

초전도체는 납(Pb) 또는 수은(Hg)의 합금이나 금속 간 화합물을 절대 온도(-273℃)까지 냉각시켜 주면 저항이 급격히 떨어져서 전기의 전도도가 불연속으로 커지게 된다.

최근에 많이 쓰이는 초전도체는 TlBaCaCuO와 HgBaCaCuO가 있으며, Hg계 초전도체는 임계 온도를 165K까지 상승시킬 수 있다. 그러나 탈륨(Tl; 원자 번호 81)과 수은(Hg)계 초전도체는 유독성이 매우 커서 안전에 특별한 유의가 필요하다. 그러므로 독성이 적은 이트륨(Y; 원자 번호 39)과 비스무트(Bi; 원자 번호 83)계($YBa_2Cu_3O_{6+x}$, $Bi_2Sr_2Ca_2Cu_3O_y$) 초전도체의 실용화 연구가 계속되고 있다.

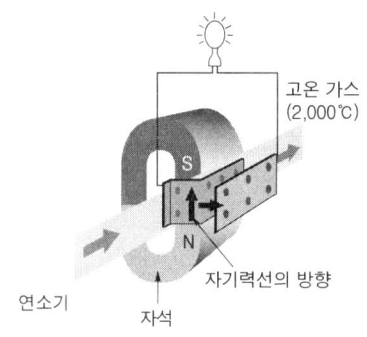

고온 가스
(2,000℃)

자기력선의 방향

연소기   자석

그림 Ⅲ-9 ▲ MHD 발전기의 구조

그림 Ⅲ-10 ▲ 초전도 전자 추진 선박

초전도체는 공장의 폐열 가스를 이용하여 회전체(rotor)가 필요 없이 열에너지 교환 방식에 의해 발전하는 MHD(전자식 수력학 발전기)와 초전도 자기 부상 열차 및 초전도 전자 추진 선박 등에 많이 이용되고 있다.

※ MHD(Magneto Hydro Dynamics) : 일명 자석식 수력학 발전기이다. 즉 전기를 띤 유체(流體)가 자계(磁界)를 흐를 때에 전자 유도 법칙에 따라 물체가 가지고 있는 에너지를 전기로 바꾸는 것이다. 이것은 양쪽에 자석이 설치된 사이를 알칼리 금속의 이온화된 2,000℃의 고온 가스를 통과시키면 전류가 발생하여 강력한 자장을 만든다. 기존의 발전기는 터빈의 회전력으로 발전기를 돌려 전기 에너지의 변환 효율이 30% 정도였다. 그러나 MHD 방식은 전기 에너지 변환 효율이 60% 이상 된다.

■참고■

물체에는 전기가 통하는 물체인 도체, 전기가 통하지 않는 물체인 부도체, 전압이 가해지면 전류가 흐르는 물체인 반도체가 있다.
• 도체(導體, conductor) : 원자가 3가 또는 그 이하 금속
• 부도체(不導體, insulator) : 원자가 5가 또는 그 이상 금속
• 반도체(半導體, semi-conductor) : 원자가 4가 금속

원자가 1가 금속 : Mo, Ag, Rb   2가 금속 : Zn, Cd, Hg, V, Fe, Cr, Mn, Zr
        3가 금속 : Ga, In, Ti   4가 금속 : Ge, C, Si, Sn, Pb
        5가 금속 : As, Sb, Bi   6가 금속 : Se, Te, Po
        7가 금속 : Br, I, At

참고 문헌

• 이상혁(1992). 현대산업기술의 이해. 대한교과서(주).
• 이상혁(2001). 중학교 기술·가정 2 교사용 지도서. (주)두산.
• 한국교원대학교 과학교육연구소(2003). 현대 과학과 기술. (주)지학사.
• Anthony E. Schwaller(1980). Energy Technology(Source of Power).
    Davis Publications, Inc. Worcester, Massachusetts.

세라믹스 기관 자동차

읽을 거리

세계 각국의 자동차 회사에서는 외형이 좋고 가벼우며 보다 빠른 자동차를 만들기 위해 온갖 힘을 기울이고 있다. 자동차의 무게를 줄이기 위해 차 몸체와 대부분의 부품을 가벼운 플라스틱으로 만들고 있다.

최근 자동차에 사용되는 플라스틱 재료들은 가벼우면서도 강철 이상으로 단단한 새로운 제품들이다.

자동차는 실린더(cylinder) 속에서 연료를 폭발시켰을 때 생긴 힘으로 피스톤이 왕복 운동을 하여 기관이 움직이게 된다. 그러므로 자동차 기관에는 높은 열이 발생하게 되어 자동차의 기관 속에 물을 넣어 기관을 냉각시켜 주고 있다.

자동차 기관은 이 냉각 장치 때문에 무게가 무겁다. 자동차를 오토바이와 같이 공기로 냉각시키면 자동차의 무게가 가벼워질 것이다. 자동차의 무게를 줄이기 위해 연구해 낸 것이 공냉식 자동차 세라믹스 기관(ceramics engine)이다.

세라믹스는 일종의 도자기인데, 열에 견디는 내열성(耐熱性)이 금속보다도 몇 배나 크다. 그러므로 도자기로 만든 자동차 기관은 쉬지 않고 장시간 운전을 해도 기관을 냉각시켜 줄 필요가 없다. 즉, 자동차 기관을 냉각시키기 위한 특별한 장치를 만들지 않아도 된다.

그림 Ⅲ-11 ▲ 최신 고성능 자동차

이 세라믹스 자동차 기관은 냉각 장치가 없으므로 구조가 간단하고 부품수가 줄게 되어 자동차의 무게가 가벼워진다. 자동차의 무게가 가벼워지기 때문에 연료 소모가 적다.

세라믹스 기관 자동차가 시판되면 자동차 가격이 더욱 저렴하게 되어 도로에는 현재보다도 더 많은 자동차가 달리게 될 것이다.

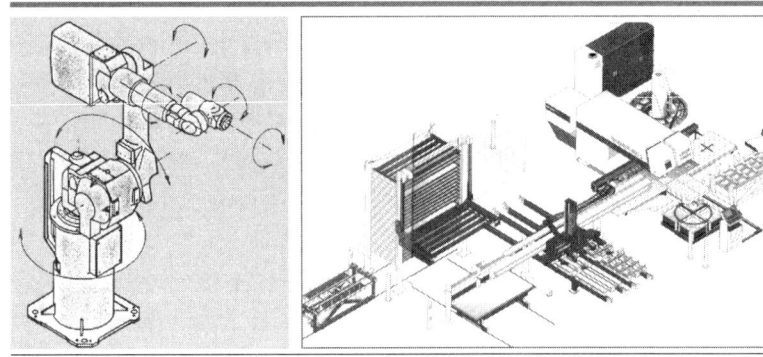

오늘날 선진국들은 자동화를 통하여 부가 가치와 생산성을 높이기 위하여 노력하고 있다. 그러나, 자동화는 단순 기계화하는 것이 아니라, 생산성을 향상시켜 제조 비용을 줄이고 고품질(高品質)의 상품으로 경쟁력을 높이기 위한 것이다.

오늘날 제조에서 자동화는 소비자의 욕구와 취향에 따라 소품종 다량 생산(小品種 多量生產) 체제에서 다품종 소량 생산(多品種 小量生產) 체제로 바뀌어 가고 있다.

IV

자동화 기술 *

1 ⊙ 자동화

(1) 자동화의 뜻

자동화(自動化)란 영어로 오토메이션(automation)이라고 하는데, 1947년 미국의 포드(Ford) 자동차 회사에서 자동차의 부품을 생산해 내는 데 자동으로 만들기 시작하였다. 이 때부터 이 작업을 오토메이션이라 부르기 시작하였다.

1952년 디 볼드(Debold, j.)가 오토메이션이라는 책을 출판해 낸 이후부터 이 말이 널리 알려지게 되었다.

미국의 포드 자동차 회사에서는 기계와 기계 사이, 부품 소재(部品素材) 창고와 공장 사이를 운반하는 데 소요되는 시간을 줄이기 위해 흐름 방식인 컨베이어 벨트(conveyer belt)를 공장 안에 설치하였다. 이 방식은 컨베이어 벨트 자체를 이동하는 작업대로 작업 능률을 종전에 비해 수십 배나 향상시켰다. 이 방식이 대량 생산 방식의 시작이었으며, 오토메이션의 기초가 되었다.

기계 부품 생산 공장이나 자동차 조립 공장에 가보면 부품을 컨베이어 벨트가 이동시켜 산업용 로봇(robot)에 의해 깎거나 나사로 조립하는 것도 자동화 기계가 하고 있다. 사람은 조립 라인 5~8m 정도에 1명씩 배치되어 기계에 어떤 문제가 있을 때에 해결해 주는 일만을 하고 있다.

최근에는 기계(mechanics)와 전자(electronics)가 합쳐진 전자 기계(mechatronics)의 복합 기술이 자동화에 크게 기여하고 있다.

(2) 산업용 로봇

로봇이라는 말은 체코어로 '일한다(robota)'는 뜻인데, 사람의 손발과 같이 일하는 기계로서 인조 인간이라고도 한다. 로봇이라는 말을 쓰기 시작한 것은 1920년 체코슬로바키아(Czechoslovakia)의 작가 차펙(Capeik, Karel)이 희곡 '인조 인간'을 발표한 후부터이다. 차펙은 그의 희곡에서 기술의 발달과 인간 사회와의 관계에 대해서 아주 비판적으로 표현하였다. 로봇은 공장에서 노동자로서 인간의 지배를 받는데, 노동을 하면서 지능 및 반항 정신이 발달하여 드디어 인간을 멸망시켜 버리는 이야기가 나온다.

산업용 로봇이 등장된 것은 1960년대 초부터였다. 사람이 컴퓨터에 작업 데이터를 입력시켜 놓으면 컴퓨터의 명령에 따라 산업용 로봇은 일을 하게 된다. 자동차 공장에서 가장 많이 사용되는 로봇은 스폿 용접 로봇이며, 그 외에도 프레스 가공 로봇, 도장 로봇 등이 사용되고 있다.

산업용 로봇의 운동은 팔의 수직 운동, 팔의 전진과 후진 운동, 팔의 회전 운동의 3가지를 한다. 또한, 산업용 로봇 손목의 3가지 운동에는 손목 돌림 운동, 손목 요동 운동, 손목 회전 운동이 있다.

오늘날 산업용 로봇은 공업용, 농업용, 의료용, 우주용 및 해저 탐험용 등으로 폭넓게 이용되고 있다.

(3) 휴먼 로봇

공장이나 산업체에서 쓰이던 초기 산업용 로봇은 미리 주어진 명령에 따라 단순한 작업만 수행했다. 그러나 요즘에는 감각과 지능을 가진 휴먼 로봇(human robot)이 실용화되고 있다. 이 휴먼 로봇은 보고, 듣고, 맛보고, 냄새 맡고, 차고 뜨거운 것을 느끼는 인간의 오감(五感)을 감지하는 센서(sensor)가 장착되어 있어 인간과 같이 작동하게 된다. 즉, 인간과 같은 감각 기능이 갖추어져 있어서 주변의 기후 변화나 상황 변화에 따라 인간과 같이 움직이게 되는 것이다.

2 ▶ 생산 체제의 변화

    제품 생산은 시대 변화에 따라 가내 수공업(家內 手工業) → 공장제 수공업(工場制 手工業) → 기계 공업(機械 工業) → 자동화 공업(自動化 工業)으로 바뀌었다.

    물건을 수공업에 의해 만들던 시대에는 물건이 귀해서 부유한 자만이 여러 가지 물건을 가질 수 있었다. 그러나 자동화 공업에 의해 물건이 대량으로 생산되어 가격이 저렴해짐에 따라 대부분의 사람들이 여러 가지 물건을 구입할 수 있게 되었다.

    공업 기술이 고도(高度)로 발달되어 첨단 산업 시대(尖端産業時代)를 이룩하면서 세계 각국은 보다 많은 공상품(工商品)을 수출하기 위한 경쟁이 더욱 치열해지고 있다.

    농경 시대에서 공업화 시대로 바뀌고 다시 정보화 시대로 바뀌어 가면서 지구상에 있는 세계 여러 나라들은 가까운 이웃으로 거리가 단축되었다. 그러므로 너와 나의 경쟁에서 이제는 국가와 국가의 경쟁 시대로 바뀌었다. 따라서 세계 각국에서는 보다 많은 공상품을 수출하기 위한 경쟁이 더욱 치열해졌고, 자기 나라의 경제 발전을 위해 온갖 힘을 기울이고 있다.

    오늘날 선진국들은 자동화를 통하여 부가 가치와 생산성을 높이기 위하여 노력하고 있다. 그러나 자동화는 단순 기계화하는 것이 아니라, 생산성을 향상시켜 제조 비용을 줄이고 고품질(高品質)의 상품으로 경쟁력을 높이기 위한 것이다.

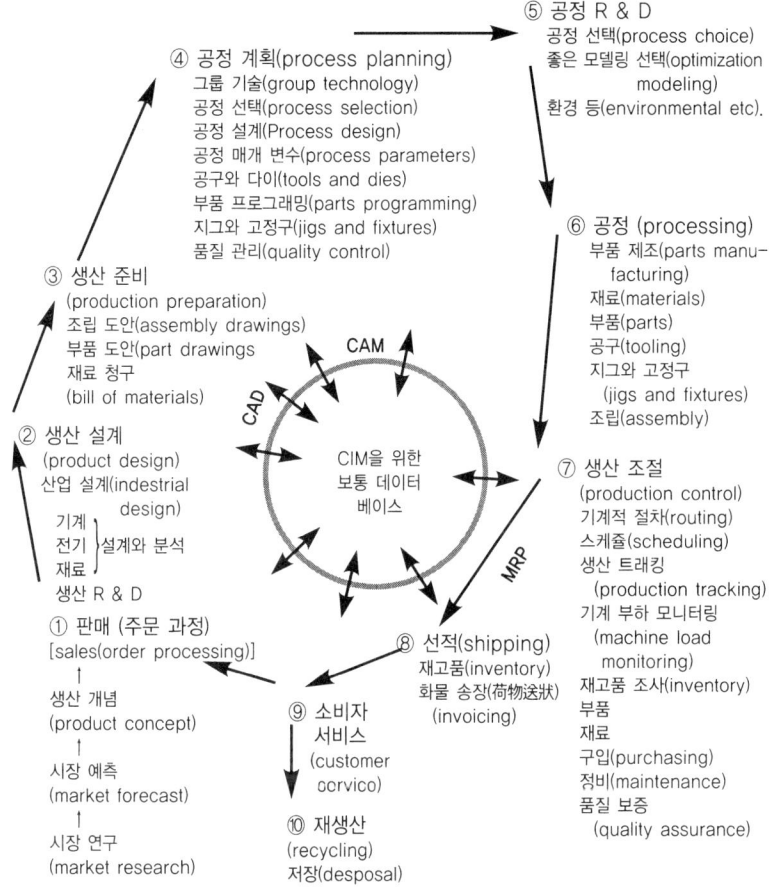

⑤ 공정 R & D
　공정 선택(process choice)
　좋은 모델링 선택(optimization
　　modeling)
　환경 등(environmental etc).

④ 공정 계획(process planning)
　그룹 기술(group technology)
　공정 선택(process selection)
　공정 설계(Process design)
　공정 매개 변수(process parameters)
　공구와 다이(tools and dies)
　부품 프로그래밍(parts programming)
　지그와 고정구(jigs and fixtures)
　품질 관리(quality control)

⑥ 공정 (processing)
　부품 제조(parts manu-
　　facturing)
　재료(materials)
　부품(parts)
　공구(tooling)
　지그와 고정구
　　(jigs and fixtures)
　조립(assembly)

③ 생산 준비
　(production preparation)
　조립 도안(assembly drawings)
　부품 도안(part drawings
　재료 청구
　(bill of materials)

CAM

CAD

CIM을 위한
보통 데이터
베이스

MRP

② 생산 설계
　(product design)
　산업 설계(indestrial
　　　design)
　기계
　전기 }설계와 분석
　재료
　생산 R & D

⑦ 생산 조절
　(production control)
　기계적 절차(routing)
　스케쥴(scheduling)
　생산 트래킹
　　(production tracking)
　기계 부하 모니터링
　　(machine load
　　monitoring)
　재고품 조사(inventory)
　부품
　재료
　구입(purchasing)
　정비(maintenance)
　품질 보증
　　(quality assurance)

① 판매 (주문 과정)
　[sales(order processing)]
　↑
　생산 개념
　(product concept)
　↑
　시장 예측
　(market forecast)
　↑
　시장 연구
　(market research)

⑧ 선적(shipping)
　재고품(inventory)
　화물 송장(荷物送狀)
　　(invoicing)

⑨ 소비자
　서비스
　(customer
　service)

⑩ 재생산
　(recycling)
　저장(desposal)

그림 Ⅳ-1 ▲ 제품 제조 공업에서 CAD와 CAM을 이용한 CIM의 구성

(1) 소품종 다량 생산

　하나의 자동화 기계 장치에서 한두 가지 물건을 대량으로 생산하여 생산 원가를 절감시켜 물건값을 싸게 하는 것이 소품종 다량 생산(小品種 多量生産, mass production)이다.

　시장에 나온 여러 가지 물건은 자동화 기계에 의해 한 가지 종류의 물건이 같은 규격으로 통일되어 생산되었다. 즉, 이것이 소품종 다량

생산 체제에 의해 만들어진 것이다.

(2) 유연 자동화 생산

유연 자동화(柔軟自動化, FMS; Flexible Manufacturing System)란, 시장 여건의 변화에 맞추어 필요에 따라 한 가지 제품이라도 여러 가지 모양으로 필요한 양만큼 유연성 있게 생산할 수 있는 생산 시스템이다. 즉, 자동화 시대의 소품종 다량 생산 체제(小品種 多量生産體制)가 다품종 소량 생산 체제(多品種 小量生産體制, order made production)로 바뀐 것이다.

1990년대 하반기부터는 과학 기술 문명이 더욱 발달되면서 세계 여러 나라들은 무역이 활발해졌고, 국가가 부강되어 국민 경제가 크게 향상되었다. 이에 따라 국민 개개인의 욕구와 취향이 달라져서 자동화 기계가 만든 동일한 모양과 규격의 대량 생산 제품보다는 특색 있는 주문 생산 제품을 선호하게 되었다.

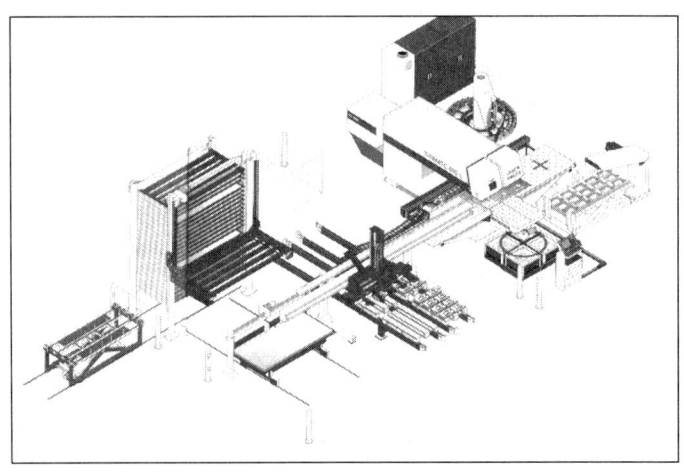

그림 Ⅳ-2 ▲ 유연 자동화(FMS) 시스템 설비

(3) 컴퓨터 통합 제조

컴퓨터 통합 제조(CIM; Computer Integrated Manufacturing)는 제품 설계를 비롯하여 주문 접수와 제품의 판매, 공장 전체의 업무를 통합된 정보 시스템으로 일체화시켜 기업의 생산성 및 경쟁력을 획기적으로 향상시키는 생산 시스템을 말한다. 예를 들면 양복, 구두, 텔레비전, 냉장고 및 가구 등은 다품종 소량 생산 체제로 만들어지고, 슈퍼마켓이나 백화점에서 판매된다. 슈퍼마켓이나 백화점에서는 이들 제품을 판매할 때 바코드(bar code)를 스캔(scan)하면 본사의 주 컴퓨터(main computer)에서 값을 읽어 보내 준다.

CIM은 판매한 수량이 누적 기록되고, 신제품 개발 기간과 납품 기간이 단축되어 품질이 향상되고, 제조 원가의 절감 등에 큰 효과를 가져올 수 있다. 그러므로 각 슈퍼마켓과 백화점에 품목별로 판매량과 재고량을 알 수 있을 뿐만 아니라, 재고량이 적은 물품은 주 컴퓨터가 생산 공장의 FMS 기계에 필요한 양만큼 만들도록 명령을 한다. 이와 같이 하여 모든 제품을 재고량에 맞추어 제조하게 된다.

(4) 바코드

오늘날 산업 사회의 전 분야에서 자동화와 정보 시스템은 눈부시게 발전하였다. 백화점이나 슈퍼마켓, 서점 등지에서 많은 양의 상품들이 무리 없이 신속하게 유통되는 것도 이 자동화 시스템의 결과라고 할 수 있다. 자동화 시스템의 기술 중에서 가장 널리 활용되고 있는 것이 바코드(bar code)이다.

바코드는 1932년 미국 메사추세츠(Messachusettes) 주에 있는 식료품 도매상의 아들인 월리스 플린트(Wallace Flint)가 하버드 대학교에서 슈퍼마켓의 계산 자동화에 대한 논문을 작성한 것이 최초이다.

바코드는 요즘 식품, 잡화, 도서, 옷, 신발 등 상당히 폭넓게 사용되는데, 단순하게 흑과 백의 막대 형태로 구성되어 있다. 이 흑과 백의 막대선 아래에는 모두 13개 자리의 숫자가 쓰여져 있다. 컴퓨터의 스

ISBN 89-7067-240-0

그림 IV-3 ▲ 바코드

캐너는 이 막대선을 정확하게 읽고 빠르게 처리한다.

〈그림 IV-3〉의 바코드는 국제상품관리협회(EAN)가 일반 도서에 부여한 것을 예로 든 것으로 연속 간행물에는 977을 기록한다.

국제적으로 표준화된 방법에 따라 도서에 부여된 국제표준도서번호 (ISBN : International Standard Book Number)는 1965년 영국의 최대 서점인 H.W. Smith & Son 회사에서 최초로 사용되었으며 모든 도서에 사용하고 있다.

바코드의 13자리 중 왼쪽의 세 자리(978)는 접두 부호이고, 그 다음 두 자리(89, 한국)는 나라, 그 다음 세 자리(706)는 제조 회사이며, 그 다음 네 자리(7240)는 상품 품목 코드이다. 마지막 한 자리(3 또는 0) 는 컴퓨터가 잘못 읽는 것을 방지하기 위한 검색 숫자이다.

책이 아닌 모든 상품에는 왼쪽의 세 자리를 국가 코드로 880을 사용한다.

이와 같이 바코드에는 국가 번호, 제조 회사 번호, 상품 품목 번호가 들어 있으나, 상품의 가격이나 크기, 무게 등의 정보는 들어 있지 않다. 상품 가격은 바코드를 판독한 컴퓨터가 해당 상품 품목 번호를 본사 컴퓨터에 기억되어 있는 가격을 불러내어 금전 등록기에 표시해 준다. 그러므로 상품값이 변동되어도 바코드를 다시 바꿀 필요가 없다.

오늘날 바코드는 판매 및 재고, 생산 관리 업무 분야 등 유통 업무 분야 외에도 병원, 도서관, 철도와 항공의 여객 및 화물 관리, 공장 자동화와 사무 자동화 등 많은 양의 데이터를 신속하고 정확하게 처리하기 위한 곳에서 사용되고 있다.

우리 나라는 1988년 한국자동인식산업협회(KOREA AIM; Automatic Identification Manufacture)가 설립되었으며, EAN(Encoding Article Number)에 정식으로 가입하여 KAN(Korea Article Number) 코드를 취득하면서 본격적인 바코드 시스템 체계를 세우게 되었다.

최근 일본의 YRP 유비쿼터스(Ubiquitous) 연구소가 선보인 RFID(Radio Frequency Identification) 칩은 크기가 0.4mm로, 2000자(字)의 정보를 저장하고 있어서 1m 범위 내에 있는 많은 양의 정보를 무선으로 읽을 수 있다.

RFID는 슈퍼마켓의 계산대 앞의 카트(cart)에 가득 실은 여러 가지 많은 종류의 물건을 담아 오면 물건 하나하나의 바코드를 스캔하지 않고 한 번에 많은 양의 물건값을 계산해 낼 수 있다. RFID는 외국 여행을 갈 때 공항에서 짐을 부치면 행선지를 자동으로 인식하는 일도 한다.

그 뿐만 아니라, 수확한 과일이나 채소에 DNA 바코드 시스템을 뿌리면 채소의 파종 시기, 농약을 뿌린 횟수, 출하 시기는 물론 생산지까지도 기록된다. 이렇게 되면 농산물의 생산지를 속이는 일이 쉽지 않게 될 것이다.

🐾 **참고 문헌**

• 이상혁 외 10인(2004). 고등학교 기술. (주) 두산.
• 이상혁·이영순·강수헌(2004). 공업 입문. (주) 교학사.
• 이상혁(1992). 현대산업기술의 이해. 대한교과서(주).
• John, A. Schey. (1987). Introduction to manufacturing processes. McGraw-Hill. Inc.New york st. U.S.A.

3 🡪 센서

(1) 센서란?

사람의 감각 기능에는 보고, 듣고, 냄새 맡고, 맛보고, 차고 뜨거운 것을 느끼는 5가지 감각 기능인 오감(五感)이 있다. 사람은 눈, 귀, 코, 혀, 피부의 감각 기관을 사용하여 외계(外界)와 자기 몸 내부에서 일어나는 변화를 알아낸다. 그리고 이것을 뇌에 보내어 여러 가지 판단을 하고 행동을 한다. 이 인간의 감각 기능을 인공적으로 만들어내기 위하여 개발된 것이 센서(sensor)이다.

그림 IV-4 ◀ 인간의 오감(五感)

센서는 기계가 사람의 감각 기관을 대신하도록 한 것이다. 다시 말하면 센서란 인공 및 자연물의 정보 그리고 에너지를 물리적, 화학적, 생물학적으로 탐지하고 검출하여 전기적인 신호로 변환하는 장치이다.

센서는 인간의 오감으로는 도저히 지각할 수 없는 초음파, 자기 및 적외선 등도 알아낼 수 있도록 만든 것이다.

(2) 센서의 역할

센서 중에서 가장 많이 사용되고 있는 것이 온도 센서이다.

온도 센서는 각종 건물의 화재 경보기를 비롯하여 의료 기기, 여러 가지 전기 제품에 이르기까지 많은 종류가 있다.

습도 센서는 대기의 습도, 정밀 기계, 화학 장치, 식품 가공 기계 및 각종 제조 기계 등에 널리 쓰인다.

압력 센서는 사람의 혈압을 측정하는 혈압계와 자동차 엔진의 흡기압, 유압 등을 측정하는 데 쓰인다.

인간의 코에 해당하는 후각 센서는 도로변의 일산화탄소(CO), 이산화탄소(CO_2), 오존(O_3) 등을 측정하는 가스 센서가 있다.

(3) 센서의 종류

자기(磁氣) 센서는 인간이 느낄 수가 없는 자기를 측정하는 곳에 사용된다. 자기의 응용은 오디오(audio) 제품, 현금 인출 카드(cash card) 등에 사용되고 있다.

광(光)센서는 눈에 보이는 빛과 자외선 및 적외선을 감지한다. 가로등의 자동 점멸기, 태양 전지 등 주변에서 많이 쓰이고 있다.

표 Ⅳ-1 ▼ 인간의 감각 기관에 해당되는 센서의 종류

인간의 감각	인간의 기관	응용되는 센서
시각	눈	광 센서(포토 다이오드, CdS 광 센서 등)
청각	귀	음향 센서
후각	코	가스 센서(CO가스, CO_2 가스, O_3)
미각	혀	맛 센서, 이온 센서
촉각	피부	온도 센서, 습도 센서, 자기 센서

① 광센서

⑦ CdS : 황화카드뮴을 주성분으로 한 광소자(光素子)의 일종이며, 조사광(照射光)에 의해 내부 저항이 낮아져서 전류가 흐르는

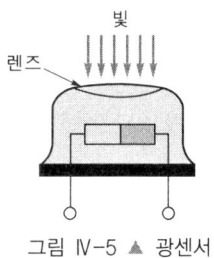

그림 Ⅳ-5 ▲ 광센서

일종의 광 저항기이다. 포토 다이오드(photo diode)나 포토 트
랜지스터(photo transistor)에 비해 회로상으로 다루기가 쉬워
저항기와 동일하게 사용할 수 있다.

㉯ **포토 다이오드** : 광 에너지를 전기 에너지로 변환하는 것으로
반도체의 PN 접합에 광이 닿으면 전위차(電位差)가 생기는 광
기전력(光起電力) 효과를 이용한 광 검출기이다.

㉰ **포토 트랜지스터** : 포토 다이오드의 PN 접합을 베이스-이미터
접합에 이용한 트랜지스터이다.

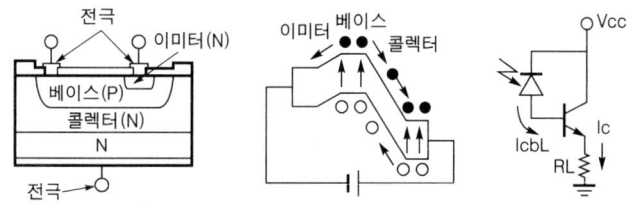

(a) NPN 포트 트랜지스터 단면도　　(b) 에너지 밴드 구조　　(c) 등가 회로도

그림 Ⅳ-6 ▲ npn 반도체 구조 및 회로도

㉱ **적외선 센서** : 물체로부터 방사되는 적외선을 센서가 흡수하면
온도의 변화를 이용하여 전류가 흘러 동작되도록 한 것으로 초
전도 센서, 포토 다이오드 등이 있다.

② **온도 센서**

㉮ **열전쌍 온도계** : 두 종류의 금속 단자 A, B의 양단을 접합해서
폐회로를 만들고, 두 접합점에 온도차를 주면 회로에 전류가 흐
른다. 이것을 시백 효과(seeback effect)라고 한다. 이것은 측
정하고자 하는 물체에 온도 센서를 직접 접촉시키는 방식이고,
에너지가 미약하면 정확한 온도 측정이 되지 않는 단점이 있다.

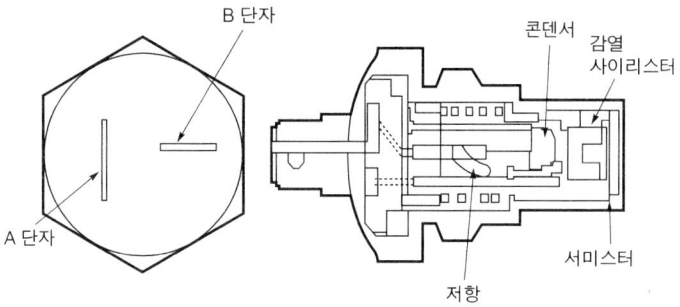

그림 Ⅳ-7 ▲ 열전쌍 온도계

④ 방사 온도계 : 물체로부터 열을 방사하여 센서를 직접 접촉시키
지 않고 측정할 수 있기 때문에 다양한 응용이 가능하다. 그러나
장비의 값이 비싸다.

③ 습도 센서 : 어떤 물질에 습기가 흡입되면 이온 전도도(傳導度)가
증가하여 저항이 감소되는 현상을 응용한 것이다.

⑦ 가열형 습도 센서 : 다공질(多孔質) 세라믹스 표면에 수분이 흡
착되면 전기 저항이 점점 줄어져서 센서가 작동한다. 즉, 음식물
을 전자 레인지로 데울 때 발생하는 수증기를 체크하여 내장된
마이콘에 신호를 보내 주어 전자 레인지의 가열 시간을 조절하
게 된다.

⑭ 초음파 습도계 : 초음파 기온계와 저항 온도계의 조합에 의한
것으로써 초음파의 전달 속도가 기온에 의해 변화하는 것을 이
용한 것이다. 이 때 초음파를 측정한 결과가 습도의 영향을 받는
것에 착안하여 온도계와 병용함으로써 습도에 관한 정보를 알아
내는 것이다. 건조한 대기에서의 음속은 저항 온도계로, 수증기
가 있는 대기의 음속은 초음파 기온계로 측정한다.

④ 자기 센서 : 실리콘 홀(Si hall) 소자(素子)와 신호 처리 회로를 단
일화하여 IC 칩(chip) 위에 집적(集積)한 것으로, 금속이나 반도체

에 전류를 흘려 이것과 직각 방향으로 기전력이 발생하는 것이다.

⑤ **압력 센서** : 압력이나 중량을 전기적 신호로 변환하는 원리를 응용한 것이다. 전기 저항을 이용하는 방법이 가장 쉬운 방법으로 물체에 압력이 가해지면 결정 격자(結晶格子) 사이에 변형이 발생되고, 이 격자의 변형으로 인해 고유 저항의 변화가 생긴다.

(4) 센서 재료

센서에 사용되는 재료로는 반도체 재료(半導體材料), 세라믹스(ceramics) 재료, 금속 재료, 복합 재료 등이 있다.

① **반도체 재료** : 반도체 재료가 센서에 응용되기 시작한 것은 1900년대 말부터로, 금속 반도체로는 Ge, Si, Se, Te 등이 광 센서, 자기 센서, 온도 센서로 사용되었다. 반도체 재료는 P형 반도체와 N형 반도체의 접합 기술 발달에 따라 포토 다이오드, 포토 트랜지스터, FET 센서 등이 크게 발전하였다.

② **세라믹스 재료** : 세라믹스는 본래 내열성, 내식성, 내마모성이 좋아 전기, 자기, 열, 가스, 습도 측정용 센서로 많이 이용된다. 그 예를 보면 과열 보호 센서로 사용되는 $BaTiO_3$, 바닷물에 반사파를 보내 어군 탐지에 사용하는 PZT(티탄산 지르콘산 연), 적외선을 검출하는 $LaTaO_3$ 등이 있다.

③ **금속 재료** : 금속 재료 중 센서로 사용되는 것은 백금(Pt), 은(Ag), 아연(Zn), 납(Pb), 수은(Hg), 인(P), In(인듐), 비소(As) 등 여러 가지가 사용되고 있다.

최근에는 움직이는 액체 원자를 순간적으로 찍은 사진과 같은 결정(結晶)이 아닌 비정질(非晶質, amorphous), 형상기억합금, 금속 수소 화합물 등을 만들어 많이 이용하고 있다.

(5) 여러 가지 센서의 응용

① 온도 측정 센서

⑦ 온도계 : 온도 센서는 사용 방법에 따라 접촉식과 비접촉식으로 나뉜다. 접촉식은 고체, 액체, 기체 등의 물체에 센서를 접촉시키는 것으로 알코올 온도계, 전자 체온계, 전기 포트 등에 응용된다. 비접촉식은 측정하고자 하는 물체에서 나오는 적외선을 이용해서 측정하는 것으로 고로(高爐, cupola)와 같은 고온의 상태를 측정할 때 이용되는 열전쌍(thermal couple), 바이메탈(bi-metal), 서미스터(thermistor) 등이 있다.

⑭ 자동 수도 밸브 : 고속도로 휴게소, 백화점 등의 화장실의 소변기나 수도 밸브에서 자동으로 물이 나오게 한다. 이것은 적외선 센서가 인체에서 나오는 미세한 열을 감지하여 수도 밸브에 부착된 밸브와 타이머를 동작시켜 인체가 접근하면 일정 시간 동안 물이 자동으로 나오고, 그치게 하는 방법이다. 타이머가 없는 경우에는 인체가 감지되는 순간에만 자동으로 물을 나오게 한다.

② 습도 측정 센서 : 습도의 영향에 따라 머리카락의 신축을 이용한 모발 습도계가 많이 쓰인다. 특히, 프랑스 여성의 금발이 신축성이 좋아 많이 사용되고 있다.

③ 광 측정 센서 : 광 센서의 응용은 빛을 전기 신호로 변환시키는 것으로 다음과 같이 응용된다.

⑦ 자동문 : 사람이나 차량이 통행할 때 자동으로 문이 열리고 통행을 하지 않으면 저절로 닫히는 것은 천장이나 바닥에 미리 장치된 센서가 사람이나 차량의 접근을 감지하여 신호를 보내면 제어 장치가 이를 받아 자동으로 여닫게 되는 것으로 감지 방법은 다음과 같다.

- 출입문 앞에 얇고 넓은 판 모양의 스위치를 깔아 놓고 밟으면 작동되는 방식

- 천장에 적외선 센서나 초음파 센서를 부착하는 방식
- 금속판이나 고리 모양의 전선을 얕은 깊이로 묻어 두고, 그 위를 지나가는 물체에 자기장의 변화가 생기면 문이 열리도록 하는 방식

㉯ **자동으로 점등되는 현관등** : 적외선 센서를 현관등에 내장하면 출입하는 사람의 몸에서 발생되는 적외선을 검출하여 비접촉식으로 감지하는 초전도 센서이다. 이것은 사람의 움직임을 검출 거리 내에서 감지하여 초전도형의 적외선 센서에 전달되면 회로에 다시 전달되어 일정 전압 이상의 신호가 출력되어 타이머 회로를 거쳐 전등이 켜지게 된다.

㉰ **텔레비전, 비디오, 오디오 등의 리모콘** : 텔레비전 등의 리모콘 (remote control)의 버튼을 누르면 전자 회로 칩이 적외선을 방출하여 포토 트랜지스터나 포토 다이오드가 적외선을 전기 신호로 변환시켜 작동된다.

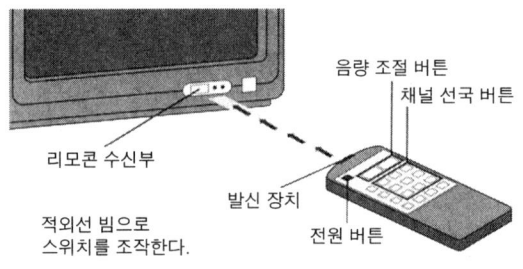

음량 조절 버튼
채널 선국 버튼
리모콘 수신부
발신 장치
적외선 빔으로
스위치를 조작한다.
전원 버튼

그림 Ⅳ-8 ▲ TV 리모콘에 이용되는 센서

④ **자기 측정 센서**

㉮ **금속 탐지기에 응용** : 자기장의 변화를 전자 장치로 감지하여 경고음으로 금속을 찾아낸다. 중국산 어류에 든 납(Pb)을 탐지해 내는 일 외에도, 무기(武器) 소지나 지뢰 탐지 및 금속 캔과 알루미늄 캔을 선별하는 데 이용된다.

㉴ 도난 방지 장치 센서 : 슈퍼마켓이나 백화점, 서점, 도서관 등
의 통로 기둥 양쪽으로 전류를 흘려 주고, 그 전류로 생긴 자기
장으로 상품에 부착된 상표의 유도 전류로 탐지해 낸다. 그러므
로 물건값을 계산하지 않고 통과하거나, 대출 처리를 하지 않은
책의 분실을 막을 수 있다.

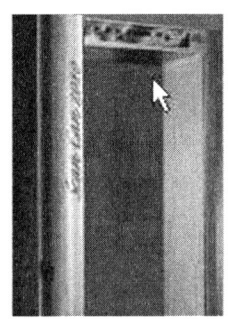

그림 Ⅳ-9 ◀ 문의 기둥에 설치된 센서

🔷 참고 문헌

• 권대혁 외(2000). 센서 기술. 에드텍.
• 김상신(2000). 사동화를 위한 센서. 노서 출핀 힌믹사.
• 이봉훈 역(1997). 센서 이야기. 세화.
• 이승(2000). 센서 공학. 도서 출판 청호.
• 이종락 역(1992). 센서 응용 회로 101선.
• 차흥식(2001). 센서 이론과 실험. 일진사.
• 편집부 편(1988). 센서와 주변 회로. 도서 출판 세운.

반 도 체 이 용 과 새 로 운 통 신

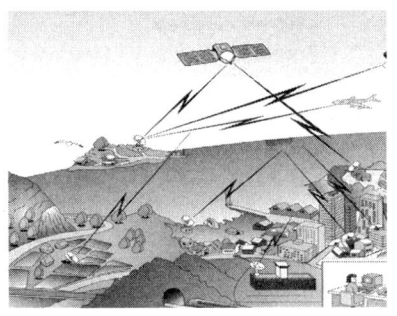

반도체 소자(素子)의 계속적인 연구 개발과 응용에 따라 더욱 소형
화된 집적 회로가 개발되어 전자 계산기, 전자식 자동 교환기 등
여러 전자 기기에 쓰이게 되었다. 특히, 우주 개발과 더불어 소형
화를 시도하는 인공 위성, 우주선 등에도 큰 몫을 차지하게 되었
다. 그 밖의 광통신 등 레이저 기술의 발달에도 반도체 기술이 크
게 기여하고 있다.

V

반도체의 이용과
새로운 통신

*

1 ❯ 반도체와 트랜지스터

(1) 전자 기술의 발달

오늘날의 전자 기술은 19세기 후반의 맥스웰(Maxwell)이 전자파가 존재할 수 있다고 예측하면서부터 시작되었다. 그 후 여러 가지 전자 현상이 실험적으로 해명되기 시작하였고, 19세기 말엽에 마르코니 (Marconi, Guglielmo, 이탈리아의 전기학자, 1874~1937)에 의하여 무선 전신기가 발명됨으로써 통신 부문에 급속한 발전이 있었으며, 이 것이 현대 전자 기술의 모체가 되었다.

1903년 플레밍(Fleming, John Ambrose, 영국의 공학자, 1849~1945)에 의하여 2극 진공관(眞空管)이 발명되었고, 그 후 3극, 4극, 5극 진공관 등이 계속 발명되어 여러 가지 통신 방식과 전자 장치들이 개발되었다.

이러한 발달은 통신 부문뿐만 아니라 산업 분야에도 파급되어 여러 가지 생산 설비의 계측, 제어, 감시 등 응용 분야가 늘어나게 되었다. 이로 인하여 제2의 산업 혁명이라 할 수 있는 자동화의 생산 활동이 시작된 것이다. 이러한 전자 기술의 발달은 라디오, 전축, 악기 등 우리의 일상 생활에 도움을 주게 되었고, 자연 과학 분야의 기본적인 연구에도 활용하게 되었다. 제2차 세계 대전이 시작되면서부터 레이더, 로켓의 무선 유도 등 새로운 전자식 병기가 출현하게 되었다.

전자 기술의 발달을 더욱 촉진시킬 수 있었던 것은 반도체(semi-conductor)의 출현이었다. 진공관에 비해 수십 분의 1 밖에 안 되는 반도체는 전자 기기를 종전의 것들보다 훨씬 소형화시켰으며, 수명이 길어지고, 성능도 우수하게 되었다. 계속적인 반도체 소자(半導體素子)의 연구 개발과 응용에 따라 더욱 소형화된 집적 회로가 개발되어 전자 계산기, 전자식 자동 교환기 등 여러 전자기기에 쓰이게 되었으며, 특히 우주 개발과 더불어 소형화를 시도하는 인공 위성, 우주선 등에도 큰 몫을 차지하게 되었다. 그 밖의 광통신 등 레이저 기술의 발달에도 반도체 기술이 크게 기여하고 있다.

(2) 진공관과 브라운관

진공관은 보통 환경에서 금속 내의 자유 전자(自由電子, free elec-tron)들의 운동은 금속의 테두리 안에 제한되어 있으나 이들에게 에너지를 가해 주면 금속의 테두리 밖으로 튀어나올 수 있다는 원리를 이용한 것이다.

2극 진공관은 이 원리로 음극에 열을 가하여 전자가 튀어나오게 하여 양극으로 전자가 이동하게 하는 것이다. 2극 진공관은 정류 작용(整流作用)을 하는데, 이것은 양극과 음극 사이에 교류 전압을 가하면 외부 회로에서는 직류 전압을 흐르게 하는 작용이다. 2극 진공관의 음극과 양극 사이에 가는 금속선을 나선형으로 감아 이것을 전극으로 이용하면 음극에서 양극으로 향하는 전자류의 크기를 제어할 수 있다. 이러한 전극을 그리드(grid)라고 하는데, 그리드의 수에 따라 증폭 작용을 하는 3극 진공관, 4극 진공관 또는 5극 진공관 등이 되는 것이다.

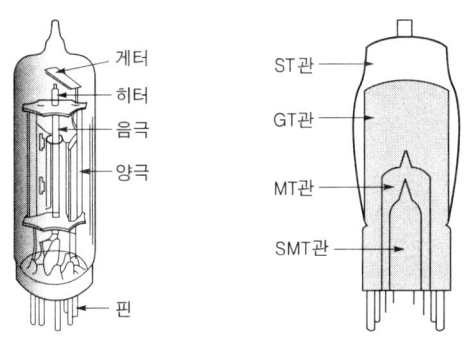

(a) 2극 진공관   (b) TV 브라운관

그림 V-1 ▲ 2극 진공관과 TV 브라운관의 구조

진공관은 정류 작용, 증폭 작용 이외에 발진(發振), 변조(變調) 및 검파(檢波) 등의 작용을 한다.

진공관은 1970년대 초반까지도 각종 전자기기에 많이 사용되었으나, 요즈음 소형화되고 성능이 우수해진 반도체 소자를 이용한 트랜지스터와 집적 회로가 개발됨에 따라 점차 사용하지 않는 실정이다. 특수한 부분인 TV의 브라운관, 조명용의 형광등, 네온사인, 나트륨 램프 및 수은등 등에서는 아직도 2극 진공관을 사용하고 있다.

(3) 반도체와 트랜지스터

① **반도체** : 반도체(semi-conductor)란, 전기를 잘 통하는 도체(導體)와 잘 통하지 않는 부도체(不導體)와의 중간 성질을 가진 물질로서, 대표적인 것으로는 원자가가 4인 금속 실리콘(Si), 게르마늄(Ge), 이산화구리(CuO_2) 등이 있다.

반도체 웨이퍼(wafer)로 주로 많이 사용되는 실리콘(Si)은 지구 표면에 약 28% 정도가 존재한다. 이 실리콘을 코크스(cocks)와 같이 섞어 전기로(電氣爐)에서 녹여 순도가 98% 정도의 분말 형태를 얻는다. 이 분말 실리콘에 열을 가해 가스 형태로 만들고, 열처리하여 순도 99.99999%의 다결정체(多結晶體)로 만든다. 이것을 다시 물리적인 방법인 쵸크랄스키(Czochralski) 법으로 단결정체(單結晶體) 실리콘 봉(Si ingot)을 만든 다음, 얇게 자르고 연마(grinding)한 후, 다이아몬드 연삭날로 금을 그어 웨이퍼(wafer)를 완성한다.

반도체에는 불순물이 전혀 섞이지 않은 진성 반도체(眞性半導體)와 불순물을 첨가하여 전도성을 증가시킨 불순물 반도체가 있다. 불순물 반도체는 첨가하는 불순물에 따라 N(negative)형 반도체와 P(positive)형 반도체로 구분된다.

㉮ **N형 반도체** : N형 반도체는 순수한 실리콘(Si)이나 게르마늄(Ge)에 원자가 5가 원소인 인(P), 안티몬(Sb)이나 비소(As)와

같은 불순물을 약간 녹여 결정을 만든 것으로, 보통 온도 정도에 서 약간의 에너지를 받으면 과잉 전자가 원자의 구속을 벗어나 결정 안을 자유로이 이동하여 전류를 흐르게 한다.

㉯ P형 반도체 : P형 반도체는 순수한 실리콘(Si)이나 게르마늄(Ge) 에 원자가 3가 원소인 갈륨(Ga)이나 인듐(In)과 같은 불순물을 약간 녹여 결정을 만든 것으로, 여기에 전기장이 가해지면 부족 한 정공(正孔, positive hole)이 이동하여 전류가 흐르게 된다.

② **트랜지스터** : 트랜지스터는 1948년 미국의 브래튼(Brattain, W. H.)과 바딘(Bardeen, J.)에 의하여 발명되었으며, 3극 진공관과 같이 검파, 증폭, 발진에 이용된다.

트랜지스터(transistor)는 두 개의 N형 반도체 사이에 얇은 P형 반도체를 넣어 접합하거나 또는 두 개의 P형 반도체 사이에 N형 반도체를 접합하여 만든 것으로, 이들의 전극은 연결 방법에 따라 여러 가지 트랜지스터가 된다.

㉮ 트랜지스터의 특징
  • 특수한 각도로 끊은 반도체를 이용하였기 때문에 진공관과 같 이 증폭 작용을 하는 전자 장치로 열을 가해 줄 전극이 필요

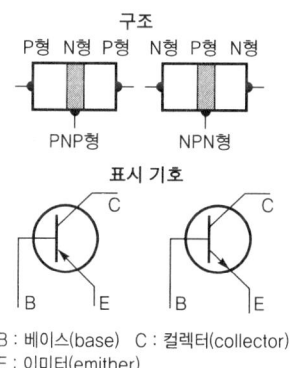

B : 베이스(base) C : 컬렉터(collector)
E : 이미터(emither)

그림 V-2 ▲ 트랜지스터의 구조와 표시 기호

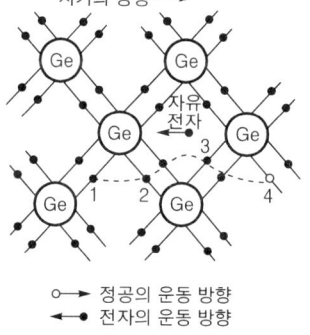

○→ 정공의 운동 방향
●← 전자의 운동 방향

그림 V-3 ▲ Ge 반도체의 결정 구조

없고, 전력이 아주 적게 소모된다.
- 전자 제품의 크기나 무게를 아주 작게 할 수 있고, 열이 발생하지 않는 장점이 있다.
- 오랜 기간 동안 이론적 기술을 쌓아 만들어진 것으로 트랜지스터의 탄생은 진공관 시대의 막을 내리게 했다.

㉯ 다이오드 : P형 반도체와 N형 반도체를 접합시키면 전극이 2개인 반도체 소자가 된다. 이것을 다이오드(diode)라 하는데, 이것은 전류가 한쪽 방향으로는 잘 흐르거나 반대 방향으로는 잘 흐르지 않는 정류 작용을 한다. PN 접합 반도체는 정류 특성을 이용하여 정류기 또는 검파기(檢波器) 등에 쓰인다.

(4) 집적 회로와 그 응용

트랜지스터(transistor), 다이오드(diode), 콘덴서(condenser), 저항 등의 회로 소자들을 작은 기판 위에 넣고 배선을 연결하여 하나의 계열 기능을 가지도록 만든 반도체 회로를 집적 회로(集積回路, IC; integrated circuit)라 한다.

집적 회로는 하나의 기판 위에 부품에서부터 배선까지를 제조한 것으로, 회로 자체를 하나의 집약된 부품으로 보게 되며, 집적 회로의 특

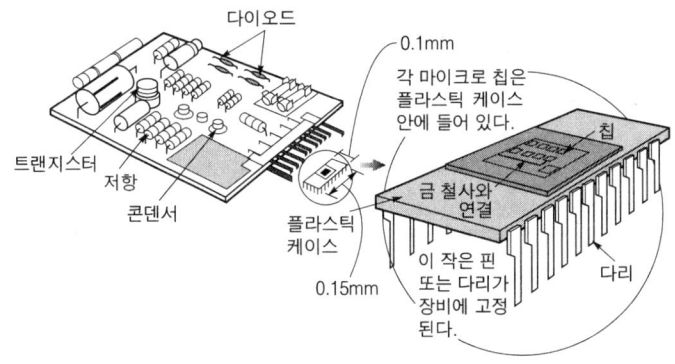

그림 V-4 ▲ 반도체 회로 칩

징은 다음과 같다.

- 집적 회로는 사진 기술 또는 인쇄 기술을 응용하여 만든 것으로, 아주 작게 만들 수 있다.
- 세트(set)를 조립하는 공정(工程, process)이 간단하며, 땜질 등의 외부 접속이 적어 고장률이 거의 없다.
- 신뢰도가 높아 많은 종류의 회로가 IC화되고 있다.

오늘날의 집적 회로는 수십만 개 이상 되는 다이오드나 트랜지스터 등을 1개의 작은 칩 속에 넣을 수 있을 정도로 집적화되었다. 이러한 것을 고밀도 집적 회로(LSI; Large Scale Integration)라고 한다. 이러한 반도체 기술의 발달은 1948년 미국에서 트랜지스터가 발명된 후 아주 급속도로 발전하게 되어 매년 그 성능이 2배로 늘어난 반면, 그 값은 $\frac{1}{2}$로 줄어들었다.

1946년 미국의 모클리(Mauchly, j.)와 에커트(Eckert, J. P.)에 의해 처음으로 만들어진 컴퓨터인 에니악(ENIAC; Electronic Numerical Integrator and Calculator)은 18,800개의 진공관을 사용했으나, 오늘날의 컴퓨터는 고밀도(高密度) 집적 회로를 사용함으로써 소형화되고 가격도 상당히 저렴하게 되어 있다.

집적 회로의 발달로 인하여 소형화된 컴퓨터로 사무의 자동화와 각

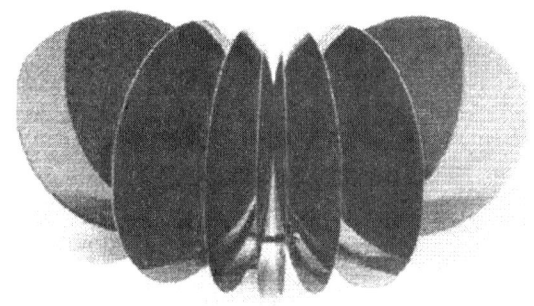

그림 V-5 ▲ 얇게 절단한 실리콘 웨이퍼

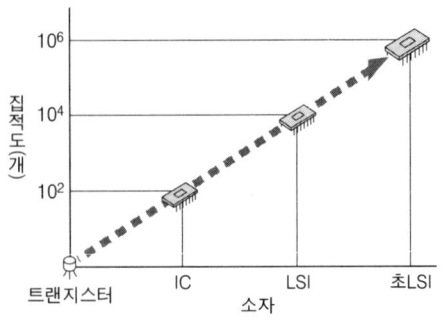

그림 V-6 ▲ IC 집적도의 발달

종 과학 기술 분야 등의 정보 처리 및 온라인 처리 등 복잡하고 어려운 업무를 빠르고 간편하게 처리하게 되었다. 또한, 우주 개발을 위한 로켓이나 인공 위성 또는 군사적 목적을 위한 비행기와 미사일(missile) 등 많은 분야에 응용되고 있다. 최근 고밀도 집적 회로(LSI)의 집적도는 4년마다 무려 3배의 속도로 높아지고 있다.

그림 V-6은 집적화의 발달을 나타낸 것으로, 집적도를 보면 IC는 트랜지스터를 10^2개, LSI는 10^4개, 초LSI는 10^6개를 넣을 수 있음을 알 수 있다.

집적 회로의 특징을 요약하여 정리하면 다음과 같다.

- 크기를 대단히 작게 할 수 있다.
- 대량 생산 방식으로 싸게 만들 수 있다.
- 접속점이 적어서 고장이 적다.
- 신호 처리를 빨리 할 수 있다.

우리 나라의 반도체 공업은 그 동안 국내 기업의 집중적인 투자와 정부의 지원에 힘입어 고도 성장을 했으며, 수출 증대에 큰 공헌을 했다.

반도체 부품 중 개인용 컴퓨터에 주로 사용되는 것은 메모리 칩(memory chip)이다. 최근에는 컴퓨터의 용량 증가를 위하여 주력 생

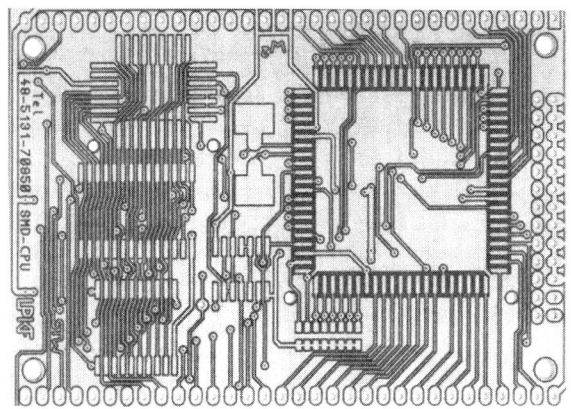

그림 V-7 ▲ CPU IC 회로판의 모양

산품인 64M DRAM의 수출이 줄고, 128M DRAM의 수출이 증가되고 있다. 또한, 우리 나라 전자 회사에서 512M DRAM을 여러 해 전에 생산하였다.

🔖 **참고 문헌**

• 이상혁(1992). 현대산업기술의 이해. 대한교과서(주).
• Schey, J. A. (1990). Introduction to Manufacturing Processes, Third Edition, Mcgraw-Hill, Inc., New York, U.S.A.

2 ▶ 아날로그 신호와 디지털 신호 및 모뎀 ∎

(1) 아날로그 신호

① **아날로그 데이터** : 아날로그 데이터(analog data)는 '서로 다른 값'이라는 어원을 가진 말로 연속된 수치의 값을 의미한다. 사람의 키, 몸무게, 자동차의 속도, 시간의 경과 등 우리의 일상 생활에서 사용되는 대부분의 수치들은 거의가 아날로그로 표기된다. 즉, 우리 인간들은 아날로그 신호로 보고, 듣고 말한다고 할 수 있다.

② **아날로그 신호** : 아날로그 신호는 시간의 흐름에 따라 연속적으로 값이 바뀌는 전자기파로 주파수에 따라 다양한 매체를 통하여 전달된다.

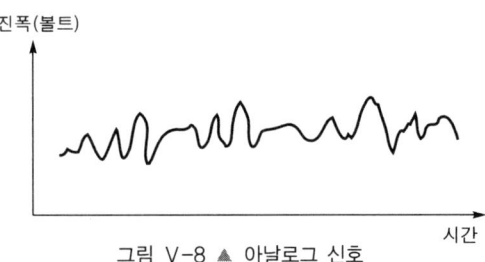

그림 V-8 ▲ 아날로그 신호

아날로그 신호는 다음과 같은 특징을 가지고 있다.

- 파동의 모양과 같은 형태를 갖춘 정보로 세기나 강도가 연속적으로 변하는 신호
- 정현파(sine curve)와 같이 연속적인 신호
- 정해진 범위 내의 모든 값이 신호값으로 나타남
- 음성, 화상, 영상 전송을 위한 기본 신호 형태

③ **아날로그 전송** : 아날로그 신호를 먼 거리까지 전송하기 위해서는 약화되는 신호를 증폭시켜야 하는데, 이 때 잡음까지도 함께 증폭되어 원래의 정보가 손실되거나 바뀌어질 가능성이 있다. 그러므로 아날로그 전송은 통신의 신뢰도가 낮은 단점이 있다. 그러나 현재 설치되어 있는 전화선을 이용하여 적은 비용으로 비교적 먼 거리까지 정보를 보낼 수 있는 장점이 있어 많이 이용된다.

아날로그 전송의 특징은 다음과 같다.

> • 시간축 상에서 연속적으로 신호의 값이 변한다.
> • 기존의 전화선을 이용하여 전송할 수 있다.
> • 변조기와 복조기를 이용하여 원거리 송신이 가능하다.

(2) 디지털 신호

① **디지털 데이터** : 디지트(digit)는 사람의 손가락이나 동물의 발가락이라는 의미에서 유래한 말이다. 아날로그와 대응하며, 이산적인 (discrete) 값을 가지며, 문자와 숫자들을 말힌다. 디지털 데이터 (digital data)는 컴퓨터가 처리할 수 있는 2진 코드들이 고안되었는데, 이것이 ANSI(American National Standard Institute)에 의해 제시된 ASCII 코드와 EBCDIC 코드이다. 예를 들면, 디지털 시계에서 시계가 바늘로써 연속적으로 시간을 표시하는 것이 아니라, 시·분·초 등으로 구획하여 문자로 표시한다. 따라서, 이 디지털 량에 대한 각종 연산을 하는 것이 일반적으로 말하는 컴퓨터(디지털 컴퓨터)이다.

② **디지털 신호** : 0과 1의 이산적인 값을 가지는 전압 펄스(pulse) 형태로서 전송된다. 전압 펄스의 연속으로 양(+)의 전압은 1을, 음(-)의 전압은 0을 나타낸다.

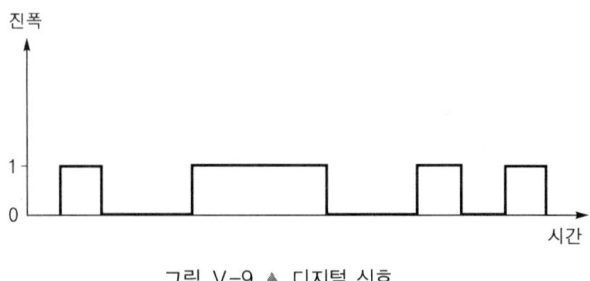

그림 V-9 ▲ 디지털 신호

> • 0과 1을 사용한 2진 부호로 나타낸 불연속 정보를 디지털 신호라
> 고 한다.
> • 레이저의 유무(깜박임)가 디지털 신호(0과 1)에 대응된다.
> • 정해진 몇 개의 값으로 신호가 표시된다.
> • 데이터 전송을 위한 기본 신호 형태이다.
> • 대부분의 통신에서는 양질의 전송을 위해 디지털 방식을 이용하
> 고 있다.

③ **디지털 전송** : 디지털 신호는 단지 제한된 거리에서만 감쇠(減衰)
없이 전송될 수 있으므로 전송 거리의 제한을 극복하기 위해서는
리피터(repeater)를 사용하여야 한다. 이 리피터는 디지털 신호를
수신하여 이들로부터 0과 1을 구별한 다음, 새로운 신호를 만들어
전송함으로써 감쇠 현상(減衰 現象)을 극복할 수 있다. 그러므로
디지털 전송은 아날로그 전송보다 양질의 신호를 제공할 수 있다.
　디지털 전송은 투자비가 많이 들지만, 디지털 기술의 발달로 디
지털 회로의 가격이 낮아져서 최근에는 설비 투자 비용이 저렴해졌
다. 따라서 장거리 통신이나 근거리 통신에서 단계적으로 디지털
전송으로 변환되어 가고 있다.

디지털 전송의 특징은 다음과 같다.

> • 시간축 상에서 단속적 0과 1로 변하는 신호이다.
>
> • 컴퓨터나 단말기의 2진법 신호이다.
>
> • 디지털 신호 전용 회선(광 케이블)을 통해 전송한다.
>
> • 디지털 서비스 유닛(DSU; Digital Service Unit)이 필요하다.
>
> • 고품질 전송, 고속도 전송이 가능하다.

　　디지털 전송에서 디지털 신호는 1과 0의 2진수로 되어 있기 때문에 도중에 잡음이 섞이거나 왜곡 현상이 일어나도 펄스 유무(Yes, No)의 판단만 되면 원래의 정보를 복원할 수 있다. 그러므로 디지털 신호는 잡음이 강해도 품질을 좋게 할 수 있다.

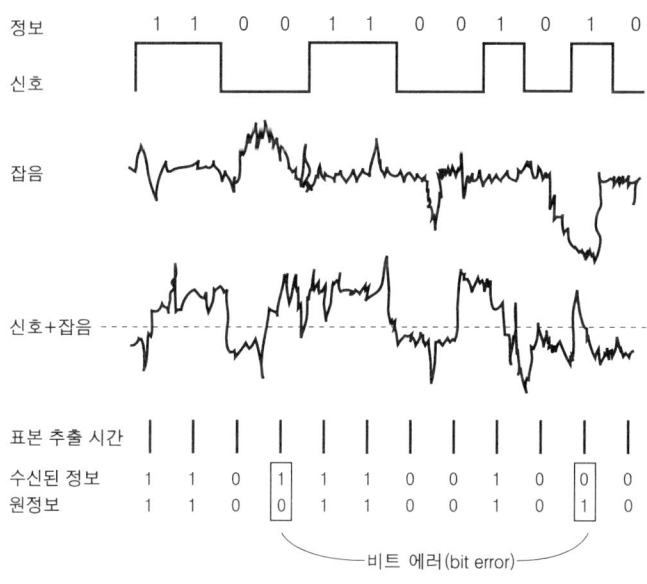

그림 V-10 ▲ 디지털 전송에서의 잡음

(3) MODEM

① **모뎀의 정의** : MODEM은 Modulation의 MO와 Demodula-tion의 DEM을 따서 붙인 말로 변복조기(變復調器)라고 할 수 있다.

　모뎀(MODEM)은 디지털 정보를 아날로그 신호로 바꾸고, 아날로그 신호를 디지털 정보로 복원해 주는 신호 변환 장치이다. 따라서 모뎀은 디지털 데이터를 아날로그 전송 매체를 통해 컴퓨터나 단말기에 전송하기 위한 데이터 전송 장비이다.

　㉮ 변조(Modulation) : 아날로그 또는 디지털 신호를 전송 방식에 맞게 형태를 변경하는 과정

　㉯ 복조(Demodulation) : 변조된 신호를 원래대로 되돌리는 과정

② **모뎀의 기능** : 모뎀은 컴퓨터와 단말 장치에서 사용되는 디지털 신호를 전송 회선에 적합한 아날로그 신호로 변조하고, 변조된 신호를 수신한 컴퓨터에서는 원래의 디지털 신호로 복조하는 기능을 가지고 있다. 예를 들어 컴퓨터로 e-mail을 보낼 때 컴퓨터에서 작성한 문장은 디지털 신호이다. 그러나 이 신호는 전화선을 타고 먼 거리의 다른 컴퓨터에 전송할 수 없다. 집이나 건물에서 전신 전화국까지의 전화선은 구리선으로 되어 있다.

　그러므로 전화할 때 음성 신호를 전자파로 바꾸어 전신 전화국을 거쳐 다른 사람과 통화가 된다. 그러나 컴퓨터가 만든 디지털 신호는 구리로 된 전화선을 타고 갈 수 없으므로 컴퓨터 내부에 장착된

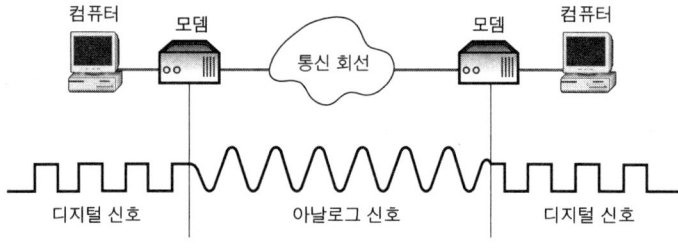

그림 V-11 ▲ 모뎀의 기능

MODEM에서 아날로그 신호로 바꾸어 전신 전화국까지 보내진다.

현재 우리 나라의 전신 전화국과 전신 전화국끼리는 광 케이블로 연결되어 있다. 그러므로 디지털 신호로 전신 전화국에 온 mail은 다른 전신 전화국으로 신호 변환 없이 보내지고, 받은 전신 전화국에서는 아날로그 신호로 바꾸어 구리선을 타고 집이나 사무실의 컴퓨터까지 보내지게 된다. 이 때 컴퓨터는 아날로그 신호를 읽지 못하므로 MODEM이 다시 디지털 신호로 바꾸어 모니터에 나타내 준다. 이와 같은 과정은 빛의 속도인 300,000km/s로 가기 때문에 동시에 시행된다.

㉮ **디지털 서비스 장치** : 데이터 통신망에서는 일반적으로 가입자 회선에서 디지털 전송을 하기 때문에 가입자 회선의 양단 즉, 가입자의 집과 전화국 내에 디지털 신호의 회로를 별도로 둘 필요가 있다. 이 중에서 가입자 집에 있는 것을 디지털 서비스 장치 (DSU; Digital Service Unit) 또는 데이터 서비스 장치(Data Service Unit)라고 한다.

㉯ **인코딩** : 데이터를 신호로 표현하는 작업
  • 아날로그 인코딩 : 데이터를 아날로그 신호로 표현한다. 이 경우에는 보통 변조라고 한다.
  • 디지털 인코딩 : 데이터를 디지털 신호로 표현한다.

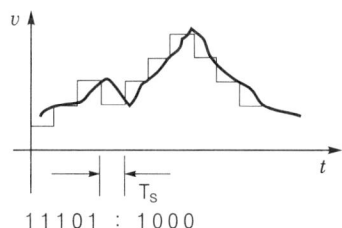

그림 V-12 ▲ 아날로그 데이터의 디지털 인코딩

㉰ 아날로그 데이터의 디지털 인코딩 : 아날로그 신호를 적절한 간격으로 샘플링(sampling)하여 계단형 함수(函數)의 오르내림에 따라 0이나 1을 출력(예 계단 상승 1 출력, 계단 하강 0 출력)

㉴ 신호 전송 : 신호 전송 방식에는 아날로그 형태로 전송하는 방식과 디지털 형태로 전송하는 방식이 있다. 아날로그 신호는 아날로그 형태로, 디지털 신호는 디지털 형태로 전송하는 것이 바람직하지만, 아날로그 신호를 디지털 신호로 변환하여 사용하는 기술은 계속 발전하고 있다.

※ PCM(Pulse Code Modulation)

Analog signal ➡ 표본화 ➡ 양자화 ➡ 부호화 ➡ 복호화 ➡ Digital signal

PCM 과정

표본화(Sampling)   : 연속적으로 변하고 있는 신호의 진폭을 일정한 간격으로 읽음
↓
양자화(Quantizing) : 읽은 표본값을 수량화
↓
부호화(Encoding)   : 양자화된 값을 디지털 부호로 변환
↓
복호화(Decoding)   : 디지털 부호를 수신측에서 원래의 부호로 복원
↓
여과기(Filter)   : 원래의 입력 부호로 복원

- 아날로그 신호 → 아날로그 수신 : 변조 없이 그대로 전송하는 방식 (예 전화기 - 가정과 전화국 사이)
- 아날로그 신호 → 변조기 → 복조기 → 아날로그 수신 : 변조와 복조를 하여 아날로그로 전송(예 라디오 방송, 텔레비전)
- 디지털 신호 → 디지털 수신
  e-mail 전송 예 : 디지털 신호(PC 모뎀) → 아날로그 신호(구리 전화선) → 디지털 신호(전신 전화국 자동 모뎀) → 아날로그 신호(전신 전화국 자동 모뎀) → 디지털 신호(PC 모뎀)

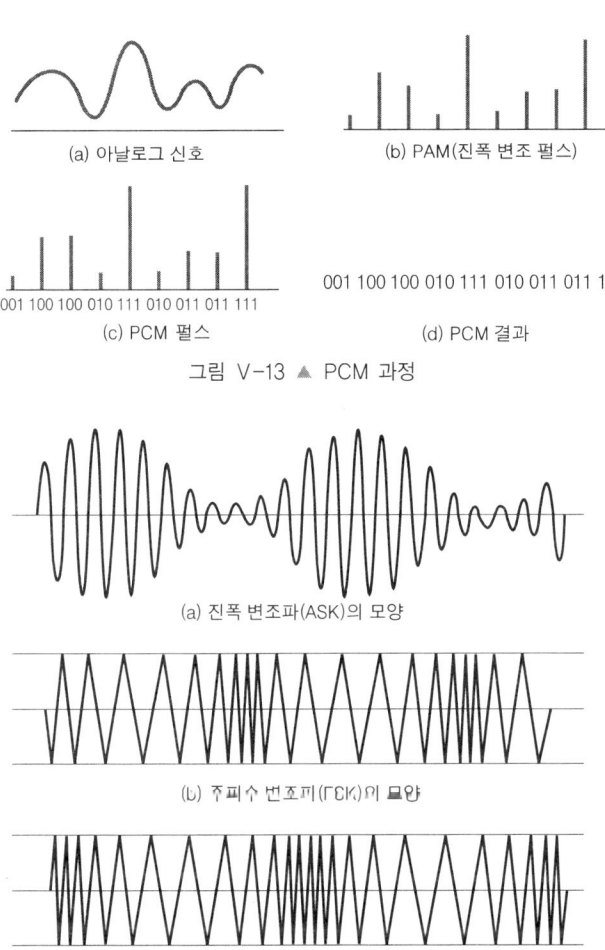

(a) 아날로그 신호

(b) PAM(진폭 변조 펄스)

(c) PCM 펄스
001 100 100 010 111 010 011 011 111

001 100 100 010 111 010 011 011 111
(d) PCM 결과

그림 V-13 ▲ PCM 과정

(a) 진폭 변조파(ASK)의 모양

(ㄴ) 주파수 변조파(FSK)의 모양

(c) 위상 변조파(PSK)의 모양

그림 V-14 ▲ 변조 방식에 따른 반송파의 종류

③ 모뎀의 분류

㉮ 통신 속도에 따른 분류

• 저속 모뎀 : 2,400bps, 4,800bps, 14,400bps, 28,800bps
• 고속 모뎀 : 33,600bps, 56,000bps

④ 모뎀의 설치 위치에 따른 분류
- 내장형 모뎀 : 컴퓨터 내부에 설치되어 전원을 공급받는 모뎀
- 외장형 모뎀 : 컴퓨터 외부에 위치하여 별도의 전원을 이용하는 모뎀

⑤ 동기식과 비동기식에 따른 분류
- 동기식(同期式, Synchronous) 모뎀 : 2,400BPS 이상 사용 (DPSK 방식 사용)
- 비동기식(非同期式, Asynchronous) 모뎀 : 저속인 1,200BPS 이하 사용(FSK 방식 사용)

㉑ 변조 방식에 따른 반송파의 분류
- ASK(Amplitude Shift Keying) : 진폭 변조 방식으로 반송파로 사용되는 정현파의 진폭에 정보를 실어 보내는 것으로, 구조가 간단하고 가격이 저렴하다.
- FSK(Frequency Shift Keying) : 주파수 변조 방식으로 반송파로 사용되는 정현파의 주파수에 정보를 실어 보내는 것으로, 속도가 느리다.
- PSK(Phase Shift Keying) : 위상 변조 방식으로 반송파로 사용되는 정현파의 위상에 정보를 실어 보내는 것으로, 종류가 다양하다.

㉒ ADSL이란? : ADSL(Asymmetric Digital Subscriber Line, 비대칭형 디지털 가입자망)은 현행 전화선이나 전화기를 그대로 사용하면서도 고속 데이터 통신이 가능할 뿐 아니라 데이터 통신과 일반 전화를 동시에 이용할 수 있는 특징이 있다. 기존 모뎀은 전화와 데이터 통신을 동시에 사용할 수 없으나 ADSL은 하나의 전화선에 2대의 각기 다른 번호 전화를 연결하거나, 전화 1대와 인터넷 선을 같이 연결하여 사용할 수 있다. 이 때 전화는

낮은 주파수를 사용하고, 인터넷 통신은 높은 주파수를 사용하는 원리를 이용하기 때문에 혼선이 일어나지 않고 통신 속도도 떨어지지 않는다.

ADSL은 가입자와 전화국과 전화국 사이의 데이터 교환 속도가 서로 다르기 때문에 비대칭형 디지털 가입자망이라고도 한다.

ⓑ VDSL이란? : VDSL(Very High Rate Digital Subscriber Line, 전화선을 이용한 초고속 디지털 전송)은 일명 "초고속 디지털 가입자 회선"이라고 한다. 일반 가정에서 기존의 전화선을 이용해 빠른 속도로 양방향 전송이 가능하고 많은 양의 데이터를 초고속으로 전송할 수 있다. 우리나라에서는 2000년 1월에 처음 개발하였다. 기존의 전화선을 그대로 이용하기 때문에 공급 가격이 싸고 설치 공간이 좁아도 된다. VDSL은 인터넷 방송, 주문형 비디오, 고화질 텔레비전 등 대용량 멀티미디어 서비스를 양방향으로 전송이 가능하다.

참고 문헌

• 강길범 외(2000). 최신 디지털 통신이론. 한올출판사.
• 구자광·전대성·천성권(2000). 정보통신 5개론. 내하출판사.
• 이병관(2000). 데이터 통신과 컴퓨터망. 한올출판사.
• 이성화 외(1999). 데이터 통신. 한올출판사.
• 이재호(1999). 정보통신총론. 도서출판 정일.
• 이호웅·이승직(1998). 정보통신의 이해. 기한재.
• 조동욱(1999). 정보통신개론. 도서출판 그린.
• 네이버 백과사전. http://100.naver.com/

3 ▶ 광통신

(1) 광통신이란?

광통신은 음성이나 영상을 광섬유(optical fiber)를 통해 전자파 신호를 광(光)신호로 바꾸어 정보를 전달하는 것으로, 다음과 같은 특징을 가지고 있다.

- 광섬유에 빛을 통과시키는 디지털 통신 방식이다.
- 보내려고 하는 정보를 파장이 긴 아날로그 신호 대신에 파장이 매우 짧은 디지털 신호로 바꿔 광섬유를 통해 정보를 전달하는 통신 체계

(2) 광섬유

① **원리** : 광섬유는 빛이 빠져나가지 못하고 전반사를 할 수 있도록 만든 가는 유리관으로 굴절률이 큰 유리를 굴절률이 낮은 유리로 감싸고 있다. 그러므로 중심축에 작은 각도로 입사한 빛은 내부에서 전반사되어 광섬유 속을 통해 계속 전달될 수 있다.

광섬유는 유리에 열을 가해 빠른 속도로 잡아당겨 $\frac{1}{1000} \sim \frac{2}{1000}$ mm 정도로 가늘게 뽑아 만든 유리실로서, 구리선이나 강선(steel wire) 못지 않게 매우 단단하다.

② **광섬유의 원료** : 광섬유의 주원료는 모래(SiO_2)이다. 광섬유 재료에는 유리 섬유, 플라스틱 섬유 등이 있는데, 유리 섬유가 가장 많이 쓰인다.

③ **광섬유의 구조** : 광섬유의 구조는 보통 중앙의 코어(core)라고 하는 부분을 주변에서 클래드(clad)라고 하는 부분이 감싸고 있는 이중 원기둥 모양을 하고 있다. 그 외부에는 충격으로부터 보호하기 위해 합성수지 피복을 1~2차례 입힌다.

광섬유는 보통 한 선에는 6가닥이 들어 있으며, 중앙에는 철심이 들어 있다. 또 굵기에 따라 6선을 모아 한 선의 케이블로 만들어져 있으며, 길이 50m마다 이음대 장치가 있다.

㉮ **코어(core; 속유리실)** : 중심부에 굵기가 0.001mm 정도의 굴절률이 큰 유리로 만들어진 부분이다.

㉯ **클래드(clad; 겉유리실)** : 코어를 감싸는 겉유리로, 굵기가 0.1mm 정도 굴절률이 낮은 유리로 만들어진다.

㉰ **피복** : 광섬유를 감싸서 보호해 주는 부분

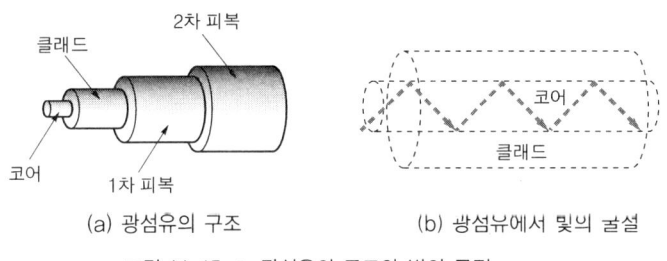

(a) 광섬유의 구조   (b) 광섬유에서 빛의 굴절

그림 Ⅴ-15 ▲ 광섬유의 구조와 빛의 굴절

④ **광섬유의 특징**

㉮ 음성이나 영상을 전달하는 데 손실이 적어 육상 장거리 통신이나 해저 케이블 통신에 좋다.

㉯ 빛 신호를 사용하기 때문에 전기와 달리 습기나 전자파의 영향을 받지 않는다.

㉰ 선이 중간에서 끊어져도 불꽃이 생기지 않아 안전성이 좋다.

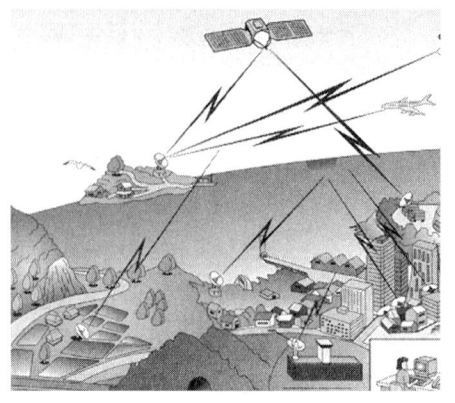
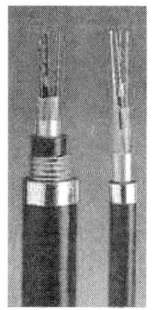

(a) 위성 통신 시스템　　　　(b) 광케이블

그림 V-16 ▲ 위성 통신 시스템과 광케이블

(3) 광섬유의 제조 과정

광섬유 원료인 이산화규소(SiO_2)를 용광로(cupola) 속에 넣고 녹여 지름이 1~6cm, 길이가 1~2m 크기의 광섬유 소재를 만든다. 이 소재를 용광로에 넣고 다시 녹여 지름을 $\frac{1}{1000} \sim \frac{2}{1000}$ mm의 가는 유리실로 방사(紡絲)한다. 이 때 레이저 마이크로(laser micro) 측정기로 유리실의 굵기를 일정하게 측정하면서 1차 코팅을 한다. 코팅 재료로는 크나르(kynar), 에폭시, 실리콘 RTV, UV 경화 수지 등이 사용된다.

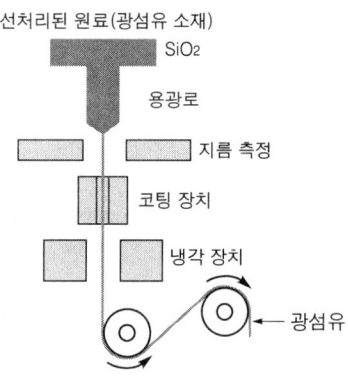

선처리된 원료(광섬유 소재)

SiO_2

용광로

지름 측정

코팅 장치

냉각 장치

광섬유

그림 V-17 ▲ 광섬유 제조 과정

(4) 광통신의 과정

　음성이나 영상의 데이터 정보를 아날로그 신호(전자파 신호)로 바꾸고, 이를 변조 회로에서 디지털 신호로 바꾸어 발광 소자(레이저)에서 빛 신호로 바꾼 다음, 광섬유를 통해 전달한다. 빛 신호가 광섬유를 통해 전달되면 광 검출기로 검출하여 디지털 신호로 바꾸고, 복조 회로에서 다시 음성이나 영상의 아날로그 신호로 바뀐다.

> 음성·영상 신호 → 변조 회로 → 발광 소자(레이저나 발광 다이오드
> → 전기 신호 → 빛 신호) → 광섬유 → 수광 소자(광 검출기 빛 신호
> → 전자파 신호) → 복조 회로 → 음성·영상 신호

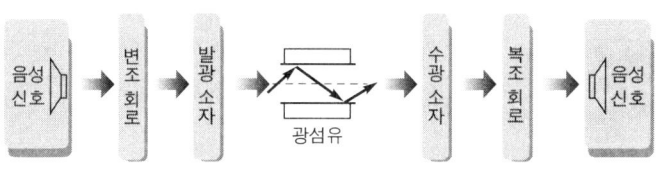

그림 V-18 ▲ 광통신 과정

　광섬유의 전송 원리는 빛의 굴절률이 나른 내체의 경세면에서 반사하는 것을 이용한다.

　광 케이블은 굴절률이 큰 코어(core)의 중심 부분을 굴절률이 작은 클래드(clad)가 덮고 있어 전송이 잘 된다. 그러므로 디지털 신호는 코어와 클래드 사이를 반사하면서 코어의 중심을 진행한다.

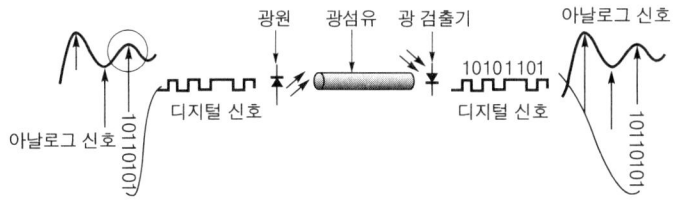

그림 V-19 ▲ 광섬유 통신 과정의 신호 변환

(5) 광통신의 장점

① 전송 손실이 낮다. 즉, 신호를 증폭하여 재전송하지 않고도 장거리 통신이 가능하다.
② 대역폭(band width)이 넓다.
③ 기존의 구리선보다 더 많은 정보를 전송할 수 있다.
④ 기존의 구리선에 비하여 무게가 가볍다.
⑤ 송수신기 사이에 전기적 접속이 없다.
⑥ 광 전송시 번개 등과 같은 전기적 소요에 의한 간섭이 없다.
⑦ 염분, 오염, 부식과 같은 환경 조건에 더 강하고 핵 방사능에도 영향을 덜 받으며, 신뢰성이 있다.
⑧ 전송의 보안이 유지되며, 도청이 거의 불가능하다.

(6) 광통신의 단점

① 초기 설치 비용이 많이 든다.
② 광섬유의 연결과 확장이 어렵다.
③ 광섬유의 굵기가 가늘어 수리가 어려우며, 고장시 피해가 크다.

(7) 광케이블 망

광케이블 망은 광 신호를 전달하는 광섬유로 된 케이블을 말하며, 가정 – 전화국 – 국가망 이외에, 해저 광케이블 망이 설치되어 있다. 세계 각국을 연결하는 광케이블 망은 다음과 같다.

① ASEAN(Association of South East Asian Nation) : 동남 아시아를 연결하는 해저 광케이블 망(동남 아시아 연합국 : 1967년 8월 동남 아시아 지역 경제, 사회, 문화 및 안정과 평화 추진을 위해 설립되었다. 그 당시 인도네시아, 말레이시아, 필리핀, 싱가포르, 타이랜드의 5개 국이 결성, 1984년 브루나이, 1995년 베트남, 1997년 라오스와 미얀마가 가입하여 총 9개국이다.)
② CKC(China Korea Cable) : 한국 ↔ 중국을 연결하는 해저 광케이블
③ TPC(Trans Pacific Cable) : 아메리카와 일본을 연결하는 태평

양 해저 광케이블 망

④ HJK(Hongkong Japan Korea) : 홍콩 ↔ 일본 ↔ 한국을 연결하는 해저 광케이블로, 세계 각국이 연결되어 인터넷으로 세계의 모든 자료를 다운(down)받아 볼 수 있게 되었다.

⑤ RJK(Russia Japan Korea) : 러시아 ↔ 일본 ↔ 한국을 연결하는 광케이블

⑥ TAT(Trans Atlantic Tele-communication) : 북아메리카와 유럽을 연결하는 대서양 횡단 해저 케이블 망

⑦ GPT(Guam Philippine Taipei) : 괌 ↔ 필리핀 ↔ 대만을 연결하는 해저 광케이블 망

(8) 광통신의 전망

광통신은 앞으로 통신 사업자의 비용 절감과 주파수 부족 문제의 해소 방안으로 널리 활용될 것이다. 이동 통신 사업자들은 통신망 독립 및 전용 회선료 절감 차원에서 자체 전용망 구축을 추진하고 있다. 그러나 그 분야에 레이저 통신 장비의 수요가 증가할 전망이며 또한, 빌딩과 빌딩 사이 또는 가까운 거리를 연결하는 무선 LAN 이용이 활발해질 것으로 전망된다.

우리 나라 KT submarine에서는 1999년 7월 한진중공업에서 건조한 8,320톤 해저 광케이블 전용 선박(KST)을 이용하여 한국 ↔ 중국 1,229km 공사를 하였다. 또한 1999년 8월에는 하와이 ↔ 일본 사이 4,000km를 태평양 해저 6,000m 밑에 지름이 17mm인 광케이블을 매설하였다. 따라서 2002년 한·일 월드컵에서 경기의 모든 방송이 우리 나라를 통해 전 세계로 전파되었다.

🐟 참고 문헌

• 한국섬유공학회(2001). 최신합성섬유. 형설출판사.
• 오종중(1997). 21세기 통신공학. 한국이공학사.
• http://www.bestphone.co.kr/news/content.asp?seq=2130&page=8

4 ❯ IMT-2000

(1) IMT-2000의 정의와 특징
① IMT-2000의 정의

IMT-2000(International Mobile Tele-Communication)은 현재 각 국가마다 개별적으로 운영되고 있는 다양한 이동 전화 시스템의 규격을 통일하여 세계 어느 곳에서도 동일한 단말기로 서비스를 이용할 수 있도록 하는 '2000년대의 세계 공통의 차세대 이동 통신 시스템'이다. 즉, 하나의 단말기로 유·무선 환경에서 음성, 데이터, 영상 등을 고속으로 주고받을 수 있는 유·무선 통합 개념의 글로벌 멀티미디어(global multimedia) 이동 통신 서비스이다. 따라서 세계 어느 곳에서도 하나의 단말기 또는 사용자 접속 카드로 서비스를 이용할 수 있도록 하는 개인화된 신개념 제3세대(3G; 3generation) 서비스라고 할 수 있다.

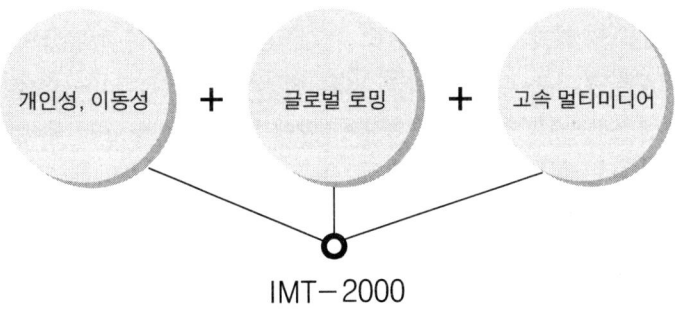

그림 Ⅴ-20 ▲ IMT 2000의 발전

② IMT-2000의 특징

표 V-1 ▼ IMT-2000의 특징

항 목	특 징
커버리지 (coverage)	• 소규모 단말기로 언제, 어디서나 원하는 서비스 제공 • 다양한 이동 전화 시스템의 규격을 통일 • 전 세계적으로 동일한 단말기로 서비스를 이용할 수 있 는 차세대 이동 통신
서비스 (service)	• 멀티미디어, 인터넷, 전자 상거래, 엔터테인먼트, 영상 회의 등의 서비스 제공
네트워크 (network)	• 무선망과 유선망 사이에 원활한 상호 접속이 가능 • 무선 인프라(infra)를 통해 고정망 서비스가 가능해짐 • 동시에 고정망과 동일한 품질의 서비스 제공
개인 이동성 (personal mobile)	• 표준화된 규격으로 세계 어디서나 간편하게 서비스 이용

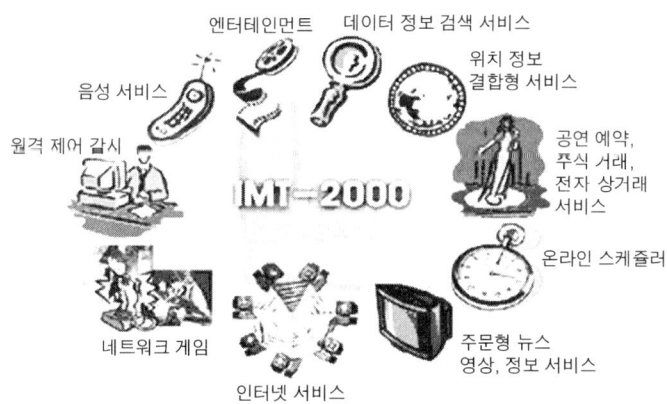

그림 V-21 ▲ IMT-2000의 사용 범위

(2) IMT-2000의 등장 배경과 실용화 과정

① **등장 배경** : 기존의 이동 통신 서비스는 서비스별 전용 단말기를 이용하여야 하는 불편이 따르고, 지역 또는 국가별로 상이한 주파

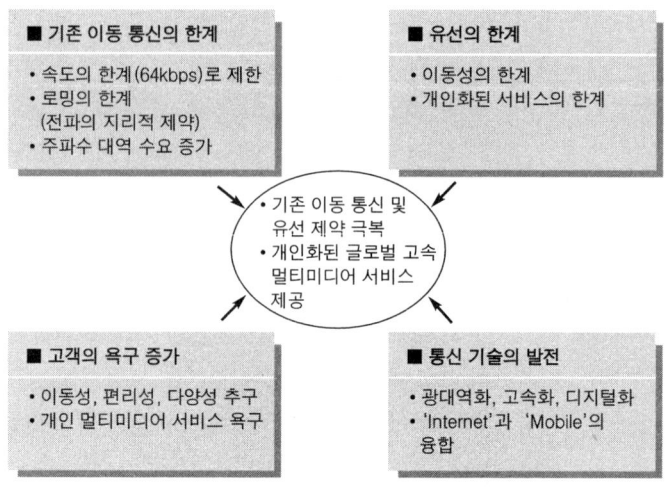

그림 V-22 ▲ IMT-2000의 등장 배경

수와 기술 방식을 사용함으로써 이동성의 한계를 드러냈다. 또한,
무선이라는 전송 매체를 사용해야 하는 기술적인 제약으로 인해 멀
티미디어 서비스와 같은 이용자의 증대된 욕구를 만족시키기에는
근본적인 어려움이 있었다. 그러나 사용자는 무선 환경에서도 이동
/무선 데이터/영상 통신 등을 유선으로 제공받을 수 있는 서비스와
동등한 수준으로 언제, 어디서든지 제공받기를 원하게 되었다.

ITU(International Tele-Communication Unit)를 중심으로
IMT-2000이라는 이름으로 추진된 이 시스템은 2Mbps급 고속
데이터 통신이 가능한 사양 등을 갖추도록 제안되어 있으며, 그 규
격에 따라 각국에서 도입이 진행되었다.

원래 FPLMTS(Future Public Land Mobile Tele-commu-
nication System)라 불려졌던 IMT-2000은 세계 이동 전화 시스
템을 하나로 통일해서 같은 단말기를 가지고 어느 나라에서도 사용
할 수 있게 하는 것이 가장 큰 목적이다.

② **IMT-2000의 실용화 과정** : 1992년에 개최된 세계 무선통신주관
청회의(WARC-92)에서 1,885~2,025 MHz 및 2,110~2,200
MHz대의 230 MHz 대역폭을 IMT-2,000용 주파수로 각국이 동
일하게 확보하도록 권고하였다. 그 뒤 1996년에 구체적인 도입 일
정이 결정되어 1997년 3월부터 1998년 6월 말까지 각국의 제안서
를 받은 후, 1999년 말까지는 표준화를 끝내고, 2,000년부터 실용
화에 들어갔다.

표 V-2 ▼ IMT-2000의 연도별 실용화 발달 과정

연도	실용화 발달 내용
1985년	• 국제 전기통신연합(ITU-R)은 전세계적으로 표준화된 이동 통신 방식 필요 인정 • working group에서 1985년 8월 13일 미래 공중 육상 통신 (FPLMTS) 프로젝트를 추진하면서 공식 태동
1992년	• 세계전파주관청회의(WARC)에서 FPLMTS의 주파수 대역을 2,000 MHz대에 총 230 MHz(1,885~2,025 MHz, 2,110~2,200MHz)를 할당
1997년	• ITU-R은 기술적으로 차세대 이동 통신 개념(3G)을 도입하여 FPLMTS를 IMT-2000으로 개칭
2000년 이후	• 표준화된 규격으로 세계 어디서나 간편하게 서비스 이용

(3) 이동 통신 발전의 변화 요인

이동 통신이 발전된 변화 요인을 요약해 보면 다음과 같다.

① **음성 중심에서 고속 무선 인터넷과 멀티미디어 서비스 중심으로 변화**
  ㉮ 무선 음성 통신 시장의 가입 포화 상태
  ㉯ 빠른 속도로 인터넷 수요 및 이용 증가
  ㉰ 무선 데이터와 무선 인터넷의 급속한 발전

② 무선 중심에서 유·무선 통합 중심으로 변화

㉮ 2세대(2G)에서는 유·무선 네트워크와 서비스가 분리되었다.

㉯ 네트워크 기반 구축(network infrastructure)의 효율적인 이용과 다양하고 저렴한 서비스 제공을 위한 유·무선 통합이 필요하게 되었다.

③ 지역적 로밍(local roaming, 지역적 전파)에서 글로벌 로밍(global roaming, 지구적 전파)으로 변화

㉮ 글로벌 IMT-2000 표준화

㉯ 국가적인 경계를 넘어 지구촌화(global) 경쟁 환경이 도래(到來)하였다.

(4) 이동 통신의 제2세대와 제3세대

① 이동 통신의 제2세대와 제3세대 비교

㉮ IMT-2000의 사용 주파수 대역은 범세계적 로밍(global roaming; 세계적인 전파)을 위해 ITU에서 배정한 전 세계 공통의 주파수 대역인 2GHz대를 사용하고 있다.

㉯ 제2세대 시스템에서 채택하고 있는 1.25MHz 채널 대역폭으로 전송 가능한 데이터량은 이론적으로 64Kbps 정도가 한계이지만, IMT-2000은 5MHz의 채널 대역폭을 가지고 있어 최대 2Mbps 속도의 데이터 전송이 가능하여 음성, 데이터 등 멀티미디어 정보의 전송이 가능하게 된다. 데이터 전송 속도를 결정짓는 채널당 주파수 대역폭은 우리 나라의 경우 동일한 기술 방식

2G(PCS, cellular)	2.5G	3G(IMT- 2000)
•음성 중심 •무선 서비스에 국한 •지역적 로밍	→	•고속 인터넷과 멀티미디어 •유·무선 통합 개념 •국제적 로밍

그림 V-23 ▲ 이동 통신의 세대 변환

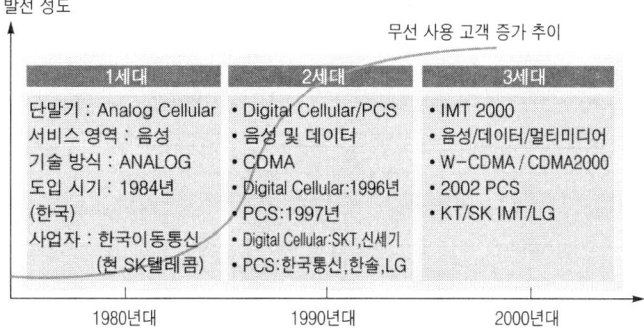

그림 V-24 ▲ 연대별 이동 통신의 발전 추이

을 사용하는 디지털 이동 전화와 PCS(personal communica-
tion services)가 1.25MHz인데 반해, IMT-2000에서는 멀티
미디어 서비스 제공을 위해 5MHz의 광대역을 채택하고 있다.

㉰ 보통 64Kbps에서 384Kbps 이상의 속도가 요구되는 멀티미디
어 서비스는 채널 대역폭이 1.25MHz로 제한되어 있는 기존의
제2세대 시스템으로는 불가능하다.

㉴ 통화 음질과 관계 있는 음성 보코더는 IMT-2000에서는 유선
망 수준의 품질을 유지하기 위해 8~32Kbps까지 가변적인 보코
더를 채용하게 된다.

㉵ 제3세대의 이동 통신 시스템은 제2세대와 비교하여 단말기와
기지국간의 무선 접속 방식이 달라졌다. 핵심망 분야에서는 지
능망 고도화에 따라 현 시스템의 개별적인 통신망 사이의 연동
(連動) 장벽을 해소하여 서비스 간, 망 간 이동성을 지원할 수 있
다. 또한, 패킷 방식(pack method) 통신을 지원함으로써 데이
터 통신 서비스 제공이 매우 효율적이고 용이해진다.

② 제2세대와 제3세대 이동 통신의 특징 비교

제2세대와 제3세대 이동 통신의 특징을 비교하면 표 Ⅴ-3과 같다.

표 Ⅴ-3 ▼ 제2세대와 제3세대 이동 통신의 특징 비교

구 분	2세대(셀룰러/PCS)	3세대(IMT2000)	차별성
서비스	음성, 저속 데이터	멀티미디어, 고품질 음성	제공 서비스의 광역화
사용 개체	고객 대 고객	고객 대 컨텐츠 고객 대 고객	컨텐츠 기반의 특화 시장
주요 투자 대상	무선망/중계 전송망	무선망/중계 전송망, 유선망, 컨텐츠	
이동성	국내 및 제한적 로밍	글로벌 로밍	세계 표준에 의한 글로벌 서비스
주파수 대역	이동 전화 : 824~849MHz 869~894MHz PCS : 1,750~1,780MHz 1,840~1,870MHz	1,885~2,025MHz 2,110~2,220MHz	데이터 전송 속도의 우수성 전세계 동일한 주파수 대역 사용
무선 접속 표준	CDMA, TDMA 등	W-CDMA, cdma2000	월등히 진보된 접속 기술
채널폭	30KHz~1.25MHz	5MHz~20MHz	광대역 고속 서비스

③ **시장 전망** : 2005년 이후 이동 통신 가입자의 대부분은 IMT-2000 즉, 제3세대(3G) 이동 통신 가입자로 전환될 것이 예상된다. 또한, 2010년까지는 전 세계 거의 모든 사람들이 IMT-2000에 가입하게 될 것으로 전망하고 있다.

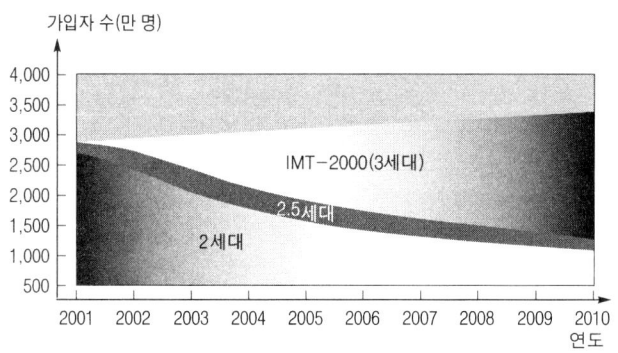

그림 V-25 ▲ 2010년까지 IMT-2000 가입자의 변동 추이

(5) IMT-2000의 표준화 동향

① **IMT-2000의 국제 표준화 현황**: IMT-2000은 세계 공통 규격 설계 및 채택에 의해 유선망, 무선망의 통합, 기존 통신 서비스의 포용을 목표로 하였다. IMT-2000 표준화는 IS-1995를 기반으로 동기식을 주장하는 미국의 cdma2000 진영과 GSM을 기반으로 비동기식을 주장하는 일본 및 유럽의 W-CDMA 진영으로 나뉘어 상호 채택 여부를 놓고 논쟁이 계속되어 왔다.

② **동기식과 비동기식의 차이점**

㉮ **동기식(同期式, Synchronous)** : 기지국 간의 전파를 GPS (Global Positioning System) 위성을 사용하여 주파수를 부호로 바꾸어 맞추는 방식을 말한다. 대표적인 것은 cdma 방식의 PCS와 셀룰러 시스템(cellular system)이다.

㉯ **비동기식(非同期式, Asynchronous)** : 기지국 간의 전파를 GPS 위성을 사용하지 않고 두 개의 동기 채널을 사용하는 방식을 말하며, GSM 방식이 대표적인 것으로 주파수를 변경하고 시간을 쪼개서 송신하는 TDMA 방식이 있다.

표 V-4 ▼ IMT-2000의 동기식과 비동기식의 특징 비교

구분 \ 항목	동기식	비동기식
주도 지역	북미(기존 cdma 사용 지역)	유럽 / 일본(기존 GSM 사용 지역)
일반적 표기	cdma 2000	W-CDMA
핵심망 기술	ANSI-41(미국의 CDMA망 규격)	GSM-MAP(유럽의 GSM망 규격)
기지국 간의 동기	GPS를 이용한 기준 시간을 획득하는 방식으로 기지국마다 동일한 PN code를 사용	각각의 기지국마다 서로 다른 PN code를 갖는 비동기
무선 접속 규격	Multi Camer 방식	Direct Sequence 방식
대역폭	1.25MHz	5MHz
주요 개발 업체	• 국외 : 에릭슨, 노텔, 노키아 등 • 국내 : 삼성전자, LG텔레콤 등	• 국외 : 에릭슨, 노텔, 노키아 등 • 국내 : 삼성전자, SK 텔레콤, LG 텔레콤 등
국내 적용시 장점	기존 IS-95계열과 호환 가능, 운용 경험과 국내 기술 활용 측면에서 상대적 유리	기지국 설치 용이, 용량 개선, 전 세계 시장의 80% 점유로 기술 시장성과 성장성이 크다.

- cdma : code division multiple access
- W-CDMA : Wide bend Code Division Multiple Access
- TDMA : Time Division Multiple Access
- GSM : Global System for Mobile Communication

③ 동기식(cdma) 대비 비동기식(W-CDMA)의 우수성

㉮ 비동기식(W-CDMA) 선택 이유 : 영국, 독일, 프랑스, 스웨덴 등 유럽 주요 국가 및 일본, 미국 등 기존 GSM 방식을 채택 중인 전 세계 80%의 지역에서 채택하여 글로벌 로밍의 실현과 함께 향후 세계 시장으로의 도약이 용이하다. 세계 통신 시장에서 많은 국가들이 표준화를 사용하고 있는 기술(W-CDMA)만이 더욱 발전할 것이다.

동기식(cdma 2000)은 1xEV 형태로 이전 계획(migration plan)이 불확실한 반면, 비동기식인 W-CDMA는 R3, R4, R5 단계로 All-IP Network로 진화하여 기술 발전의 체계가 확립되어 가고 있다.

ⓘ 비동기식(W-CDMA)의 장점
- 지구촌 전파(global roaming) 구현하는 데 용이하다.
- 주파수 효율성이 높다
- 대규모 세계 시장이 수요층이다(전 세계의 80%가 비동기식을 사용).

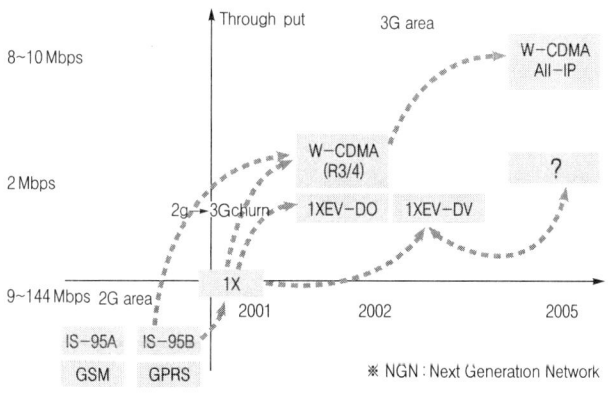

그림 V-26 ▲ 비동기식의 global roaming

④ IMT-2000의 세계 발전 동향
⑦ 한국 : 2000년 12월 비교 심사 방식에 의해 KT 아이컴과 SK 텔레콤이 IMT-2000의 비동기식 사업자로 선정되었고, 이후 LG 텔레콤이 2001년 8월 동기식 사업자로 선정되어 차기 3G(3 generation) 사업에 착수하였다.
2002년 월드컵 기간 중에 시연(試演) 서비스에 성공하여 2004년 10월 현재 상용화의 단계를 밟고 있다.

그림 V-27 ◀ IMT-2000의
전화기

㉯ 일본 : 일본의 제1이동 통신사인 NTT(Nipon Tele-Commu-
nication Technology) 도코모는 이미 2001년 10월 1일 IMT-
2000 서비스인 FOMA를 시범 서비스하였다. 따라서 NTT 도코
모는 세계 최초로 IMT-2000 상용화국으로 자리매김한 것이다.
또 하나의 이동 통신 사업자인 J-PHONE은 2002년 6월에 도
쿄 및 수도권 지역을 기점으로 서비스를 시작하였으며, 도카이
및 간사이 지역은 2002년 10월 서비스를 시작하여 2004년 10
월 현재 상당히 발전하고 있다.

㉰ 미국 : 미국의 IMT-2000 사업은 상당히 느리게 진행되고 있
다. 1996년에 이미 IMT-2000용으로 배정된 주파수 가운데 절
반 정도를 PCS용으로 할당하여 사용하였다.

미국의 전화기 대형 회사인 모토로라(Moto Rolla)에서는 차세
대 PCS를 발전시켜 2.5G, 3G로 전환하여 TAG-1(Tele-com-
munication American Generation), TAG-3, TAG-5의 3
개 규격으로 시험을 하고 있다. 또한, 시장 경쟁 원리를 도입하
여 2005년에 IMT-2000 서비스가 상용화될 것으로 예측된다.

㉱ 유럽 : 유럽의 여러 나라에서는 UMTS(Universal Mobile Tele
-Communication System)와 ETS1(Europe Tele-Commu
-nication System)의 규격으로 유럽연합(EU)에서 공동으로
연구 개발하여 2005년에 완전 상용화가 될 것으로 예측된다.

(6) IMT-2000의 제공 서비스

IMT-2000의 제공 서비스로는 가입자에 따라 개인과 기업으로 나눌 수 있다. 개인 서비스 면에서는 크게 음성 및 부가 서비스, 데이터 서비스, 영상 서비스 및 유·무선 복합 서비스를 들 수 있다. 또한, 기업 서비스 면에서는 무선 기업 관리와 고객 관리를 들 수 있다.

① 개인 서비스

표 V-5 ▼ 개인 서비스에 대한 분류 및 제공 서비스

중분류	소분류	세분류 및 제공 서비스
음성 및 부가 서비스	음성 서비스	음성 통화, 비상호, 특수 번호
	부가 서비스	네트워크 크기 및 지능망 기반 서비스
	메시징 서비스 (Messaging service)	단순 메시징(SMS; Simple Messaging Services) 음성 메시징(VMS; Voice Messaging) 멀티미디어 메시징(MMS; Multi Media Messaging)
	위치 기반 서비스	생활 정보, 교통 정보, 기업형 솔루션(solution)
데이터 서비스	환대 및 접대(enter-tainment) 서비스	게임, 다운로드, 전화 정보, 만화/애니/소설, 영화/공연, 운세, 스포스, 이벤트 등
	정보(information) 서비스	커뮤ㅣFㅣ, 검색, 교육/학문, 뉴스/미디어, 비즈니스/경제, E-book, 건강, 여성, 컴퓨터, 종교, 상담, 인터넷 접속, 음성 정보, 무선 데이터 등
	상업(M-Commerces) 서비스	금융, 예매/발권, 쇼핑/경매, 광고, 지불 등
영상 서비스	영상 통화 서비스	영상 전화, 영상 회의
	영상 방송 서비스	VOD 영상 방송
유·무선 복합 서비스	음성 통합 서비스	유·무선 통합 지능망
	데이터 통합 서비스	인터넷 접속, 모바일 오피스(mobile office)

② 기업 서비스

㉮ 무선 기업 관리 서비스 : 무선·오피스 서비스, 자원 관리 서비스, 작업 관리 서비스가 있다.

㉯ 무선 서비스 : 기업 간 거래 서비스, 무선 고객 관리 서비스, 무선 영업 관리 서비스가 있다.

❖ 컴퓨터와 같은 스마트폰

2014년 3월 현재 스마트폰(smart phone)은 컴퓨터와 같은 기능을 갖고 있다. 스마트폰에는 애플리케이션(application)이 설치되어 있어 인터넷 검색, 인터넷 뱅킹, 열차표 및 영화 예매, 현재 위치 확인, 네비게이션 등의 역할을 한다. 또한 DMB나 영화, 음악, 사진을 감상하거나 편집하여 전송하고 소셜 네트워크(SNS) 및 화상 전화는 물론 해외 어디를 가든지 자동 로밍이 된다.

2014년 3월 현재 국내 삼성전자의 스마트폰은 전세계 시장에서 1위의 판매 실적을 갖고 있다. 그러나 미국 애플(Apple)의 아이폰과 서로의 특허 침해 주장을 양국 법원에 제출해 놓고 있는 실정이다.

🖱 참고 문헌

• 김충남(2001). IMT-2000 이동 통신의 이해. 도서출판 진한도서.
• 민경일 외 4인(2000). 정보통신공학 입문. 포인트.
• 한국전자통신연구원(2000). IMT-2000 기술/시장 보고서.
• http://rsiwin.com.ne.kr
• http://www.dt.co.kr
• http://www.imt2000.co.kr

5 ○ MP 3

(1) MP3의 정의

MP3는 MPEG(Moving Picture Expert Group; 동영상 전문가 그룹) Audio Layer3의 줄임말로, 오디오 신호를 효과적으로 사용하기 위하여 고안된 압축 기술로서 MPEG-1과 MPEG-2의 기능 사양 중 일부이다. 즉, MP3는 디지털 오디오 레코딩 포맷의 한 가지 종류로서, CD에 수록된 오디오를 인터넷 통신망을 통하여 접속하기 쉽게 압축한 형태이다. 그러므로 음성을 약 $\frac{1}{12}$ 정도로 압축하여 컴퓨터 통신으로 전송하기 위한 규격으로 짧은 시간에 음악 데이터를 전송할 수 있다.

MPEG는 디지털 오디오와 디지털 오디오 압축에 관한 표준을 제정한 세계표준화기구의 후원을 받고 있다.

(2) MP3의 특징

① 보통 CD에 있는 음악 파일의 크기는 30~50MB 정도이지만, MP3 기술을 이용하면 음질을 거의 같은 수준으로 유지하면서도 데이터의 용량을 원래의 약 $\frac{1}{12}$ 이하로 압축할 수 있다(MP1-4 : 1, MP2 - 6 : 1~8 : 1).

② 압축된 파일의 크기는 한 곡에 약 2~5MB에 불과하므로 네트워크상에서 약 1시간 분량의 고품질의 음악 CD 전체를 2~3분 내에 주고받을 수 있다.

③ MP3 음악은 CD에 수록된 음악과 달리 별도의 하드웨어가 없어도 소프트웨어만으로 PC(personal computer)에서 청취할 수 있다.

(3) MP3의 압축 방식

사람은 음악이나 소리에서 큰 소리가 난 후 즉시 작은 소리를 귀로 들을 수 없다. 이와 같은 현상은 사람의 두뇌가 소리를 분석해 내는 과정에서 입력된 소리의 부적절한 부분을 제거하기 때문이다.

즉 MP3는 사람의 귀에 들리지 않는 부분의 데이터를 선택적으로 삭제하여 압축한다. 그러므로 음을 압축해도 본래의 음질과 거의 차이가 없게 들린다. 이것이 MP3 파일의 최대 장점으로 원음을 손상하지 않으면서도 10배 이상으로 용량을 줄일 수 있게 한 것이다.

(4) 사운드의 종류
① 디지털 오디오(digital audio)

㉮ 실제 소리를 컴퓨터에서 저장할 수 있는 형태로 바꾸는 디지털화 작업을 거친 것이다.

㉯ 원음에 가까운 사운드를 만들기 위해서는 많은 저장 공간이 필요하다.

㉰ 웨이브 파일(wave file)

- 윈도우에서 소리를 녹음하고 듣는 데 기본적으로 사용하는 포맷이다.
- 녹음기로 녹음하듯이 아날로그 오디오를 녹음하여 디지털화한 것이다.
- 웨이브 파일은 소리를 원음 그대로 저장했다가 재생하므로 파일의 용량이 크다.
- 웨이브 파일을 생성하기 위해서는 마이크로폰을 사운드 카드(sound key)에 연결하여 음성 정보를 입력하면 입력된 음성에 대한 디지털 정보를 포함하는 웨이브 파일을 얻을 수 있다.
- 웨이브 파일을 재생하기 위해서는 사운드 관련 소프트웨어와 스피커 등을 이용하여 아날로그 신호를 들을 수 있다.

- 웨이브 파일은 주파수가 높을수록 원래의 소리에 좀 더 가까운 소리를 낼 수 있으나, 웨이브 파일의 크기가 커지게 되므로 사용 목적에 따라 샘플링 비율을 선택하여 사용하는 것이 좋다.

❖ PCM(pulse code modulation; 펄스 부호 변조)

PCM은 아날로그 데이터 전송을 위한 디지털 설계이다. PCM 내의 신호들은 진수 즉, 논리 1(높음)과 논리 0(낮음)으로 표현되는 오직 두 가지 상태만 가능하다. 아무리 복잡한 아날로그 파형이 있다 해도 이것은 변하지 않는다. PCM을 사용하여 동영상 비디오, 음악, 원격 측정 그리고 가상 현실 등을 포함한 모든 형태의 아날로그 데이터를 디지털화하는 것이 가능하다.

통신 회로의 아날로그 파형으로부터 PCM을 얻기 위해 아날로그 신호의 진폭이 정기적으로 표본 추출된다. 표본 추출 비율 또는 초당 표본의 개수는 아날로그 파형의 최대 주파수의 수배가 된다. 각 추출 견본에서 아날로그 신호의 순간 진폭은 미리 결정된 등급 즉, 몇 개의 특유한 값과 가장 가깝도록 사사오입된다. 이 과정을 양자화라고 한다. 등급의 숫자는 항상 2의 배수가 되는데, 예를 들어 8, 16, 32 또는 64 등이다. 이러한 숫자들은 3, 4, 5 또는 6개의 비트에 의해 각각 표현될 수 있다. 그러므로 PCM의 출력은 인련의 2진수이며, 각각은 2비트의 곱한 합으로 표현된다.

통신 회로의 수신측에서 PCM은 2진수를 다시 같은 양의 등급을 가지는 펄스로 변환한다. 이러한 펄스들은 원래의 아날로그 파형을 복원하기 위해 한 단계 더 높게 처리된다.

❖ Sampling이란?

- 소리는 파형으로 표현되며 크기, 높이, 음색 등 세 가지 성질을 갖는다. 이 중에서 소리의 높이는 파형의 주파수이고, 음색은 파형의 고유한 모형이다. 소리를 디지털 신호로 바꾸기 위해서는 파형의 진폭(소리의 크기) 값을 주기적으로 추출하여 그 크기를 2진 부호로 바꾸어야 한다. 이와 같은 주기적 측정을 sampling이라고 한다.

> • 샘플을 추출하는 빈도수를 추출률(sampling rate)이라 하며, kHz(초당
> 1천 번) 단위로 나타낸다. 일반 오디오 CD는 44.1kHz로 초당 44,100번
> 추출한다는 뜻이며, 추출률이 높을수록 원음에 가깝게 재생할 수 있다.

　　㉣ real audio 파일

　　　　㉠ 확장자는 ra 또는 ram이다.

　　　　　• 확장자가 ra인 파일은 다운로드가 가능하다.

　　　　　• 확장자가 ram인 파일은 실시간 전송을 위한 것으로 다운로
　　　　　　드할 수 없다.

　　　　㉡ 인터넷상에서 사운드의 실시간 전송을 목적으로 만들어진 것
　　　　　이다.

　　　　㉢ real audio 플러그인(plug in)을 설치하면 들을 수 있다.

　　　　㉣ 파일 크기는 wave 파일의 $\frac{1}{10}$ 정도이다.

　　　　㉤ WWW에서 실시간 뉴스, 온라인 음악 사이트 등에 널리 사용
　　　　　된다.

② 미디(MIDI)

　　㉮ 미디(MIDI) 형식은 컴퓨터를 이용하여 음악을 연주하기 위한 파
　　　일 형식이다.

　　㉯ MIDI란 마이크로프로세서가 내장된 디지털 악기를 사용할 때
　　　컴퓨터나 다른 디지털 악기와의 인터페이스(interface)를 위한
　　　연주 통신 프로토콜을 의미한다.

　　㉰ MIDI란 서로 다른 저장 방식을 갖고 있는 전자 음악 악기의 소
　　　리를 녹음하고 교환하는 데 있어서 표준화된 형식이다. 미디 파
　　　일은 실제의 음악 악보뿐만 아니라, 음의 강도 및 빠르기, 음악
　　　적 특성과 관련된 명령어, 악기의 종류와 같은 정보까지도 갖고
　　　있다.

㉑ 미디 파일은 웨이브 파일과는 달리 파형 정보를 저장하지 않기 때문에 파일 크기가 상대적으로 작으며, 악기의 추가 및 삭제 등의 편집이 용이하다.

㉒ 사람의 목소리는 표현할 수 없다.

㉓ 미디 파일

- 확장자는 mid이다.
- 3~4분 정도 노래 한 곡이 1~2메가(mega, 10^6) 정도이다.
- quick time 플러그인이나 미디어 플레이어 플러그인을 설치하면 들을 수 있다.

- terra=조, 10^{12}, (trillion, million million)
- giga=10억, 10^9, (thousand million)
- mega=백만, 10^6, (million)
- kiro=천, 10^3, (thousand)

(5) MPEG

① **MPEG-1** : 1991년 ISO 11172로 규격화된 영상 압축 기술로, CD-ROM과 같은 디지털 저장 매체에 VHS(Very High System) 네이프 수준의 동영상과 음향을 최대 1.5Mbps로 압축·저장할 수 있다. 이 규격으로 상품화된 것이 비디오 CD이다.

mpg라는 확장자를 가지며, 별도로 MPEG 보드(board)가 설치된 컴퓨터에서만 운용되는 파일 형식이다.

비디오 CD 등에 담긴 파일 내용을 볼 때 많이 활용되고 있는 형식으로, 화질은 원본보다 약간 떨어지지만 압축률이 매우 높다.

② **MPEG-2** : 1994년 ISO 13818로 규격화된 영상 압축 기술이다. 디지털 TV, 대화형 TV, DVD 등은 높은 화질과 음질을 필요로 하는 분야로 높은 전송 속도 처리가 필요하다. 그러므로 영상 및 음향을 압축하기 위해 MPEG-1을 개선한 것이 MPEG-2이다. 기본적인 구조는 MPEG1과 거의 같지만, 데이터 비율을 100MB까지 올

릴 수 있으며, 높은 데이터 전송 비율은 MPEG-1과 비교가 된다.

해상도의 조정이 가능하고, 비디오 질(質)도 눈에 띌 정도로 MPEG-1보다 높다. 현재 DVD 등의 컴퓨터 멀티미디어 서비스, 직접 위성 방송, 유선방송, 고화질 TV 등의 방송 서비스, 영화나 광고 편집 등에서 널리 쓰이고 있다.

③ **MPEG-3** : MPEG-2를 완성한 후, 후속 작업으로 고화질 TV 품질에 해당하는 고선명도의 화질을 얻기 위해 개발한 영상 압축 기술로서, MPEG-2에 흡수·통합되어 규격으로는 존재하지 않고 있다.

④ **MPEG-4** : 멀티미디어 통신을 전제로 만들고 있는 영상 압축 기술로, 1998년 완성되었다. 낮은 전송률로 동화상을 보내고자 개발된 데이터 압축과 복원 기술에 대한 새로운 표준을 말한다. 매초 64kb, 19.2kb의 저속 전송으로 동화상을 구현할 수 있고, 이미지의 내용을 각기 독립적인 객체로 만들어 주소를 지정해 주거나 또는 개별적으로 처리가 가능한 구조체로 만든다.

인터넷 유선망과 이동 통신망 등 무선망에서 멀티미디어 통신, 화상 회의 시스템, 컴퓨터, 방송, 영화, 교육, 오락 및 원격 감시 등의 분야에서 널리 쓰이고 있다.

MPEG-4의 특징은 화질은 조금 떨어지는 편이지만, 용량이 적기 때문에 상대적으로 장시간의 촬영이 가능하다.

⑤ **MPEG-7** : 가장 최근의 MPEG 패밀리 프로젝트로, 이것은 멀티미디어 데이터를 표현하는 표준이고, 독립적으로 다른 MPEG 표준과 사용될 수 있다. MPEG-7이 국제적인 표준으로 높은 평가를 받으려면 더 긴 시간이 필요하게 될 것이다.

❖ DVD(Digital Versatile Disk; 원래는 Digital Video Disk라는 뜻)

DVD는 수년 내에 CD-ROM과 음악 CD를 빠르게 교체할 것으로 예측되는 광학 디스크 기술이다. DVD는 한 면에 4.7GB의 정보를 담을 수 있는데, 이는 133분짜리 영화를 수록하기에 충분한 양이다. 양면에 각각 2개씩의 레이어를 둔다고 가정하면, 총 17GB의 비디오, 오디오 및 기타 다른 정보를 수록할 수 있다(현재의 CD-ROM 디스크는 외형적인 크기가 DVD와 같지만, 600MB 정도만을 저장할 수 있는데 반해, DVD는 이의 28배나 되는 많은 양의 정보를 담을 수 있다).

DVD-Video는 영화 한 편 전체의 길이로 설계된 DVD 형식의 일반적인 이름이며, DVD-ROM은 머지않아 CD-ROM을 대체하게 될 플레이어의 이름이다. 이 플레이어는 DVD-ROM은 물론 CD-ROM까지도 재생할 수 있는 능력이 있다. DVD-RAM은 기록이 가능한 버전이며, DVD-Audio는 가정에서 사용하는 음악CD 플레이어를 대체하기 위한 것이다.

DVD는 MPEG-2 파일과 압축 표준을 사용한다.

MPEG-1은 초당 30개의 인터레이스 되지 않은 프레임 전송이 가능하며, MPEG-2 이미지는 MPEG-1 이미지의 4배나 되는 해상도를 가진다. 2개의 필드가 하나의 이미지 프레임을 구성하는 상황에서 초당 60개의 인터페이스 필드를 전송할 수 있다. DVD상의 오디오 품질은 현재의 CD오디오와 비슷하다.

🔖 참고 문헌

• 이 에스터(2005). 음향 예술의 세계. 야스미디어.
• 한규철(2004). MP3 플레이어의 산업 동향.
• http://www.dcinside.com/study/
• http://compedu.inue.ac.kr/
• http://www.daejin.or.kr/home/shkim/computersystem/dictionary/
• http://www.nplusshop.co.kr/
• http://realmp3.hihome.com/
• http://rock2.new21.net/tech_study/

레 이 저 의 원 리 와 이 용

레이저(laser)는 유도 방출에 의한 광 증폭의 머리 글자를 따서
만든 말이다. 레이저 빔은 단색성이고, 지향성과 휘도가 커서 정
밀 절단 및 구멍 뚫기, 용접, 마킹, 표면 스크라이빙 등 제품 제
조 및 레이저 프린터, 레이저 스캐너, 바코드 등 정보 처리와 군
사용 무기, 의학용 및 기타 토목 건축용에 쓰인다.

VI

레이저의 원리와 이용

*

1 ◐ 레이저의 원리

(1) 레이저의 정의와 개발 역사

레이저(laser)라는 말은 유도 방출(誘導放出)에 의한 광 증폭(light amplification by stimulated emission of radiation)의 머리 글자를 따서 만든 것으로, 최초의 레이저는 1960년 미국 휴즈 항공사의 메이먼(Maiman, T. H.)에 의하여 만들어진 루비 레이저(ruby laser)였다. 이 루비 레이저의 성공에 관한 사실은 1960년 7월 7일자 뉴욕 타임스에 처음으로 알려졌다.

메이먼은 은(Ag)을 도금한 지름이 약 1cm 정도의 루비 막대 양끝에 플래시 램프의 빛으로 강하게 비추어서 형광을 관찰할 수 있었다. 이 빛을 더욱 높였더니 스펙트럼(spectrum, 分光)의 폭이 더욱 좁아지고, 형광선의 강도가 크게 증가됨을 관찰할 수 있었다. 이것이 유도 방출에 의한 광 증폭을 확인한 최초의 실험이었다.

1960년 12월 미국 벨 연구소의 자반(Javan, A.) 등에 의하여 지름 1.5cm, 길이 1m의 석영관에 헬륨(He)과 네온(Ne)을 넣고 양쪽에 반사경을 부착하여 고주파 방전(高周波放電)을 시켜 $1.5\mu m$ 파장의 He-Ne 기체 레이저를 처음으로 발견하였다. 이것은 루비 레이저처럼 출력이 강력하지는 않았지만, 지향성(指向性)이 대단히 높았다. 이 He-Ne 기체 레이저는 전화 신호로 레이저광을 변조시킴으로써 최초의 레이저 통신을 실현하게 되었다.

그 후 고체 레이저의 종류도 여러 가지 개발되어 루비 외에 다른 결정에서도 연속 발진을 실현시켰다. 고체 레이저의 재료 중 유리에서도 레이저 빔 발진이 성공하였으며, 유리는 결정을 크게 만들 수 있으므로 대출력 레이저를 만드는 데 유리하다.

1962년 반도체 레이저의 재료로서 비소화갈륨(GaAs)이 유망하다는 논문이 발표된 후, IBM 회사에서 반도체 레이저의 발진을 발표하였으며, 이를 기점으로 많은 발전을 하였다.

(2) 레이저의 발생 원리

모든 원자는 마치 작은 태양계(太陽系)와 같아서 중심에 양전자(陽電子)를 가진 원자핵(原子核)이 있고, 주위에는 음전기를 가진 전자(電子)가 돌고 있다.

원자의 에너지 준위(準位)는 이들 전자의 상황에 따라 결정되는데, 전자가 외부에서 에너지를 얻어 더 바깥쪽 궤도에서 돌면 높은 에너지 준위에 있다고 한다.

원자가 높은 에너지 준위로부터 낮은 에너지 준위로 옮길 때 여기 상태(勵氣狀態, excited situation)에 있다고 하고, 그 차(差)에 해당하는 에너지를 빛으로 방출하게 된다.

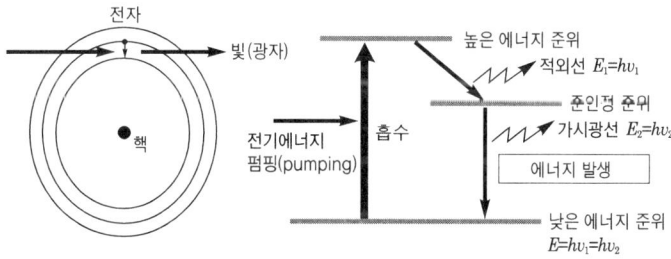

그림 VI-1 ▲ 에너지 방출 과정

텅스텐(W) 등과 같은 백열등은 높은 에너지 준위가 다른 여러 원자들이 낮은 에너지 준위로 상호 작용이 없이 떨어지면서 각기 다른 파장의 빛을 동시에 방출한다. 그러므로 백열등의 빛은 여러 가지 파장을 가진 빛의 집합이다. 즉, 자연 방출인 것이다.

(a) 전기가 가스를 통하여 흐르면 원자는 가스로부터 에너지를 흡수하여 들뜨게 된다.

(b) 원자는 들뜬 상태에서 머물지 않고 광자(photon)로서 여분의 에너지를 버리고 정상으로 돌아온다. 이것을 자발적 방출(spontaneous emission)이라고 한다.

(c) 원자의 반 이상이 들떠서 레이저를 발생하며, 이것을 변환된 개체(inverted population)라고 한다.

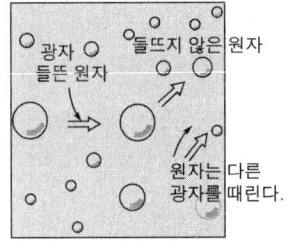

(d) 양자는 들뜬 원자를 때려 또 다른 양자를 만들고, 이 양자는 들뜨지 않은 다른 양자를 때리고 소멸된다. 이 때 변환된 개체는 레이저를 일으키는 데 필요하다.

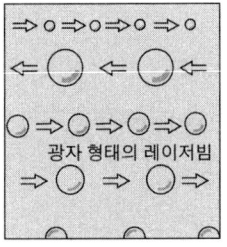

(e) 유도 방출과 증폭(amplification)의 의미 : 레이저 빛은 양쪽 거울 사이의 튜브를 따라 반사되고, 수평빔(parallel beam)이 방출되어 나온다.

그림 VI-2 ▲ 레이저 빔의 발생

　그러나 레이저는 많은 원자가 높은 에너지 준위에 머물렀다가 외부 자극에 의해 강력한 상호 작용을 하면서 동시에 낮은 에너지 준위로 떨어지는 것으로, 이것을 유도 방출이라 한다. 유도 방출이란 빛이 에너지를 방출할 때, 외부 자극에 의해서 준안정 준위에 약간 머물러 있다가 낮은 에너지 준위의 상태로 떨어지는 것을 말한다. 이 때 빛의 방

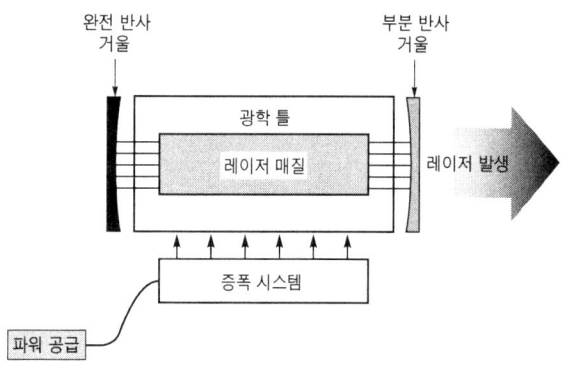

완전 반사
거울

부분 반사
거울

광학 틀

레이저 매질

레이저 발생

증폭 시스템

파워 공급

그림 VI-3 ▲ 레이저 발생 원리

출은 자연 방출과는 달리 단일 파장의 빛이 방출된다. 이러한 유도 방
출에 의하여 생성된 같은 진동수의 빛은 레이저 매질 양측에 부착되어
있는 2개의 부분 반사 거울과 완전 반사 거울을 통하여 증폭된다. 이
때 증폭된 빛의 일부분이 부분 반사 거울의 틈을 통하여 외부로 방출
되어 나온다. 이러한 과정을 대량으로 동시에 진행되도록 고안한 것이
레이저이다.

레이저의 기본 구성은 공진기(완전 반사 거울과 부분 반사 거울), 레
이서 매질, 여기 재제(excited materials) 등으로 구성되어 있다.

원자 중에는 빛 에너지를 받아들여 높은 에너지 준위로 될 때 이 준
위에 머무는 시간이 긴 것이 있다. 인공(人工) 루비에는 레이저 광선을
만드는 데 중요한 성질인 크롬(Cr) 이온이 들어 있다. 이러한 물질에
빛 에너지를 발산시켜 들뜨게(excited) 하면 낮은 에너지 준위(또는 하
위의 에너지 준위)에 있는 원자수보다도 상위의 높은 에너지 준위에 있
는 원자수가 더 많아진다. 이 상태를 반전 분포(反轉分布)라고 한다.

예를 들면, 인공 루비는 에너지 준위가 들떠서 반전 분포 상태에 있
으면 원자 1개가 빛을 내면서 높은 에너지 준위로부터 낮은 에너지 준
위로 옮겨지면 다른 높은 에너지 준위를 가지고 있는 원자도 자극되어
위상이 같은 파장을 가진 빛을 계속해서 발생하게 된다.

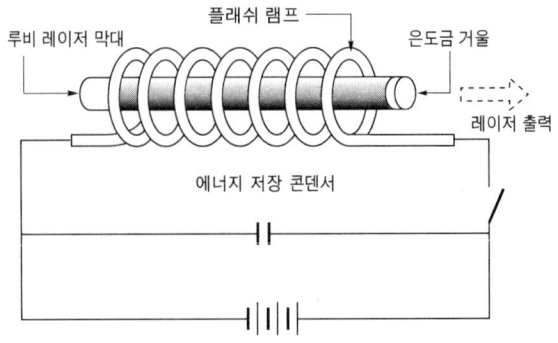

그림 Ⅵ-4 ▲ 루비 레이저의 구조

    높은 에너지 준위 물질의 양쪽에 깨끗이 닦은 거울 2개를 평행하게 놓으면 빛은 2개의 거울 사이를 반사하면서 몇 번씩 왕복한다. 이와 같이 하는 동안 차례로 유도 방출(誘導放出)이 생겨 빛은 더욱더 증폭(增幅)된다. 2개의 평행한 거울은 유도 방출을 일으킬 뿐만 아니라 거울 사이에 빛의 정상파(定常波)를 만들고, 이 조건에 맞는 빛만을 증폭한다. 그러므로 이 때 발생하는 빛의 파장은 동일하게 되며, 이 빛이 2개의 거울 중 1개의 거울은 빛을 반사하고 일부만을 투과하도록 만들어 두면 거울 사이에서 증폭된 빛의 일부를 외부로 꺼낼 수 있는데, 이 때 나오는 빛이 레이저이다. 즉, 레이저의 발생 원리는 빛이 높은 에너지 상태, 유도 방출, 증폭 및 발진 과정을 거쳐 나온다고 할 수 있다.

(3) 레이저의 특징

① 단색성(單色性) : 빛의 파장이 단일 주파수 즉, 한 가지 색을 가지는 성질. 보통의 빛은 여러 가지 파장으로 여러 가지 색의 빛이 섞여 있다. 그러나 레이저는 빛의 파장이 단일 주파수 즉, 단일의 색을 갖는 성질이 있다. 비교적 순수한 빛이라 할 수 있는 네온사인 등의 방전에 의한 빛도 원자의 운동에 의한 도플러 효과(Doffler effect)로 약간의 파장폭을 가지고 있다. 레이저는 양쪽 거울 속에

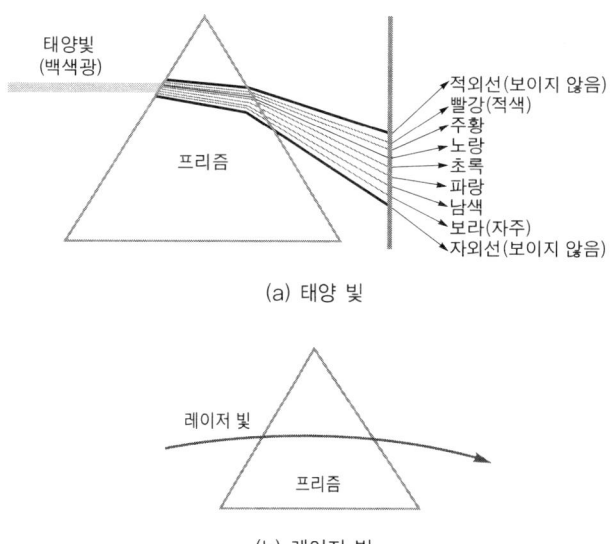

태양빛
(백색광)

프리즘

적외선(보이지 않음)
빨강(적색)
주황
노랑
초록
파랑
남색
보라(자주)
자외선(보이지 않음)

(a) 태양 빛

레이저 빛

프리즘

(b) 레이저 빛

그림 Ⅵ-5 ▲ 태양 빛과 레이저 빛의 비교

서 잘 뛰놀 수 있는 공명 상태의 빛을 방출하므로 단일한 파장을 갖는 순수한 빛을 방출하게 된다.

② **지향성(指向性)** : 정해진 방향으로 나가는 성질. 레이저는 지향성이 뛰어나서 내기권 밖에까지 도달할 수 있는 가늘고 긴 광선을 민들 수 있다.

　밤하늘에 펼쳐지는 레이저 쇼는 레이저의 직진성을 이용한 것이다. 보통의 빛은 렌즈를 사용하여 아주 가늘게 만들 수 있지만, 곧 넓게 퍼져 나간다. 레이저빔은 좁고 긴 관을 수만 번 왕복한 빛이기 때문에 거의 퍼지지 않고 직진하여 멀리까지 갈 수 있다.

③ **휘도(輝度)** : 단위 입체 각에서 나오는 빛의 출력 밀도(出力密度). 레이저는 휘도가 높기 때문에 매우 밝고, 에너지 밀도가 크다.

　우리 주위의 보통 빛은 마치 수많은 북을 제멋대로 장단치는 것과 같이 서로 연결되지 않고 짧은 파동이 수없이 모여 있다. 그러나 레이저는 많은 북을 일정한 장단에 맞추어서 치는 것과 같이 많은 파동이 서로 정확하게 잘 겹쳐져서 매우 강력한 밝기를 낸다.
He-Ne 레이저의 휘도는 태양 휘도의 100배 이상이다.

> ※레이저 빔의 파장
> 가시 광선(可視 光線)의 파장은 400~750 나노 미터(nano miter) 정도이다.
> 1나노 미터 = $\frac{1}{10억}$ m, 사람 머리 카락의 $\frac{1}{1,250}$ 굵기

(4) 레이저의 종류

현재까지 개발된 레이저의 종류는 상당히 많으며, 개발중인 레이저도 많이 있다.

레이저는 매질의 종류에 따라 고체 레이저, 기체 레이저, 액체 레이저, 반도체 레이저 등으로 나눌 수 있으며, 또 출력광(出力光)의 파장에 따라 자외선, 가시 광선, 적외선 레이저 등으로 나눌 수도 있다.

① **고체 레이저** : 크롬(Cr) 이온을 혼입시킨 인공 루비나 유리 YAG [Y(이트륨: 원자 번호 39)+Al(알루미늄)+Garnet(결정 구조)] 등의 결정을 레이저 광선 발생 재료로 한 것이다.

루비 레이저는 최초로 탄생한 대표적 레이저이다. 루비 레이저에서는 들뜨게 하는 광원으로 플래시 램프를 사용하며, 들뜨는 효율을 좋게 하기 위하여 루비 막대와 플래시 램프 주위에 반사경(反射鏡)을 설치한다. 또한, 루비 막대 양쪽에는 2개의 거울이 평행하도록 배치되어 있다. 플래시 램프는 카메라의 스트로보스코프 (strobo scope : 발진에 의해 섬광 촬영을 하는 장치)와 같이 순간적인 방전을 하는 발광을 내며, 레이저의 발진 출력은 플래시 램프를 발광시킨 순간에만 얻게 된다.

② **액체 레이저** : 최초의 액체 레이저는 액체 질소의 낮은 온도에서 근적외선의 광 펄스(optical pulse)가 얻어졌고, 최근에는 실온에서 연속 발진하게 되는 특징을 이용하여 널리 사용되고 있다. 특히,

유기 색소를 사용한 색소 레이저가 있는데, 이것은 다른 레이저와 달리 넓은 스펙트럼을 가지고 있는 것이 특징이다.

③ **기체 레이저** : 기체 레이저는 He-Ne 레이저, 아르곤(Ar) 이온 레이저 등이 있다. 헬륨-네온 레이저는 헬륨과 네온의 혼합 가스를 방전시켜 적외선 레이저광을 얻는 것이다.

기체 레이저의 또 다른 종류인 아르곤 이온 레이저는 불활성 가스(不活性, inert gas, 8족 원소)인 아르곤을 강한 방전으로 이온화시켜 레이저가 발진되도록 만든 것이다. 이것은 가시 광선 레이저 중 출력이 가장 크고 청색, 녹색, 자색 등 여러 가지 색으로 동시에 발진이 가능하다.

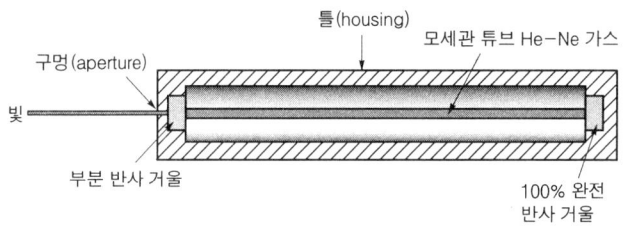

그림 VI-6 ▲ 헬륨-네온 가스 레이저

④ **반도체 레이저** : 반도체 레이저는 고체 레이저의 한 종류로, 비소갈륨(GaAs), 비소화인화갈륨(GaAsP) 등의 반도체 다이오드(diode)로 구성되어 있어 레이저 발생 방식이 약간 다르다.

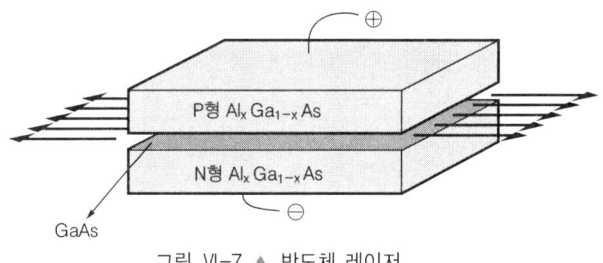

그림 VI-7 ▲ 반도체 레이저

반도체 레이저에서는 순방향으로 전압을 걸어 큰 전류를 반도체 소자의 양극 사이에 흐르게 함으로써 접합부의 평면 방향으로 간섭 광파를 일으키는 것이다. 반도체 레이저는 p형 반도체와 n형 반도체를 접합한 p-n접합 다이오드에 전류를 흘려서 높은 에너지 준위에 이르게 하여 레이저를 발진시키는 것이다.

p-n접합 다이오드에 p형으로부터 n형 방향으로 즉, 순방향(順方向)으로 전류를 흐르게 하면 p형 쪽에는 양(+)의 전하를 가진 정공(正孔, positive hole)이 증가하고, n형 쪽에는 음(-) 전하를 가진 전자가 증가한다.

이 때가 반도체 레이저가 높은 에너지 준위 상태가 된다. 이 상태로부터 전자가 정공과 재결합할 때 빛에너지를 외부에 방출한다. p-n접합 다이오드에 흐르는 전류를 크게 하면 정공과 전자가 계속 증가하여 반전 분포가 형성된다. 이 때 유도 방출이 왕성하게 일어나 p형과 n형의 접합면으로부터 레이저 광선이 발생한다. 반도체 레이저의 특징은 소형으로 만들 수 있으며, 에너지 준위를 간접적으로 높이는 방식이 아니고, 직접 전류를 흘려서 에너지 준위를 높게 하는 것으로 발진 효율이 좋다.

2 ❯ 레이저의 이용

(1) 제품 제조 가공에 이용

레이저광의 에너지는 에너지 밀도가 매우 높으며, 퍼짐이 작으므로 피조사체는 가열되어 고온·용융 상태가 된다. 레이저광을 렌즈로 집광하면 에너지 밀도가 더욱 높아지므로 금속이나 세라믹 등의 용융, 절단, 구멍 뚫기, 용접 등의 레이저 가공이 가능하게 된다.

즉, 레이저 빔(laser beam)을 물체의 표면에 조사(照射)하면 재료 표면의 온도가 급격히 올라가 그 부분이 용융(熔融)됨과 동시에 증발됨으로써 물질이 제거되어 가공이 이루어진다.

| 절단 | 용접 | 각인 | 변색 | 부풀림 |

그림 Ⅵ-8 ▲ 레이저 가공 형태

레이저 가공의 특징은 다음과 같다.

- 매우 단단하거나 잘 깨어지기 쉬운 재료를 쉽게 가공할 수 있다.
- 비접촉식이므로 공구의 마모가 없다.
- 복잡한 모양의 부품을 미세하게 가공할 수 있다.
- 작업시 소음과 진동이 없다.
- 작업 환경이 깨끗하다.

① **절단 및 구멍 뚫기** : 레이저빔의 출력이 커지면 공작물의 온도는 비등점(沸騰點, boiling temperature point)을 넘어서 증발하게

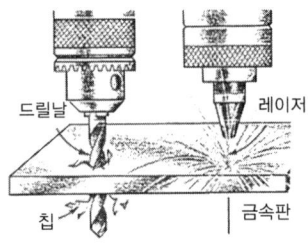

그림 Ⅵ-9 ▲ 드릴과 레이저로

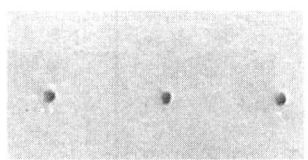

Ⅵ-10 ▲ CO₂ 가스 레이저로 세라믹스 판에 구멍 뚫은 모양

되는데, 이러한 현상을 이용하여 절단이나 구멍뚫기의 가공을 한다. 이 때 고압의 증발된 플라즈마(plasma : 이온 분리 현상) 상태의 기체를 신속하게 제거하는 것이 필요하다. 기존의 드릴 작업(drilling)으로는 불가능하였던 다이아몬드, 세라믹 등도 절단과 구멍뚫기가 가능하며, 유리, 섬유 및 고무 제품 등의 절단 가공도 가능하다. 또한, 레이저빔을 이용하여 비행기 재료의 표면에 지름 0.1mm, 깊이 1mm의 구멍을 촘촘히 뚫어 놓으면 공기의 저항을 줄일 수 있어서 고속 비행에 도움이 된다.

② **용접** : 용접은 두 개의 물체를 녹여 붙여 접합시키는 것이다. 종래의 용접 방법은 용접 부위가 커지고, 용접으로 인해 비뚤어지거나 변형되는 부분이 커서 정밀도를 높이기가 어려웠다. 또한, 용접 속

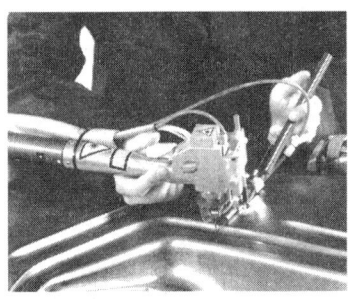

그림 Ⅵ-11 ▲ 레이저 수동 용접

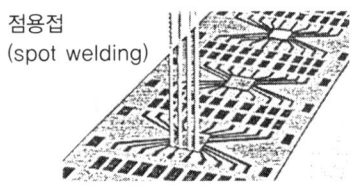

점용접
(spot welding)

그림 Ⅵ-12 ▲ 레이저 점용접

도가 느리며, 작업 부위에 많은 열이 가해지므로 재료의 성질을 변화시키는 단점이 있었다. 그러나 레이저 용접은 재래식 가스 용접법의 결점을 대부분 극복할 수 있어 널리 보급되고 있다.

10 kW급의 CO_2 가스 레이저로는 5 mm 두께의 스테인레스강을 1초 동안에 10 cm 정도의 속도로 용접이 가능하며, 수 마이크로미터(μm)까지의 미세한 용접이 가능하므로 정밀 전자 부품의 초정밀 용접에 활용함으로써 품질을 고급화할 수 있다.

레이저 용접의 장점은 다음과 같다.

- 왜곡 변형되는 부분이 적다.
- 속도가 빠르다.
- 작업을 자동화하기가 쉽다.
- 재료의 성질 변화가 적다.
- 용접 부위가 얇거나 미세한 부분에 유리하다.

용접용 레이저에는 CO_2 레이저가 많이 이용되고 있다.

③ **마킹** : 레이저빔에 의한 마킹(marking)은 중요한 부품의 증명 표시, 제품의 제원 기록, 상징용 마크 또는 도난 방지 등을 표시하는 것이다. 레이저 마킹 기구는 코팅되지 않은 재료 위에 마킹을 하는 경우 표시한 모양을 따라 재료를 제거하거나 또는 주위 표면과 색상의 차이를 나타내는 것이다.

철판은 물론 플라스틱과 다이아몬드에 이르기까지 소재의 종류에 관계없이 마킹이 가능하며, 영화 필름면상에 자막을 새기는 데에도 사용된다. 마킹해야 할 부분이 매우 작거나, 취약한 경우 또는 잉크 등에 의해 오염이 되는 경우 레이저 마킹이 효과적이다.

④ **측정 분야에서의 이용** : 파장이 짧고 위상이 고른 강력한 빛이 발생되는 레이저를 응용하여 길이, 속도 및 진동 등은 물론, 다음 사

항들도 정밀하게 거리 측정을 할 수 있다.

　㉮ 지구에서 달까지의 거리 측정 : 달에 반사경을 설치하고 레이저를 발사하여 반사된 시간으로 측정할 수 있다.

　㉯ 스피커의 진동이나 지진의 진동을 측정할 수 있다.

　㉰ 빌딩의 높이를 측정할 수 있다.

⑤ **레이저 화폐** : 화폐에 얇은 은(Ag)막을 입히고 레이저빔으로 그림을 새겨 넣으면 복사해도 그림이 나타나지 않으므로 위조 화폐를 방지할 수 있다.

⑥ **표면 처리, 스크라이빙** : 레이저빔을 이용하여 열처리할 때에는 필요한 부분만을 급속도로 가열했다가 열전도에 의해 급속히 냉각시키면 재료의 표면 변형이 거의 없게 된다. 그러므로 최종적인 기계 가공을 한 다음, 표면 경화 가공(表面硬化加工)을 할 수 있다.

　레이저빔 스크라이빙(scribing)에는 저출력 펄스 레이저가 사용된다. 스크라이빙 되는 부분 이외의 다른 곳에 과열이나 스트레스(stress)를 주지 않기 위해서 저출력 펄스 레이저인 YAG 레이저와 CO_2 가스 레이저가 이용된다.

(2) 광 정보 처리에 이용

① **광통신** : 정보를 광신호로 전송하는 방식으로, 공간 전파와 광 케이블 전송이 있다.

② **레이더** : lidar란 light detection and ranging의 머리 글자를 인용한 것으로 레이저를 이용한 레이더를 말한다.

　강력한 레이저빔을 멀리 떨어져 있는 물체에 비추어 그 물체로부터 오는 반사광 또는 산란광을 수신 망원경으로 받은 뒤 시간적 또는 주파수적, 분광학적으로 신호 처리를 함에 따라 그 물체까지의 거리 측정, 물체의 종류 판별, 물체의 형체 표시 등이 가능하다.

레이더의 이용 분야는 다음과 같다.

> • 대기 오염의 원인이 되는 미립자의 확산 또는 분포 상태 관측
> • 인공 위성 등과 같은 비행 물체의 추적에 이용
> • 해저 지도 제작

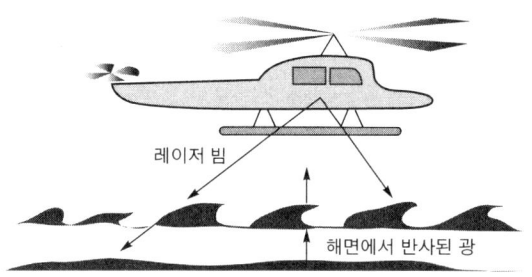

그림 VI-13 ▲ 레이저를 이용한 해저 지도 제작

③ **레이저 프린터** : 레이저광을 이용하여 복사기와 같이 인쇄한다. 레이저 프린터의 특징은 기계적 소음이 없고, 속도가 빠르며, 미세하고 선명한 인쇄가 가능한데, 고출력 He-Ne 레이저와 반도체 레이저가 주로 이용된다.

레이저 프린트 과정은 다음과 같다.

㉮ 광도전막으로 입혀진 드럼(drum)이 회전하면서 표면이 균일하게 전하(電荷)된다.

㉯ 빛을 쪼이면 빛이 닿는 부분은 도전율이 높아져서 전하가 없어진다.

㉰ 섬광관(spectrum tube)의 빛에 의해 드럼에 도표 등의 서식이 먼저 새겨지고, 초음파 변조된 레이저빔의 주사에 의해 문자가 드럼에 새겨진다.

㉱ 인쇄될 부분만 전하가 남아 있어 현상부에서 탄소 가루로 된 토너(toner)가 달라 붙는다.

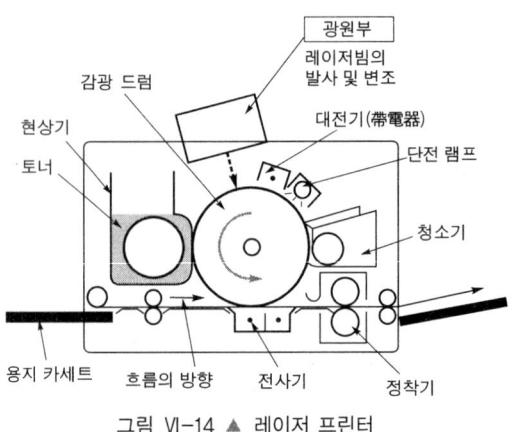

그림 VI-14 ▲ 레이저 프린터

⑪ 전사부에서 토너는 종이로 옮겨 붙고, 순간적인 열처리에 의해
인쇄가 된다.

④ **레이저 스캐너** : 레이저빔을 비추면 회전 거울 등을 사용하여 어떤
부분을 주사하는 장치인데, 상품에 붙어 있는 바코드를 읽어 들이
는 바코드 리더(bar code reader)나 컴퓨터의 고속 출력 인자 장
치로서 레이저 프린터에 이용된다.

슈퍼마켓에서도 레이저 스캐너를 이용한 POS(Point Of Sales)
시스템으로 바코드를 읽어 상품의 재고량과 가격 등이 자동으로 관
리되고 계산된다.

⑤ **바코드** : 바코드 라벨에 레이저빔을 비추면 바코드의 색과 폭에 의
하여 반사된 광의 강도가 변한다. 변조된 반사광을 광검출기로 검
출하여 증폭해서 얻어진 펄스의 예를 신호 처리부에 있는 디코더에
서 BCD로 내보낸다.

⑥ **홀로그래피** : 보통의 사진은 물체를 평면적으로 기록한다. 그러나
홀로그래피(holography)는 물체를 입체적으로 나타내는 사진 기
술로서, 이에 대한 이론은 1946년 가보(Gabor, 1. D. 1972년 노벨

상 수상자)에 의해 정립되었으나, 간섭성이 대단히 좋은 빛이 요구되므로 1950년대까지는 이용이 불가능하였다. 1960년대 레이저의 출현으로 비로소 가능하게 되었다. 이것은 매우 혁신적인 기술로서 기록된 필름(홀로그램)을 놓고 각도를 달리할 때 마치 실제 물건을 보는 것과 같이 달라지며, 물체의 양쪽 측면까지도 볼 수 있다.

⑦ **정보 저장** : 레이저빔으로 마이크로 필름(micro-film)과 디스크(disc)에 기록할 수 있으며, 다음과 같은 특징을 가지고 있다.

- 저장 밀도를 10^{10}bit 까지 높일 수 있다.
- 정보를 장시간 안전하게 저장하는 것이 가능하다.
- 입·출력 속도가 빠르다.

　정보 저장 원리는 기록하려는 정보 신호로 레이저광을 변조하고, 렌즈를 사용하여 필름면에 초점을 맞추면 레이저 빔의 열에 의해 필름에 미세한 구멍을 뚫을 수 있다. 정보는 $\frac{1}{1,000} \sim \frac{3}{1,000}$ mm 간격으로 구멍의 지름을 $\frac{1}{1,000}$ mm의 크기로 뚫어 저장된다.

(3) 군사용 무기로 이용

　레이저 무기에는 레이저로 빛을 증폭하여 사람에게 쏘았을 때 그 빛이 사람의 몸을 관통하여 살상하거나 목표물을 파괴하는 무기가 있고, 또는 레이저를 이용한 통신 및 적의 무기 위치를 탐지하는 것이 있다.

　군사용 레이저는 거리 측정기, 미사일 유도 장치 및 레이저 총 등의 다양한 무기가 개발중이며, 정확도가 뛰어나고, 원거리 조작이 가능하며, 육안의 식별 없이 표적을 알 수 있고, 전파 방해를 받지 않는다.

　레이저빔은 출력이 대단히 높으므로 레이저빔을 비추어 표적을 지시하거나 폭탄을 유도해 낼 수도 있다. 항공기 조종사는 표적에서 반사되어 나오는 레이저빔을 TV 수상기로 식별하여 공격할 수 있으며, 레이저빔을 따라가는 유도 장치를 유도탄에 부착하여 명중률을 높일

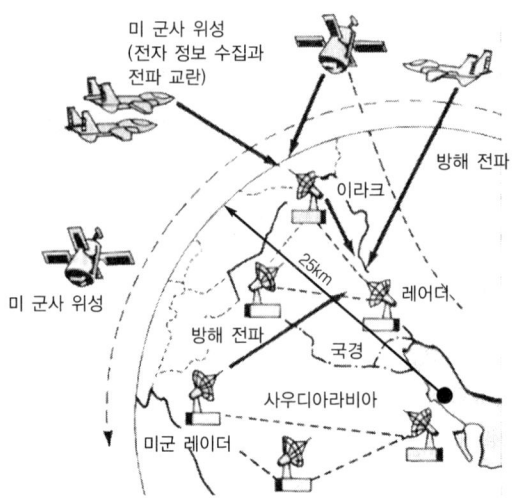

미 군사 위성
(전자 정보 수집과
전파 교란)

방해 전파

이라크

25km

레이더

미 군사 위성

방해 전파

국경

사우디아라비아

미군 레이더

그림 VI-15 ▲ 이라크 사담 후세인 정부를 함락시킨 전파 교란도

수도 있다. 스마트 폭탄(smart bomb)은 목표물에 비친 레이저빔을
폭탄이 따라가도록 한 것이다.

　레이저빔 무기가 실전에 배치되면 먼 거리까지 조작이 가능하고, 식
별하기 어려운 표적도 쉽게 공격할 수 있으며, 전파 방해가 어려운 점
등의 장점이 있다. 또한, 20세기 말까지는 레이저 핵융합에 의한 새로
운 에너지원의 개발로 석유 전쟁에서 탈피할 가능성도 보이고 있다.

　최근 레이저빔을 이용한 신무기가 전쟁에 이용된 것은 쿠웨이트
(kuwait)를 침공한 이라크(Iraq)를 1991년 1월 17일 연합군이 사막의
폭풍 작전으로 함락시킨 경우이다. 2003년 3월 미국이 이라크의 사담
후세인 정부를 함락시킬 때 사용한 레이저빔에 의하여 지름 50km 내
에 있는 컴퓨터, 무전기 및 기타 전자 장치의 기능이 완전히 마비되었다.

① **자동 거리 측정 명중 무기** : 레이저빔을 쏘아 표적에 맞고 돌아오
는 시간을 측정하여 거리로 환산하는 장비이다.

　레이저를 이용한 거리 측정 방법은 다른 방법보다 빠르고 정확하
며 간편한 장점을 가지고 있다. 사람이 거리에 관한 정보를 판단하

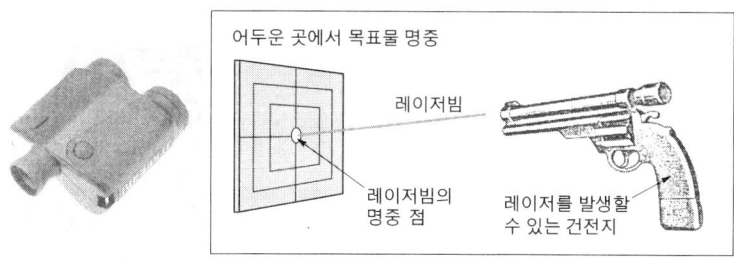

그림 VI-16 ▲
거리 측정 레이저 쌍안경

그림 VI-17 ▲ 레이저 권총

여 컴퓨터에 입력할 때 거리에 관한 정보 자체의 정확도가 떨어지며 판단하는 데 시간을 필요로 하고, 판단된 정보를 다시 컴퓨터에 입력시켜야 한다. 그러나 레이저 거리 측정기를 사용하면 거리에 관한 정보를 순간적으로 정확하게 얻을 수 있다. 그러므로 이 신호를 그대로 컴퓨터에 입력시켜 자동 조정에 의해 사수가 단추만 누르면 표적을 명중시킬 수 있다. 이 측정기의 한 예로는 거리 측정 쌍안경(range finding binoculars)으로, 무게가 가벼워서 야외에서 들고 다니면서 임무를 수행할 수 있다.

레이저를 이용한 휴대용 쌍안경은 거리 측정기로서 별도의 목표물을 사용할 필요가 없이 측정 대상물을 조준하여 버튼만 누르면 거리가 즉시 표시되는 편리한 기기이다. 이 쌍안경은 날씨나 소음 등의 간섭 요인에 구애받지 않고, 실내·외 어디에서나 자유자재로 사용할 수 있다.

② **표적 지시기** : 목표물이 연기나 먼지 등으로 가려져 있어 식별하기 어렵거나 빛이 없는 깜깜한 밤에 레이저빔으로 표적을 가리켜 목표를 정확하게 지시할 수 있다.

레이저빔을 목표물에 비추면 지상에서 공격중인 아군기에게 적의 표적을 가르쳐 줄 수 있으므로 조종사는 적을 쉽게 찾을 수 있다. 또한, 위장된 적의 진지를 공격하거나 야간 폭격시 표적이 보이지 않더라도 적을 정확하게 공격할 수 있다.

레이저빔 표적 지시기는 폭탄이나 유도탄을 유도하는 데도 사용된다. 이것은 땅 위에서 표적을 비출 수도 있고, 항공기나 헬리콥터에 실어 공중에서 표적을 비출 수도 있다.

③ **모의 전쟁 훈련** : 레이저빔을 이용하여 미래에 도발 가능한 전쟁을 실제 규모의 모의 전투로 실탄 대신 레이저빔을 사용하여 모의 전쟁 연습을 할 수 있다.

소총에는 레이저빔 발생 장치가 붙어 있어 야간에도 쉽게 조준할 수 있으며, 병사들의 전투복에 광검파기가 부착되어 있어서 레이저빔 총을 맞으면 감지기에 감지되어 경보음을 통해 병사는 자신이 총에 맞았다는 것을 알게 된다.

④ **레이저빔 유도탄** : 레이저 빔 유도탄은 폭탄 몸체에 유도 장치의 탐색기와 가동(可動) 날개가 부착되어 있다. 유도탄을 비행기에 싣고 표적 상공 높은 곳에서 표적을 향해 투하하면 비행 도중 유도 장치 탐색기가 표적으로부터 반사된 레이저광을 포착한다.

비행기에 내장되어 있는 컴퓨터는 유도탄의 표적과 정렬을 파악할 수 있도록 유도탄의 앞, 뒤 날개에 지령을 보낸다. 그러므로 레이저빔의 표적 조사(照査)는 지상용 또는 항공기 탑재용 표적 조사

그림 Ⅵ-18 ▲ 타이거 헬리콥터

그림 Ⅵ-19 ▲ 파브웨이(Paveway)
레이저 유도 폭탄

장비로 쓰인다. 레이저빔 표적 조사 장비는 식별되지 않으며, 자체 보호 능력이 뛰어나고, 주야간을 가리지 않고 최소한 5km 밖에서도 지상의 목표를 식별할 수 있다.

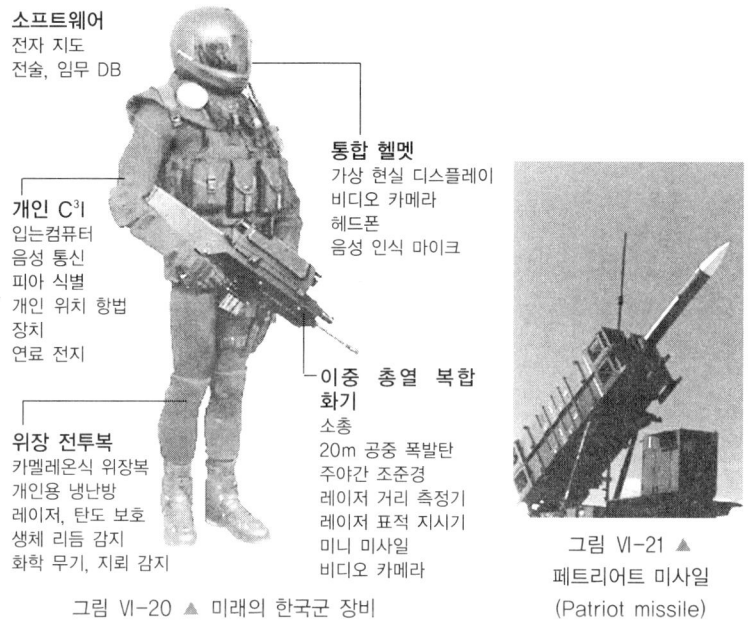

소프트웨어
전자 지도
전술, 임무 DB

통합 헬멧
가상 현실 디스플레이
비디오 카메라
헤드폰
음성 인식 마이크

개인 C³I
입는컴퓨터
음성 통신
피아 식별
개인 위치 항법
장치
연료 전지

**이중 총열 복합
화기**
소총
20m 공중 폭발탄
주야간 조준경
레이저 거리 측정기
레이저 표적 지시기
미니 미사일
비디오 카메라

위장 전투복
카멜레온식 위장복
개인용 냉난방
레이저, 탄도 보호
생체 리듬 감지
화학 무기, 지뢰 감지

그림 VI-20 ▲ 미래의 한국군 장비

그림 VI-21 ▲
페트리어트 미사일
(Patriot missile)

(4) 의학용으로 이용

레이저를 임상 치료에 이용하는 것은 레이저 광선을 비쳐서 빛이 세포를 응결, 증발 그리고 파괴시키고(레이저 외과), 자를 수 있는(수술용 의료 기기) 능력을 이용하는 것이다. 미세한 부위에 빛 에너지를 집중할 수 있는 특징 때문에 외과 수술시 칼 대신 100W 또는 200W급의 CO_2 레이저가 쓰이고 있다.

① 특징

- 출혈이 적다.
- 섬세한 절단 수술이 가능하다.

- 수술 시간이 줄어들고, 박테리아의 감염을 막을 수 있다.
- 내·외과 수술에서 효과가 크다.

② **이용 분야**

㉮ 안과용 레이저 : 레이저 광선의 높은 에너지를 이용한 파괴 작용이 의학 영역에 최초로 이용된 분야는 안과(眼科)로서, 당뇨병 등으로 인한 안저 망막 출혈(眼底網膜出血)의 지혈이 가능하게 되었다. 또 수술 없이 망막염, 백내장, 녹내장의 치료도 가능하다.

- **망막염** : He-Ne laser를 이용하여 수정체에 의한 자동 초점을 이용하여 망막(retina)의 염증 세포를 파괴시킨다.
- **백내장** : 각막과 수정체 사이에 불순물이 순환되지 않아서 뿌옇게 앙금이 생긴 것을 백내장이라고 하는데, 이를 색소 레이저를 이용하여 파괴시켜 치료한다.
- **녹내장** : 각막과 수정체 사이에 내출혈에 의한 피가 순환이 되지 않아서 앙금이 생긴 것을 녹내장이라고 하는데, 이를 색소 레이저를 이용하여 파괴시켜 치료한다.
- **시력 교정** : 레이저 빔을 이용하여 각막을 깎아 내고 각막의 곡률 반경을 조정하여 시력 교정을 하거나, 수정체 주위의 근육에 탄력을 조절함으로써 수정체의 곡률을 조절함으로써 시력을 교정한다.
  라식 시력 교정은 미세 각막 절삭기로 두께 160μm로 각막을 얇게 벗겨 레이저빔을 비친 후, 벗겨낸 각막편을 원상태로 덮어 주는 고난도의 최신식 수술법이다. 수술 후 통증이 거의 없고 효과도 매우 빨라서 대부분 다음 날에 시력 개선 효과가 있다.

㉯ 외과 수술용 레이저
- **무혈 절개** : 비접촉 절개로 가장 위생적이다.
- **레이저 소각** : 악성 종양 세포 등의 암세포를 소각한다.

- 광섬유를 이용하여 심장 판막증의 수술, 위궤양이나 위종양, 기관지 종양이나 폐종양, 식도암이나 식도 종양, 직장암, 대장염, 인후염 및 중이염 등의 수술에 이용한다.
- 색소의 주입으로 악성 종양만 선택적으로 착색되어 이를 레이저로 쪼여 주면 착색된 악성 종양만 소각되고, 정상 세포는 그대로 보존된다.
- 통증 제어용 레이저
- 알레르기 비염(점막을 태워 치료한다.)
- 담석 치료 : 담석을 레이저로 부수는 치료법

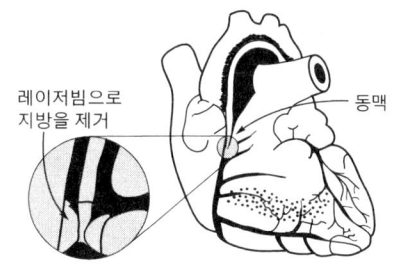

그림 VI-22 ▲ 레이저빔으로 심장의 동맥 지방을 수술한다.

ⓓ 레이저 메스 : 전기 메스에 비해 초점이 미세하기 때문에 정상 세포를 상하지 않고도 수술할 수 있다.

ⓔ 레이저 내시경 : 내부 관찰을 위한 조명용 파이버 외에 진단용 공파이버(hole fiber)와 치료용 광파이버(optical fiber)를 일체화할 수 있다.

ⓕ 피부과, 성형 외과용 레이저
- 문신, 사마귀, 점, 기미, 검버섯 등 제거
- 딸기 혈관

ⓖ 레이저 침
- 침이나 뜸을 레이저로 대치

• 위생적이며, 안전하게 시술 가능
㉔ 회복 가속용 레이저 : 수술 후 상처나 피부 염증 등의 부분에 붉은색 레이저(He-Ne, 670mmHg의 반도체 레이저를 수분간 쪼여 주면 상처의 회복이 약 2배로 빨라짐)를 사용한다.
㉕ IPL 피부 치료(Intense Pulsed Light skin treatment) : 단일 파장을 사용하는 laser와 달리 복잡 파장을 사용하여 세월의 흔적을 완화하여 건강한 피부로 바꾸어 주는 치료 방법이다.

(5) 기타 분야에서의 레이저 이용
① 토목 공사 및 도로 고르기 작업
㉮ 토목 공사 등에서 기준면을 설정할 때, 터널 공사, 지면 정지 작업, 수직벽 기준면 설정, 엘리베이터 설치할 때 수직선 설정에 쓰인다.
㉯ 도로 탐지기의 앞부분에서 도로의 표면에 레이저빔을 쏘아 반발하는 것을 분석하여 도로의 상태를 파악하여 울퉁불퉁한 도로면을 바르게 잡는 일(road scanner)을 한다.

그림 VI-23 ▲ 도로를 고르는 로드 스캐너
(길 표면을 레이저빔으로 고른다.)

② 레이저 신문(the daily laser) : 신문을 레이저 스캐너(laser scanner)로 작업하여 컴퓨터에서 데이터로 바꾸어 인공 위성을 통해 순간적으로 전국에 있는 신문 편집자에게 보낸다.

신문 편집자는 인공 위성에서 받은 레이저 신호들을 컴퓨터로 수신하여 인쇄함으로써 동시에 같은 내용의 신문을 전국 어디에서나 볼 수 있다.

③ **레이저 도청 장치** : 다른 방에서 하는 대화를 도청할 때에는 방의 창문을 향해 레이저광을 비추고, 창에서 반사되어 오는 파를 광검출기로 받아 전기적인 신호로 바꾼 다음, 음파로 변환시킴으로써 대화하는 내용을 도청할 수 있다.

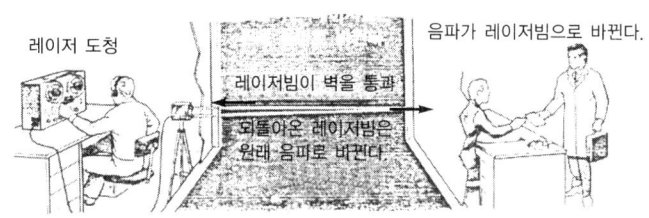

그림 VI-24 ▲ 레이저 도청 장치

④ **레이저 쇼** : 헬륨(He)과 네온(Ne)의 혼합 기체가 들어 있는 용기의 압력이 1mmHg(1기압은 760mmHg) 정도에서 방전을 일으키면 이 때 발생한 빛이 거울 사이를 왕복하는 동안 증폭하여 레이저광이 된다. 레이저 광선을 빠르게 흔들면서 벽에 비추면 우리 눈의 잔상에 의하여 빛이 선(線)으로 보인다.

◀ 참고 문헌

• 김희제(2000). 레이저 공학의 기초 및 응용. 부산대학교 출판부.
• 조재철·김명욱(1989). 레이저와 영상. 겸지사.
• 이백연(2002). 최신 레이저 가공학. 삼성북스.
• 이상혁(1992). 현대산업기술의 이해. 대한교과서(주).
• 이상혁·김진수·김태봉·진의남·박상춘·이용래(2002). 공업 기술. 대한교과서(주).
• 교육부(1999). 전기 응용. 대한교과서(주).
• Lynn Myring & Ian Graham(1993). Information Revolution. Usborne Publishing Ltd, 20 Garrick Street London w.e.z 9BJ.
• http://ora25.com.ne.kr/
• http://nowworld.pe.kr

초 고 속 자 기 부 상 열 차

오늘날 국제적으로 연구되고 있는 자기 부상 열차는 상전도 자기 부상
형과 초전도 자기 부상형의 두 가지 종류가 있다.
상전도 자기 부상형은 독일에서 개발되어 시행한 모델이고, 초전도 자
기 부상형은 일본에서 개발하여 시행한 모델이다. 상전도 자기 부상
열차는 보통 직류 전자석의 자석 반발력을 이용하여 차체를 레일 위에
약 10mm(10cm)로 띄워 시속 400~500km 정도로 달린다.

VII

초고속 자기 부상 열차

1 ▶ 초전도 현상

(1) 초전도 현상의 발견

전도(傳導)는 열이나 전기가 물체의 한 부분으로부터 점차 다른 곳으로 옮겨가는 현상을 말한다. 전기에서 초전도(超傳導, super conductor)는 납(Pb) 또는 수은(Hg)의 합금이나 금속 간 화합물을 절대온도(絕對溫度 K : −273℃) 가까이까지 냉각하였을 때, 전기 저항이 갑자기 소멸하여 전류가 아무런 장애 없이 흐르는 현상을 말한다.

초전도 현상은 1911년 네덜란드의 물리학자 온네스(Onnes, H. K. 1853~1926)가 약 −269℃의 수은에서 처음으로 발견하였다. 온네스는 물질의 전기적 성질을 아주 낮은 극저온(極低溫)에서 조사하기 시작하였다. 금속의 전기 저항은 상온에서 냉각할 때 떨어지는 것으로 오랫동안 알려져 왔다. 그러나 저항이 어디까지 떨어지는가에 대한 극한치(極限値)는 알려져 있지 않았다.

온네스는 1908년 7월 10일 순도가 높은 수은(Hg) 선재를 통하여 전

그림 Ⅶ-1 ▲ 라이덴 대학에서 카메린 온네스

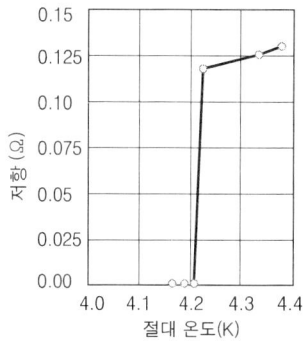

그림 Ⅶ-2 ▲ 수은의 온도에
따른 비저항

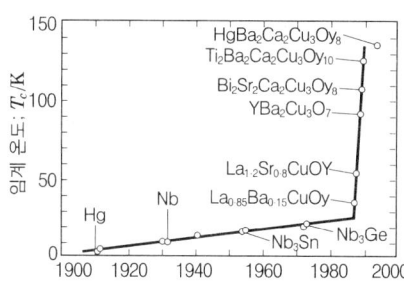

그림 Ⅶ-3 ▲ 고온 초전도체의 연대별
임계 온도의 변천 과정

류를 흘리고 온도를 내리면서 연속적으로 저항을 측정하는 실험을 하던 중 온도가 4.2K($-268.8℃$)에 도달했을 때 갑자기 저항이 사라진 것을 확인하였으며, 헬륨(He)을 액화시키는 데 성공했다. 그 후 납 (Pb), 주석(Sn) 등 약 25개 원소와 수천 종의 합금·화합물에서도 초전도 현상이 발생하는 것이 관찰되었다. 그림 Ⅶ-2는 온네스가 측정한 수은 선재의 저항과 온도 곡선 그래프이다.

표 Ⅶ-1 ▼ 연도별 초전도체 임계 온도와 금속간 화합물 연구자

구분 연도	연구자	국 가	초전도체 임계 온도	금속간 화합물
1986년	베드노르츠와 뮐러 (Bednortz, A & muller, A. Karl)	스위스	35K	La-Ba-Cu-O 란탄-바륨-구리-산소
1987년	우와 츄 (W, u. K. & Chu, C. w)	미국	92K	$YBa_2Cu_3O_7$ 이트륨-바륨-구리-산소
1988년	마에다(Maeda, H)	일본	110K	$Bi_2Sr_2Ca_2Cu_2O_8$ 비스무트-스트론튬-칼슘-구리-산소
	쉥과 헤르만 (Sheng, Z. Z. & Hermann, A. M)	대만	125K	$Ti_2Ba_2Ca_2Cu_3O_{10}$ 티탄-바륨-칼슘-구리-산소
1993년	쉴링 (Schilling, A)	스위스	133K	$HgBa_2Ca_2Cu_3O_8$ 수은-바륨-칼슘-구리-산소

(2) BCS 이론

1957년 세 명의 미국 물리학자 바딘(Bardeen, John), 쿠퍼(Cooper, Leon), 쉬리퍼(Schrieffer, John)는 초전도를 이해하는 데 결정적인 역할을 하였다. BCS 이론은 이들 3명의 물리학자 이름의 첫 글자를 따서 만든 것이며, 이들 세 사람은 1972년에 노벨 물리학상을 수상하였다.

일반 도체에 전류를 흘리면 전기 저항에 의한 에너지 손실이 일어난다. 백열 전등이나 전기 히터(electric heater)에서 전기 저항은 빛과 열로 변한다. 구리(Cu)나 알루미늄(Al) 등의 금속에 전기가 흘릴 때에는 원소의 가장 바깥쪽 전자들이 마치 한 원자에서 다른 쪽 원자로 이동하는 것과 같이 흐른다. 일반 금속은 결정 격자 내에서 규칙적으로 배열된 원자들과 그것들의 진행 방향에 있는 원자들과 부딪혀서 튕겨나가 전자가 이동한다. 그러나 초전도체 내에 있는 전자들은 이것과는 완전히 다르게 움직인다.

BCS 이론은 온도가 0에 가까워질 때 초전도가 어떻게 일어나는지를 설명한 것으로, 쿠퍼(Cooper)는 원자 격자의 진동이 전체 전류를 일체화하는 데 직접 관련이 있는 것으로 이해하였다. 즉, 격자가 전자들을 서로 짝짓게 하여 도체 내에서 저항의 원인이 되는 모든 장애물들을 통과하게 하는 것이다. 짝을 이룬 전자는 쿠퍼쌍이라고 불린다.

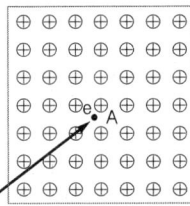 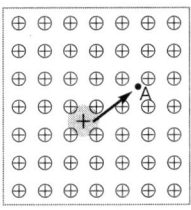 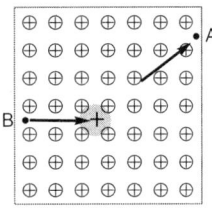

전자 A가 빨라지며 양이온을 유인한다.

들뜬 이온들이 전자 A가 지나간 자리로 모여 양전기를 형성한다.

전자 B가 양전기 영역으로 끌려 들어간다. 전자 A, B가 서로 당겨 쌍을 이룬다.

그림 Ⅶ-4 ▲ 쿠퍼쌍을 이루는 원리

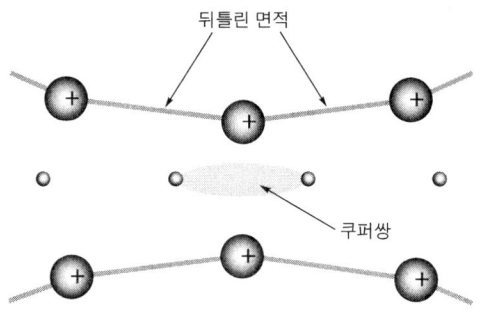

그림 VII-5 ▲ 초전도 상태에서 전자의 운동

쿠퍼와 그의 동료 학자들은 정상 상태에서는 서로 반발하는 전자들이 초전도체 내에서는 불가항력적으로 서로 잡아당기는 힘이 있다는 것을 알았다.

BCS 이론에 의하면, 음(-) 전하를 띤 하나의 전자가 초전도체 격자 내의 양(+) 전하를 띤 이온들 사이를 통과할 때 격자의 변형이 일어나게 되고, 전자들이 두 개씩 짝을 지어 초전도체 속을 보다 수월하게 통과하는 것이다. 즉, 임계 온도(critical temperature)보다 낮은 온도에서 전자들이 쌍을 이루어 함께 움직이면서 초전도 현상을 일으킨다는 것으로, 격자 내의 원자들이 양(+)과 음(+)의 영역을 진동힐 때 진자쌍은 충돌없이 서로 잡아당기거나 밀어내어 자유 전자가 어떤 방해도 받지 않고 도체 속에서 운동하게 된다.

(3) 마이스너 효과

마이스너 효과는 1933년 독일 사람 마이스너(Meissner)와 오첸 펠트(Ochsen feld)가 발견한 초전도체의 자기적 성질이다. 이들은 액체 헬륨(He)이 담긴 그릇에 납(Pb) 또는 니오비움(Nb; 원자 번호 41)으로 만든 접시를 가라앉히고, 페라이트(ferrite)로 만든 가벼운 영구 자석을 그 접시 위에 놓았더니 자석은 접시의 바닥에 가라앉지 않고 접시 위의 공간에 떠 있었다.

납이나 니오비움의 접시가 정상 전도 상태가 되면 자석은 접시 바닥으로 가라앉고 접시가 초전도 상태로 되면 다시 공중으로 부상(浮上)하였다. 즉, 정상 온도에서는 자기장이 초전도체를 통과하지만, 초전도체가 임계 온도(-273℃) 이하로 냉각되어 있는 상태에서는 초전도체 주변의 자기장을 증가시켜 자기장은 초전도체 내부로 침투하지 못하고 초전도체 표면 주위에 머무르게 된다는 것을 알았다.

자기장의 세기가 일정값까지 증가하면 초전도체는 상전도(常傳導) 상태로 전이한다. 이 최대 자장값을 '임계 자장(臨界 磁場; H_c)'이라 한다. 이 영역을 벗어나면 물질은 상전도 상태로 전이한다.

그림 Ⅶ-6은 초전도체가 자기장 밑에 놓여질 때, 어떤 현상이 벌어지는지를 보여 주는 것이다.

초전도체가 임계 온도(T_c) 이하의 온도로 냉각되어 있다면, 초전도체는 자기장을 자신의 몸체 밖으로 밀어낼 것이다. 이것은 초전도체가 자신의 내부에서 외부 자장을 정확하게 상쇄할 수 있는 차폐 전류를 발생시킴으로써 이러한 현상을 가능케한다. 결국, 초전도체는 자신 내부의 모든 자장을 제거하는 '완전 반자성'을 띠게 된다.

마이스너와 오첸 펠트는 납(Pb)을 사용하여 실험한 결과, 초전도 상태의 물체가 전적으로 자기장을 받아들이지 않는 까닭은 그 물체가 매우 큰 반자성(反磁性) 상태에 있기 때문이라는 것을 발견했다. 이 반자성을 완전 반자성이라 하고, 이와 같은 현상을 일반적으로 초전도 상

그림 Ⅶ-6 ▲ 마이스너 현상

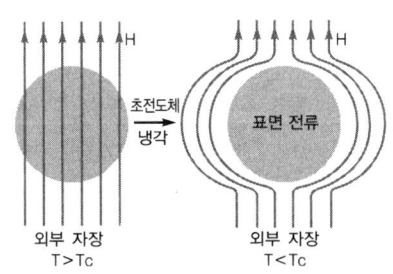

외부 자장
T>Tc

외부 자장
T<Tc

그림 Ⅶ-7 ▲ 자기장의 변화

태의 마이스너 효과라고 한다.

(4) 초전도체의 응용

초전도체는 교통, 에너지 저장, 송·배전, 미세 신호의 검출 및 컴퓨터 소자 등 광범위하게 응용할 수 있다. 이러한 초전도체의 응용은 크게 나누어 대규모 응용과 소규모 응용으로 구분할 수 있다.

대규모 응용으로는 초전도체의 완전 도체 성질을 이용하는 것으로 초전도 도선을 제작하여 많은 양의 전류를 흘리거나 높은 자장을 얻을 수 있는 전자석을 제작하는 것으로, 에너지 저장 및 발전기, 자기 부상 열차, 자기 추진선, MRI(Magnetic Resonance Imaging, 자기 공명 영상) 장치와 같은 의료 및 가속기용으로 사용된다.

소규모 응용으로는 주로 초전도 박막(薄膜)으로 고속 스위치 소자, 또는 초전도체의 표면 저항이 작음을 이용한 마이크로파의 필터 또는 단일 자속(磁束)의 포획을 이용한 logic 회로 소자 등이 있다.

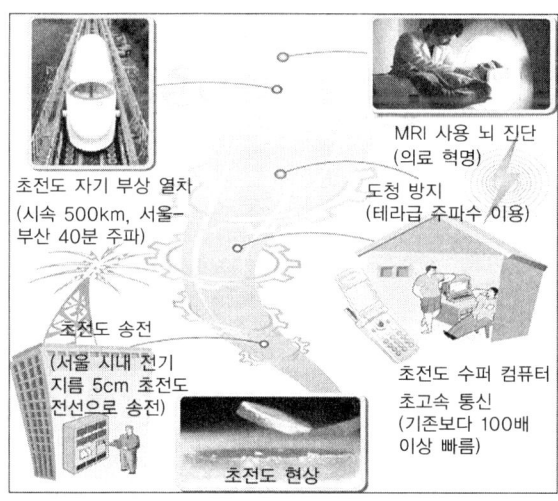

그림 Ⅶ-8 ▲ 초전도체의 활용(출처 : 조선일보 DB)

2 ⊙ 초고속 열차

(1) 초고속 열차의 발달

1825년 영국의 스티븐슨(stephenson, G)이 증기 기관차를 발명한 이후 180년 가까이 된 오늘날에는 시속 500km 이상으로 달리는 초고속 열차가 등장했다. 그러므로 보다 빠르고, 보다 쾌적하며 안전한 열차를 만드는 경쟁이 세계 각국에서 치열하게 벌어지고 있다.

1879년 독일의 지멘스 사에서 전기 모터를 발명하여 열차의 동력으로 사용하여, 열차는 증기 기관차 → 디젤 기관차 → 전기 기관차의 3가지 유형으로 발전되어 왔다.

일본에서는 1964년 동경 올림픽 개최 이후 신간선(shinkansen)에 고속 열차가 등장하여 시속 250km로 달리게 되었고, 프랑스의 고속 열차 TGV(Train Grande Vitesse)는 시속 270km로 달리고 있다. 프랑스의 TGV는 유럽 각국의 전압(電壓)을 자동으로 조정할 수 있는 변압기를 차체에 장착하고 있어서 이탈리아 ⇄ 프랑스 ⇄ 영국 등지를 통과하여 달리고 있다. 한편, 이탈리아에서는 산과 골짜기가 있는 곳의 커브(curve) 길도 빨리 달릴 수 있는 틸팅(tilting) 열차 ETR-500이 개발되어 달리고 있다.

우리 나라에서 레일을 달리는 열차는 1899년에 인천↔노량진 구간이, 1900년에는 노량진↔서울 구간이 개통되었고, 1901년에는 서울↔부산 초량 사이의 450.5km를 연결한 경부선 철도가 개통되었다.

6.25 전쟁 이후 디젤 기관차가 들어와 열차의 속도는 더욱 빨라졌으며, 그 동안 새마을 호 열차는 서울↔부산 사이를 4시간 30분에 달렸다.

2004년 4월 개통된 KTX 열차는 서울↔부산을 시속 250km로 달려 2시간 30분이 소요됨으로써 거리를 더욱 단축시키고 있다.

(2) 자기 부상 열차

열차 바퀴가 회전하여 달리는 방식으로는 시속 300km 이상으로 달릴 수 없다는 것을 알게 되면서 바퀴가 없이 열차가 직선 운동을 하는 초전도 자기 부상 열차를 구상하게 되었다.

자기 부상 기술의 최초 연구는 독일에서 시작되었다. 1922년 헤르만 켐퍼(Hermann Kemper)는 자기 부상의 원리를 제출하였으며, 1934년에는 자기 부상 열차의 특허권을 신청하였다.

자기 부상 열차의 기본 개념을 세운 사람들은 1960년대 미국 브룩헤이븐 국립 연구소의 제임스 포웰(James Powell)과 고든 댄비(Gordon Danby)였다. 이들은 기존의 바퀴식 열차는 미끄러짐과 바퀴 회전수의 한계 때문에 시속 300km 이상으로 달릴 수 없음을 알았으며, 이를 극복하기 위해서는 지상에서 비행기와 같이 떠서 가는 자기 부상 열차를 개발해야 한다고 생각하였다. 이 아이디어는 1960년대 말 독일로 전해졌고, 독일 과학 기술성에서는 자기 부상 열차야말로 미래 교통의 주역이라는 확신을 갖고 개발비를 과감하게 투자하여 개발을 거듭한 끝에 오늘날 세계 최고의 기술 보유국이 되었다.

자기 부상 열차는 자석의 반발력을 이용하여 차체를 레일 위 약 10mm 정노 띄우고, 추진 동력도 자식의 반밀력에 의한 신형 모터(linear motor)를 사용하여 레일 위를 미끄러지듯 고속 주행하는 시스템이다.

오늘날 국제적으로 연구되고 있는 자기 부상 열차는 상전도 자기 부상형(常傳導 磁氣 浮上形)과 초전도 자기 부상형(超傳導 磁氣 浮上形)의 두 가지 종류가 있다. 상전도 자기 부상형은 독일에서 개발하여 시행한 모델이고, 초전도 자기 부상형은 일본에서 개발하여 시행한 모델이다.

상전도 자기 부상 열차는 보통 직류 전자석의 자석 반발력을 이용하여 차체를 레일 위에 약 10mm 정도 띄울 수 있고, 속도는 시속 400~500km 정도이다.

한편, 초전도 자기 부상 열차는 초전도 자석에 의해 발생되는 강력한 자기장과 레일 위의 코일이 상호 작용하면서 발생하는 반발력으로 열차를 레일 위에 약 100mm(10cm) 정도 띄울 수 있으며, 속도는 시속 500km 이상이다.

2004년 8월 현재 세계에서 자기 부상 열차를 연구하는 나라는 독일, 프랑스, 미국, 일본, 캐나다, 러시아, 중국, 한국 등 여러 나라가 있다.

초전도 자기 부상 열차는 보통 열차와 같은 바퀴가 없고 열차는 콘크리트로 만든 레일 위에 올려져 있다. 열차가 출발하면 레일(rail) 위에 약 5m 간격으로 설치된 코일(coil)과 열차에 설치된 전자석(電磁石)이 서로 유도 반발하여 밀어내게 되므로 차체가 궤도에서 뜨는 동시에 서로 끌어당기는 흡인 방식(吸引 方式)에 의하여 고속으로 가게 된다.

초고속 자기 부상 열차가 출발하여 시속 40~50km로 갈 때에는 유도 전류(誘導電流)가 감소하여 레일에서 부상되지 않으나, 시속 100km 이상의 속도를 내면 부상력이 발생하여 열차는 레일 위를 떠서 가게 된다.

(3) 자기 부상 열차의 종류

자기 부상 열차는 크게 상전도 자기 부상형과 초전도 자기 부상형의 2가지로 구분된다.

① **상전도 자기 부상형** : 레일의 밑부분과 열차의 옆부분에 전자석을 설치하여 열차를 부상(浮上)시키고 앞으로 끌어당기는 방식이다. 전자석과 레일의 틈새가 좁아지면 전자석의 전류를 줄여 자기력을 약하게 함으로써 흡인력을 약하게 하고, 틈새가 크게 벌어지면 자기력을 높게 하여 뜨는 높이를 일정하게 유지한다. 상전도 부상식의 부상 높이는 8~15mm로 적은 편이며, 차체와 레일 사이의 틈새에

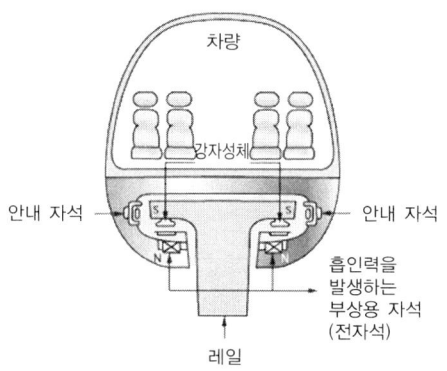

그림 Ⅶ-9 ▲ 상전도 자기 부상형의 구조

즉시 반응하는 제어 시스템이 없으면 뜨는 높이를 일정하게 유지할 수 없게 된다.

그림 Ⅶ-9에서 열차에 달린 자석과 레일 밑에 달린 자석 사이의 강한 흡인력에 의해 열차가 레일 위로 뜨게 된다. 일본 항공 등이 개발하여 1989년 요코하마 박람회에서 실제로 운전한 자기 부상식 열차 HSST도 상전도 자기 부상형이다.

상전도 자기 부상형은 열차가 부상하는 높이가 10mm 정도밖에 되지 않기 때문에 초전도 자기 부상형보다 안정하지 못하다. 그러므로 컴퓨터와 감지기를 이용해 열차의 안정성을 높여 주어야 한다. 그러나 이 방식은 낮은 속도에서도 열차를 부상시킬 수 있는 장점이 있어 저속으로 운행하는 도시 내 철도(지하철)에 많이 이용될 것으로 보인다.

1993년 대전 엑스포에서 현대 정공이 선보인 자기 부상 열차도 이 방식이다.

② **초전도 자기 부상형** : 초전도 물질로 코일을 만들고 이를 사용하여 초전도 자석을 만들어 강력한 자기력을 발생시키는 것으로, 리니어 모터(linear motor)를 이용한다.

그림 Ⅶ-10 ▲ 초전도 자기 부상 열차의 부상과 추진

㉮ 리니어 모터카 : 보통의 모터는 회전 운동을 하여 동력을 전달
한다. 그러나 리니어 모터는 직선 운동을 하는 모터를 말하는데,
이 모터를 선형 전동기(線形電動機)라고도 한다.

리니어 모터의 원리는 일반 모터와 동일하다. 보통 둥근 모양인
전동기를 축 방향으로 잘라 펼쳐서 고정 자석에 해당하는 부분
과 회전 자석에 해당하는 부분을 각각 직선 형태로 평행하게 만

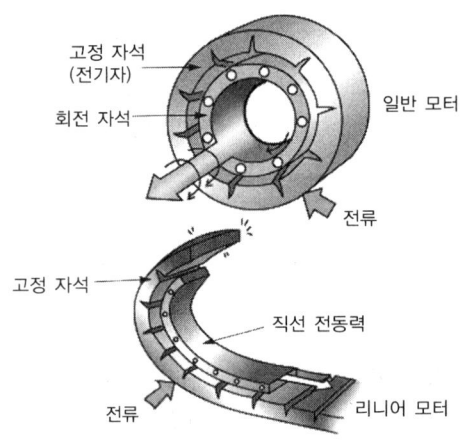

그림 Ⅶ-11 ▲ 리니어 모터의 구조

든 것이 리니어 모터이다. 그러므로 리니어 모터에서는 회전자가 직선으로 된 고정 자석을 따라 '직선 운동'을 하는 것이 다르다. 리니어 모터카(linear motor car)란 리니어 모터를 이용하여 움직이는 차량으로, 선로 위에 고정 자석을 늘어놓고 차량에 회전 자석 부분을 장치하여 회전 자석이 돌지 않는 대신, 직선 운동을 하여 달리는 것이다.

㉑ 부상 및 추진 원리 : 자기 부상 열차가 움직이기 위해서는 기본적으로 두 가지 힘이 필요하다. 우선 차량이 레일 위에 떠있게 하는 힘과 열차가 앞으로 나아가게 하는 힘이 있어야 한다.

초전도 자기 부상 열차는 전자석 사이에서 유도된 힘과 끄는 힘은 초전도 자석이 탑재된 차량을 추진하기 위해 사용된다.

궤도의 바닥에 설치된 코일에 변전소로부터 3상 교류 전류가 흐르면 유도 반발력에 의하여 열차가 100mm(10cm) 정도 뜨게 된다. 또한, 가이드웨이(guide way) 양쪽 벽면에 설치되어 있는 코일에 전류가 흐르면 가이드웨이에 이동 자장이 형성되고, 차량에 장착된 초전도 자석은 이 이동 자장에 의해 달라붙듯이 당겨져 열차를 앞으로 끌어당긴다. 이 때 열차가 가이드웨이 코일에 접근하면 자장은 넒어지고 바로 앞에 있는 가이드웨이 코일에 또 자장이 발생하여 열차를 앞으로 당겨 준다. 이와 같은 방법을 계속하여 열차는 빠르게 추진된다.

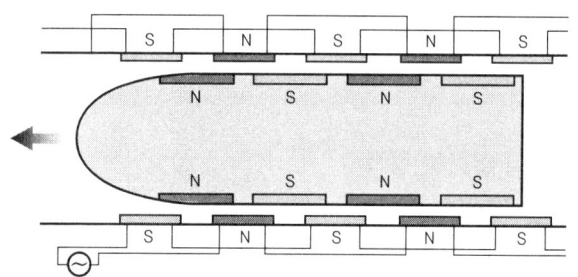

그림 Ⅷ-12 ▲ 초전도 자기 부상 열차의 추진 원리

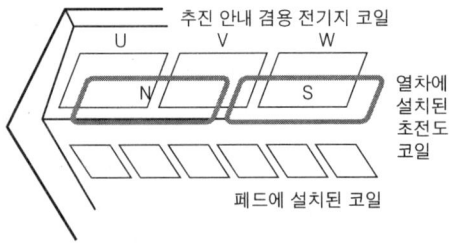

그림 Ⅶ-13 ▲ 초전도 자기 부상 열차의 궤도

㉓ **차량의 좌우 안내** : 차량이 좌·우 어느 쪽으로 기울면 차의 자석이 가까운 쪽의 추진 안내용 지상 코일과 반발하여 떨어진 쪽과 서로 당기기 때문에 항상 가이드웨이의 중앙에 차량이 놓이도록 바로 잡아 준다.

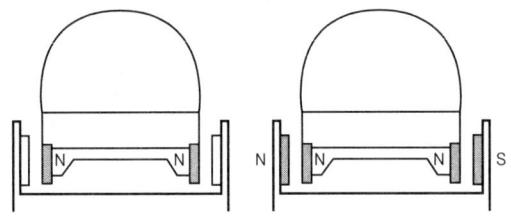

그림 Ⅶ-14 ▲ 초전기 자기 부상 열차의 좌우 안내의 원리

㉔ **초전도 자기 부상형의 특징** : 열차가 레일에서 100mm 정도 부상되기 때문에 상당히 안정된 운행을 할 수 있다. 그러나 열차가 어느 정도 속도에 도달하기 전까지는 충분한 부상력을 얻을 수 없는 것이 단점이다. 일반적으로 시속 60~80km 이상의 속도가 되어야 자기력을 이용하여 부상할 수 있다.

(4) 자기 부상 열차의 장점

자기 부상 열차는 도시의 외곽이나 중심을 순환하는 노선에 적합한 차세대 교통 수단으로 유리하다. 도시와 도시 사이의 교통 문제 해결에 매우 유리하고, 다른 한편으로는 현재의 많은 첨단 과학 기술의 발전을 이끌어 갈 수 있으며, 다음과 같은 여러 가지 장점을 가지고 있다.

- 레일 위를 떠서 가기 때문에 마찰력이 발생하지 않아 소음이 적다.
- 에너지의 소모는 비행기에 비하여 동일한 속도에서 km당 좌석수로 계산하면 $\frac{1}{3}$에 해당된다.
- 차체가 레일 위를 떠서 가게 되므로 탈선할 위험이 없어서 안전성이 레일 위를 달리는 열차나 비행기보다 더욱 높다.
- 미끄러짐 현상이 없고 레일과 접촉하는 부분이 없으므로 곡선에서의 주행 성능이 매우 좋다.
- 천연 자원이 적고 생태 환경이 악화된 개발 도상국에서 환경 오염을 줄이는 데 적합한 시스템이다.
- 건설비는 선로 1km당 180억 원 정도로 지하철의 500~600억 원보다 70% 이하로 저렴하다.

(5) 자기 부상 열차의 개발 현황

① 세계 여러 나라의 자기 부상 열차 개발 현황 : 1898년 독일에서 개발된 트랜스 래피드(Trans rapid) 모델은 함부르크⇄베를린 간 노선 290km를 시속 450km로 달리고 있다.

그림 Ⅶ-15 ▲ 독일의 트랜스 래피드

일본은 1970년대 초 독일의 기술을 도입하여 트랜스 래피드와 비슷한 원리를 채용하는 자기 부상 열차(HSST : High Speed

그림 Ⅶ-16 ▲ 일본의 HSST

Surface Transport) 개발에 착수하였다.

    1978년 일본에서는 역사상 최초 시속 307.8km의 자기 부상 열차를 생산하였다. 1997년에 'MLX-01'라고 하는 초전도 자기 부상 열차를 개발하여 시속 530km의 세계적인 속도 기록을 내기도 하였다.

    일본의 HSST 모델은 현재 도시형 고속용으로 개발이 완료되어 2005년 나고야 EXPO 행사에 맞추어 10km 노선을 건설할 계획을 세우고 있다.

표 Ⅶ-2 ▼ 현재 시험중인 자기 부상 열차

구분	열차명	자기 부상 방식	편성(량)	최대 속도 (km/h)	좌석수	최초 개발 년도
독일	TR06	상전도 흡인식	2	412 시험 기록	192	1984년
일본 MLU	MLX-01	초전도 반발식	3	531 ('97.12.13)	76	1996년
일본 HSST	HSST-100L	상전도 흡인식	4~8	300	188~ 392	1995년

    일본의 초고속 자기 부상 열차 개발은 정부가 적극적으로 지원하고 있으며 시속 500km의 속도로 시제품 모델의 시험 운전도 실시하고 있다.

중국은 2001년 3월 1일 상해 포동구(浦東區)에서 자기 부상 열차의 시공에 착수하여 2003년 12월 31일 개통하였다. 이 자기 부상 열차는 상해 지하철 2호선인 용양(龍陽)역에서 포동(浦東) 국제 비행장까지 30km를 8분에 질주하고 있다.

② **우리 나라 자기 부상 열차의 개발 현황** : 우리 나라는 1989년 한국기계연구원이 국책 연구 개발 사업으로 자기 부상 열차 개발에 착수함으로써 본격적인 개발이 이루어지게 되었다.

우리 나라에서 개발한 자기 부상 열차는 UTM(Urban Transit Maglev)이라는 명칭이 의미하는 바와 같이 도시 교통 문제 해결을 위한 새로운 국산 경전철(經電鐵) 모델이다. 이를 개발하기 위해 대전광역시 대덕의 한국기계연구원 내에는 1.1km 시험 선로가 설치되어 있으며, 최초의 모델은 1997년에 개발하였다.

우리 나라에서 개발한 자기 부상 열차는 일본의 HSST의 성능과 용도가 비슷하다. 그러나 일본의 HSST는 1975년 개발 착수 이후 25년 동안 7번이나 새롭게 시험 운전한 반면, 우리 나라의 UTM은 단 한 번 시험한 모델이다.

한편, 현대정공에서 개발한 자기 부상 열차는 1993년 대전 엑스포에서 시험 운행된 바 있다.

🔖 **참고 문헌**

• 이상혁(1992). 현대 산업 기술의 이해. 대한교과서(주).
• 초전도체 : http://myhome.shinbiro.com/~nectar17/super.htm
• 초전도체의 역사 : http://www.kps.or.kr/~pht/9-4/000432.htm
• 포항공대초전도연구단 : http://www-psc.postech.ac.kr/cgi-bin/index.cgi
• 자기부상열차의 구조와 원리 : http://elecma.hanyang.ac.kr/
• 한국과학문화재: http://www.science.or.kr/science/
• http://www.howstuffworks.com/
• HSST, http:// faculty. washington. edu~jbs/itrans/hsst.htm
• 한국고속철도 : http://www.ktx.or.kr/
• 한국철도기술연구원 : http://www.krri.re.kr/

나 노 기 술 , 휴 먼 게 놈 프 로 젝 트 및 다 이 옥 신

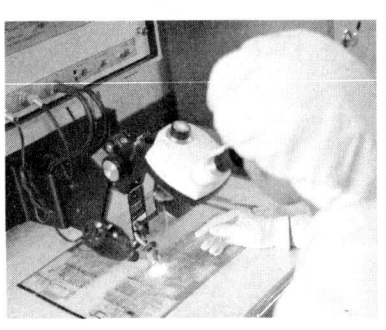
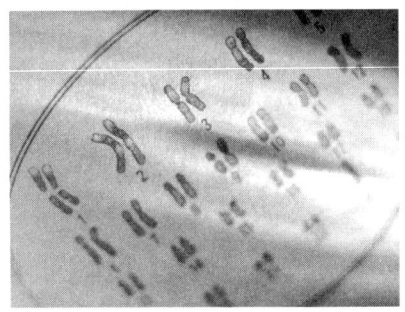

나노(nano)는 그리스어로 난장이라는 뜻이다. 1나노미터는 $\frac{1}{10억}$m 크기로 원자 또는 분자가 가지고 있는 크기이다. 최근에는 나노 기술은 재료, 전자, 환경, 의료 등 산업 전반에 응용되고 있다.

휴먼 게놈은 사람의 24쌍 염색체가 갖고 있는 유전자 정보이다. 이 유전자 정보의 염기 서열은 모두 밝혀졌으므로 이제는 유전병을 치료할 수 있다.

다이옥신은 75가지 특성을 가진 화합물로 인체에 들어오면 축적되어 면역 장애가 되어 임신 불능이나 희귀병을 일으킬 수 있다. 따라서 이에 대한 상식을 알고 있어야 건강을 유지하는 데 도움이 된다.

VIII

나노 기술, 휴먼 게놈 프로젝트 및 다이옥신

＊

1 ⊙ 나노 기술

(1) 나노의 의미

나노(nano)란 그리스어인 '난장이'에서 유래된 말이다. 1나노미터(nm)는 10억 분의 $1m(\frac{1}{10^9}m)$이며, 원자 또는 분자들이 가지고 있는 크기이다. 3차원 구조로 볼 때 적어도 한 변의 길이가 나노미터 크기이면 나노 물질이라 한다. 즉, 어느 물질의 세 변의 길이 모두가 100nm 이하의 크기이면 물론이고, 한 변만이라도 100nm 이하의 크기를 가지면 나노 물질이 된다. 과거에는 nm를 밀리미크론($m\mu$)으로 표기한 적도 있다.

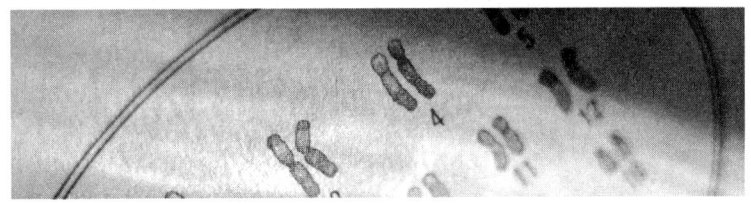

그림 Ⅷ-1 ▲ 나노 기술 영역

나노 기술(Nano technology)은 1950년대 미국의 헨만(Feynman) 교수가 처음으로 제시한 개념으로 원자, 분자 단위에서 물질을 규명하고 제어하는 기술을 말한다.

모든 물질은 나노 영역에서 기존에 알려지지 않은 에너지, 촉매 활성, 자기 특성 등을 갖게 되는데, 이와 같은 물질을 제어할 수 있다면 기존 물질의 변형(變形)이나 개조(改造)는 물론, 유용한 재료 또는 소자 등을 만드는 것이 가능하게 된다.

(2) 나노의 특징

나노 소재는 극미세(極微細) 영역의 물질이다. 세계 각국에서는 이 극미세 영역의 기술 개발에 총력을 기울이고 있다. 그것은 나노 영역의 물질이 상상을 초월할 만큼의 놀라운 특징을 가지고 있기 때문이다. 나노 기술의 특징은 다음과 같다.

① 학문 간 경계가 없는 학제 간(interdisciplinary) 연구가 필요하다.
　㉮ 기존의 기술 분야(물리, 전자, 재료 등)들을 횡적으로 연결함으로써 새로운 기술 영역을 구축할 수 있다.
　㉯ 기존 인적 자원과 학문 분야 간 시너지 효과를 유도할 수 있다.
② 분석, 제어 및 합성의 전 과정이 극미세 수준(≤100nm)에서 제어(control)되기 때문에 높은 기술 집약도가 필요하다.
③ 크기와 소비 에너지 등을 최소화하면서도 최고의 성능을 구현할 수 있으므로 높은 경제성이 실현될 수 있다.
④ 오염 발생 방지와 오염 제거 등이 가능하여 환경 친화성이 높은 기술이다.
⑤ 생체 나노 구조와 활동을 본떠 인공 구조물을 만드는 것이므로 자연에 가장 근접한 기술이다.

(3) 나노 물질의 특성

① **광학적 특성** : 나노 영역에서는 물질의 크기에 따라 색깔이 변화한다. 이것은 색깔이 물질 고유의 특성을 나타내지 않는다는 것이다. 물질의 크기에 따라 색깔을 다르게 나타내는 나노 소자를 전자 방출자 용도로 사용할 경우, 하나의 물질로 여러 가지 색을 연출할 수 있는 디스플레이(display)를 할 수 있다.

　금(Au)은 일반적으로는 황금색을 띄지만 금의 분자 크기가 20nm 이하로 작게 되면 빨간색으로 변하며, 금의 분자 크기에 따라 색깔이 변하게 된다. 이것을 양자 크기 효과라고 한다.

② **화학적 특성** : 모든 물질은 큰 덩어리가 작게 쪼개지면 물질 전체의 표면적이 커지게 되며, 이로 인하여 나노 물질은 독특한 특성을 갖게 된다. 예를 들면 한 개의 원자는 100%의 표면적을 갖는다. 그러나 물질은 입자의 크기가 작아질수록 표면 원자가 차지하는 비율이 높아지는데, 열역학적인 관점에서 보면 물질의 표면을 구성하는 원자들은 내부에 위치한 원자들보다 에너지가 높다. 그러므로 나노 결정질 재료에서는 확산에 필요한 활성화 에너지가 낮게 된다.

2~5nm 크기의 금(Au) 입자들을 산화철(α-Fe$_2$O$_3$) 위에 부착시키면 상온 이하의 온도에서도 일산화탄소(CO)를 이산화탄소(CO$_2$)로 산화시키는 놀라운 촉매 반응을 보이게 된다. 이것을 응용하여 화장실에서 나는 냄새 분자들을 매우 효과적으로 산화시켜 제거할 수 있으므로 화장실용 벽지로 사용되고 있다.

③ **기계적 특성** : 다결정질(多結晶質) 재료의 입자(粒子)는 각 입자마다 기본적인 배열은 같으나 방향이 다르고, 입자와 입자 사이의 단위 면적당 입계(粒界)가 많을수록 강한 기계적 성질을 갖게 된다. 그러나 나노 물질 입자의 경우 일반적인 경향과는 달리 특정 결정 입자 크기 영역에서 강도가 급격히 증가한다. 그러므로 일반 물질에서 입자의 크기가 작을수록 강(强)하다는 일반 상식이 통하지 않는다. 다만, 다른 여러 복합체와 섞었을 경우 기계적 강도가 증가하는 것으로 볼 때 현재 존재하는 물질 중에서는 나노 입자가 기계적 성질이 우수하다고 보아야 한다.

④ **전자기적 성질** : 반도체 소자(Ge, Si) 자성 금속 등의 나노 입자들은 크기가 작아지면서 일반적으로 10~100nm 정도에서 자기적인 성질이 최대가 되는 것으로 알려져 있다.

자성 재료의 결정립이 작아지면 초자성이나 거대 자기 저항을 나타낼 때가 있다. 어떤 것은 강자성 재료가 약자성 혹은 상자성 재료가 되는 경우도 있다. 강자성이 아닌 재료가 나노 결정립으로 되면 강자성을 띠는 경우도 있다.

자성 금속 나노 입자를 규칙적으로 배열하여 하드디스크(hard disc)와 같은 저장 매체에 바이트(byte)로 사용할 수 있게 되면 정보 기록 매체의 획기적인 발전이 될 것이다.

(4) 나노의 관찰

나노 영역의 물질 원자는 보통 $0.1 \sim 0.5nm(1 \times 10^{-10} \sim 5 \times 10^{-10}m)$ 영역이므로 아무리 성능이 좋은 현미경으로도 확인하기가 쉽지 않다. 그러나 1980년대 발명된 STM(Scanning Tunneling Microscope)과 AFM(Atomic Force Microscope)을 포함하는 원자 현미경 (Scanning Probe Microscope)의 발명으로 인해 확인이 가능할 수 있었다.

① **STM 현미경** : STM(Scanning Tunneling Microscope, 주사 투사 현미경) 현미경은 원자 현미경 중에서 처음으로 등장한 것이다. 가느다란 텅스텐 선을 전기 화학적으로 그 끝을 뾰족하게 만들면 맨끝에는 원자 몇 개만이 남게 된다. 이와 같이 텅스텐의 예리한 바늘은 고온에서 상한 자기상으로 너욱 예민하게 하고 부식 중에 생긴 산화막을 없애면 훌륭한 STM 탐침(探針)이 된다. 이와 같은 탐침을 전도체인 시료 표면에 원자 한두 개 크기의 간격(0.5nm 이하)으로 가까이 접근시키고, 그 양끝에 적당한 전압을 걸어 주면 전자가 에너지 벽을 뚫고 지나가 전류가 흐르는 양자 역학적 터널링 (tunnelling) 현상이 일어난다.

STM의 탐침은 스캐너(scanner)에 의해 상하, 전후, 좌우로 움직여지는데, 이 구동 장치는 0.01nm 이상의 정밀도를 가진다. 탐침을 통해 흐르는 전류가 일정한 값이 되도록 탐침의 높이를 조정하면서 전후, 좌우로 스캐닝하면 탐침이 시료 위를 저공 비행하듯이 따라가게 된다. 이 때 각 지점에서 탐침을 상하로 움직여 준 값

그림 Ⅷ-2 ▲ 주사 투사
현미경(STM)

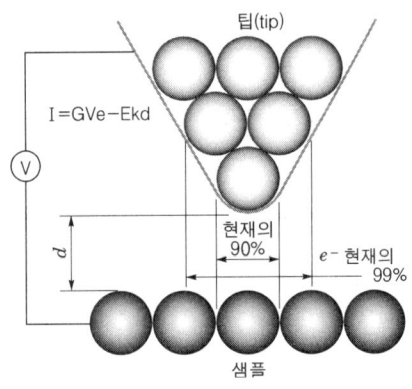

$I = GVe - Ekd$

d

현재의
90%

e^- 현재의
99%

팁(tip)

샘플

그림 Ⅷ-3 ▲ STM 현미경으로 찍은
팁과 샘플의 모양

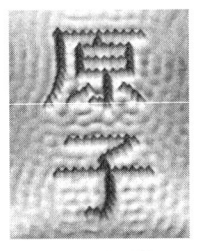

(a) Cu 위에 입힌 Fe

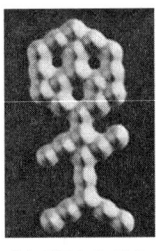

(b) 백금(Pt) 위에
입힌 CO

(c) Ni 위에 입힌 크세논(Xe)

그림 Ⅷ-4 ▲ STM 현미경의 이미지

을 기록하여 얻은 수치를 컴퓨터 화면에 나타내면 시료의 형상을
나타내는 사진이 된다.

② **AFM 현미경** : AFM(Atomic Force Microscope) 현미경의 가장
큰 결점은 전기적으로 부도체인 시료는 볼 수 없다는 것이다. 이를
해결하여 원자 현미경을 한층 유용하게 만든 것이 AFM 현미경이다.
　AFM에서는 텅스텐으로 만든 바늘 대신 마이크로 머시닝(micro
machining)으로 제조된 캔틸레버(cantilever)라고 하는 작은 막
대를 사용한다. 캔틸레버는 길이 100μm, 폭 10μm, 두께 1μm 정도
로 매우 작아서 미세한 힘에 의해서도 아래 위로 쉽게 휘어지도록

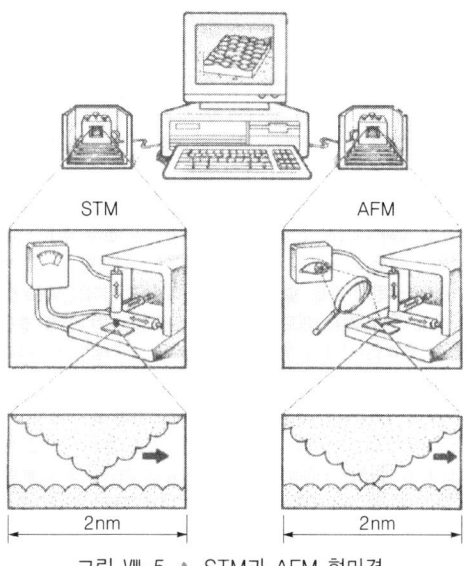

그림 Ⅷ-5 ▲ STM과 AFM 현미경

만들어졌다. 또한, 캔틸레버 끝부분에는 뾰족한 바늘이 달려 있으며, 이 바늘의 끝은 STM의 탐침과 같이 원자 몇 개 정도의 크기로 매우 작고 예리하다. 이 탐침을 시료 표면에 접근시키면 탐침 끝의 원자와 시료 표변의 원사 사이에서 서로의 간격에 따라 끌어당기는 힘(인력)과 밀어내는 힘(척력)이 작용한다.

㉮ 접촉식(contact mode) AFM : 접촉식 AFM은 척력을 사용하는 것인데, 그 힘의 크기는 1~10nN 정도로 매우 미세하지만, 캔틸레버 역시 매우 민감하므로 그 힘에 의해 휘어지게 된다. 이 캔틸레버가 아래 위로 휘는 것을 측정하기 위하여 레이저 광선을 캔틸레버에 비추고, 캔틸레버 윗면에서 반사된 광선의 각도를 포토 다이오드(photo diode)를 사용하여 측정한다. 이렇게 하면 바늘 끝이 0.01nm(10^{-11}m) 정도로 미세하게 움직이는 것까지도 측정할 수 있다. 스캐너의 높이를 조절하여 캔틸레버가 휘는 것을 일정하게 유지하면 탐침 끝과 시료 사이의 간격도 일

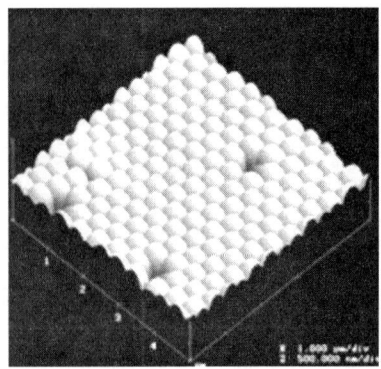

그림 Ⅷ-6 ▲ AFM 현미경 사진의 이미지

정해지므로 STM의 경우와 마찬가지로 시료의 형상을 측정할
수 있다.

㉯ 비접촉식(non-contact mode) AFM : 원자 사이의 인력을 사
용하는 것으로 그 힘의 크기는 0.1~0.01nN 정도이다. 시료에
가해지는 힘이 접촉식에 비해 훨씬 작기 때문에 손상되기 쉬운
부드러운 시료를 측정하는 데 적합하다. 그러나 원자와 원자 사
이 인력의 크기가 너무 작아서 캔틸레버가 휘는 각도는 직접 측
정할 수 없다. 그러므로 비접촉식 AFM에서는 캔틸레버를 기계
적으로 진동시킨다.

그림 Ⅷ-7 ▲ 탄소 나노 튜브의 AFM 현미경 이미지

이 비접촉식 현미경은 시료의 전기적 성질에 관계없이 원자 간에 상호 작용하는 힘이 항상 존재하므로 도체나 부도체 모두를 측정할 수 있다.

③ **나노 재료 기술** : 나노 소자 기술에 의해 만들어진 소재를 필요한 제품에 응용하는 기술이다. 이 방법에 따라 단일 또는 두 종류 이상의 나노 구조체가 결합되어 만들어질 수 있다.

㉮ **전자 부품 재료** : 전자 산업에서 제품의 고집적화, 초소형화, 초고속화는 필연적인 추세인데, 이는 결국 나노 기술의 개념과 기술의 도입을 가속화시킬 것이 명백하다.

소형화가 진행되는 LSI(대규모 집적 회로) 칩을 더욱 소형화하기 위한 기술로, 현재의 LSI 칩 제조법의 중심은 빛을 사용하여 기판 위에 배선을 조각해 가는 기법이다. 이 방법에서는 배선의 폭이 빛의 파장에 의해 좌우된다. 가시광의 파장은 400nm이며, 현재의 기술로는 100nm 정도에서 한계에 부딪치고 있다. 그런데 칩 위에 원자를 늘어놓아 배선을 만들면 100nm 이하의 가는 선을 만들 수 있다. 1980년대 중반에 개발된 주사형 터널 전자 현미경은 좁은 바늘로 원자 하나하나를 취급하는 것을 가능하게 했다.

㉯ **발광, 표시 전자 재료** : 디스플레이는 정보 통신 기기 및 전자 기기와 인간이 대화하는 휴먼 인터페이스(human interface)로서 차세대 정보 통신 및 디지털 가전 기기의 핵심 기술 분야이다. 디지털 가전 기기의 정보 창구가 될 차세대 디스플레이는 방송 디지털화의 진전을 배경으로 급성장하고 있다.

대표적인 차세대 디스플레이로는 현재 플라즈마 디스플레이 패널(PDP; Plasma Display Panel), 유기(有機) 전계 발광 소자(EL), 전계 방출 소자(FEA; Field Emitter Array) 등이 있다. 이들은 저소비 전력, 고화질 등을 목표로 하여, 실리콘 팁 소자,

몰리브덴 팁 소자, 다이아몬드 소자, 탄소 나노 튜브 소자 등 전계 방출 소자와 관련된 기술 및 탑재 관련 기술 그리고 진공 패키징(vacuum packaging) 기술 등이 관련되어 연구되고 있다.

㉰ 정보 및 통신 재료 : 전자 부품 발광 또는 표시 부품과 연계되어 연구되고 있다. 주요한 연구로는 테라비트 통신용 집적회로 기술 개발, 멀티미디어 이동 통신 단말기용 고집적 시스템 IC 개발, 정보 통신용 고기능 반도체 나노 신소자 기술 등이 있다.

㉱ 그 밖의 나노 재료

  ㉠ 피부 보호 재료 : 자연 성분을 극미세(極微細) 나노 크기 입자로 감싸 피부에 안전하게 흡수시켜 피부 개선 효과를 향상시키고 있다.

  ㉡ 환경 보호 재료 : 대기권의 오존 파괴로 인한 강한 자외선을 차단할 수 있는 기능성 화장품이나 기계적, 화학적 응력(stress)에 따라 푸른색에서 형광성 붉은 색깔로 바뀌는 방법 등이 있다. 또한 주위 환경에 관한 정보를 제공할 수 있는 지능형 나노 구조물이 등장하고 있다.

  ㉢ 정화 재료 : 대기를 오염시키는 자동차 배기 가스와 공장의 폐가스 등을 흡수하여 분해하는 나노 촉매, 폐수를 정화하는 장비 등 지금까지 과학의 발달로 야기된 어두운 부분을 다시 나노 기술의 발전을 통해 처리할 수 있다.

  ㉣ 의료 재료 : 유전자 치료법에서는 직접 박테리아를 주입하거나 약물이나 유전자를 폴리머(polymer)와 같은 유기 고분자와 결합시켜 주입해 왔다. 그러나 이 방법은 면역이나 염증 및 돌연변이 등 부작용과 세포 내로 유전자가 제대로 흡수되지 못하여 효율이 낮은 문제점이 있었다. 그러므로 나노 기술은 심장병, 신장병 등 각종 유전병을 정자나 난자에서 제거할 수 있다. 또한, 나노 로봇을 만들면 50nm 두께의 혈관을 누비면서 바이러스를 제거하고, 수술을 할 수 있다.

④ **나노의 구조체** : 나노 구조체는 무기 나노 구조체, 유기 나노 구조체, 세라믹 나노 구조체 및 다공 고표면적 나노 구조체로 크게 나뉜다.

㉮ **무기 나노 구조체** : 무기 나노 구조체는 주로 반도체와 관련된 나노 소재로 각광을 받고 있다.

㉠ **단일 전자 소자** : 반도체 기술의 눈부신 발전은 불과 10여 년 전에는 상상할 수 없었던 일들을 가능하게 하고 있다. 현재의 반도체 기술로는 200nm 정도의 선폭을 갖는 전자 소자(電子素子)의 대량 생산이 가능한데, 최근의 기술 발전 추세가 지속된다면 2020년경에는 수 nm 정도 또는 분자 크기를 갖는 전자 소자가 출현될 것으로 예상되고 있다.

전자 소자의 크기를 줄이면 단위 면적에 집적할 수 있는 소자의 수를 증가시킬 수 있고, 소자간에 신호가 오고 가는 데 걸리는 시간이 줄어들어서 고속으로 많은 양의 정보를 처리하는 데 매우 유리하다. 그러나 기존의 구조로는 소자 집적의 한계가 있다. 그 이유로는 소자 하나하나가 발생시키는 열량이 너무 크므로 좁은 면적에 많은 소자를 집적할 경우 발생하는 열로 인해 소자가 녹아 버리거나 못 쓰게 되기 때문이다. 이러한 문제점은 소사의 선폭(線幅; line width)을 줄여 집적도가 높아지면서 점차 중요한 문제로 부각되어 왔으며, 많은 연구자들이 기존의 반도체 소자를 대신할 차세대 소자의 개발에 노력을 기울여 왔다.

이상적인 차세대 소자로는 크기를 물질의 분자 정도로 미세하게 집적화하여 각각의 소자를 작동시키는 데 열 발생이 거의 없도록 하는 것이다. 만일 나노 기술을 이용하여 이러한 소자의 제작이 가능해진다면 인류의 문명은 반도체 기술 혁명에 버금가는 새로운 전기를 맞이하게 될 것이다.

㉡ **차세대 기억 소자** : 기존의 실리콘 반도체가 지닌 물리적 한계를 극복할 수 있는 차세대 반도체 칩을 만들 수 있는 대안

기술로 주목받으면서 기억 소자 분야에서 가장 먼저 실용화가 이루어질 전망이다.

최근 사용되고 있는 마이크로미터(μm) 크기의 소자로는 인공 지능 로봇, 생각하는 컴퓨터, 외국어 자동 동시 통역기, 포켓용 초미니 슈퍼 컴퓨터 등 21세기에 필요한 지능형 시스템을 제작할 수 있는 반도체를 생산할 수 없다. 그 이유는 부피가 커서 효율성이 떨어지고 제작 비용이 너무 많이 들기 때문이다. 그러나 나노미터 크기의 선폭을 이용하여 기억 소자를 만들게 되면 현재의 기가(giga, 10^9)보다 1,000배가 빠른 테라(tera, 10^{12}) 비트급 집적도의 반도체 칩을 만드는 것이 가능해진다. 이와 같은 기억 소자가 개발되면 슈퍼 컴퓨터가 데스크톱(desk top) 크기로 작아지고, 각설탕 크기의 소자에 미국 의회 도서관 정보를 모두 저장할 수 있으며, 인간처럼 인식과 추론이 가능한 포켓형 슈퍼 컴퓨터, 스마트 로봇, 3차원 가상 현실 등이 현실화될 수 있다.

ⓒ **자기 기록 소자** : 일반 자성 물질은 $0.03\mu m$ 수준에 이르면 자기 기록(磁氣記錄) 밀도를 더 이상 향상시키기 어려운 한계에 도달하게 된다. 이러한 물리적 한계를 극복하기 위해 제시된 방법이 나노미터 크기의 회로에서도 자성을 갖는 소자를 개발하는 것이다.

미래에는 컴퓨터 메모리 등의 자기 기록에서 1개의 원자 기억 소자가 등장하게 될 것이다.

㉯ **유기 나노 구조체** : 유기 나노 구조체에는 탄소 나노를 주로 들 수 있다. 탄소(C)가 나노 영역으로 미세한 물질에는 플러렌(C_{60}), 탄소 나노 튜브(carbon nano tube), 탄소 나노 섬유(graphite nano fiber) 등으로 구분된다.

㉠ **플러렌(C_{60})** : 플러렌(C_{60})은 탄소 원자 60개가 마치 축구공과 같이 결합하여 만들어진 전혀 새로운 형태의 분자이다. 고

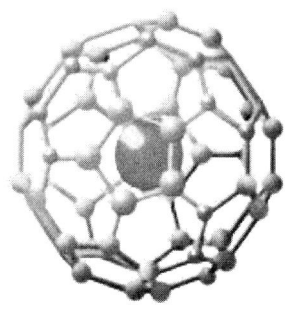

그림 VIII-8 ▲ 플러렌(C_{60})의 구조

체 탄소의 존재 형태로는 다이아몬드와 흑연이 알려져 있었으나, 플러렌은 탄소 제3의 동소체로서 1985년 처음으로 그 존재가 확인되었다.

탄소는 유기 물질이나 생체 물질의 근간을 이루는 가장 기본적인 원소이며, 이 새로운 존재 형태의 발견은 물질 과학 분야에 커다란 충격을 주었기 때문에 1996년도 노벨 화학상은 플러렌 발견자 3명에게 수여되었다.

플러렌은 빛과 상호 작용을 함에 따라 광 흡수, 발광, 광전도성, 광기전력 효과 등 다양한 광전자 기능이 기대되고 있다. 그러나 플러렌 자체 발광은 매우 미약하기 때문에 발광 재료로는 이제까지 거의 주목받는 일은 없었다.

최근 일본에서는 플러렌으로부터 새로운 광 기능을 끌어내는 것을 목표로 하여 C_{60} 박막(薄板, thin plate)에 비대칭적인 구조를 도입하는 연구가 이루어지고 있다. 이 연구의 일환으로 C_{60}/Si 박막을 제작하여 여기에 녹색 레이저광을 비쳐 주었더니, 강한 백색광이 나오는 것을 발견하였다. 이와 같은 연구 결과는 플러렌 소재를 다양하게 가공하고 수식을 하면 새로운 첨단 광 기능 재료를 만들 수 있다는 것을 말해 주고 있다.

ⓛ 탄소 나노 튜브(carbon nano tube) : 1991년 일본 전기회
사(NEC)의 전자 현미경 분석가였던 이지마(Iijima) 박사가
아크 방전(arc discharge)에 의해 생성된 음극 위의 부착물
을 고배율 투과 전자 현미경으로 분석하는 과정에서 길고 가
느다란 튜브 모양의 새로운 탄소 동소체(同素體)를 발견하였
는데, 이것이 탄소 나노 튜브 연구의 시작이었다.

탄소 나노 튜브는 지름이 수nm로 가느다란 튜브 모양의 구조
를 가지고 있으며, 하나의 벽으로 구성된 단중벽 탄소 나노
튜브(single walled carbon nano tube)와 여러 개의 벽으
로 구성된 다중벽 탄소 나노 튜브(multi walled carbon
nano tube)로 분류된다.

탄소 나노 튜브는 합성 기술에 의해 제조되며, 합성 방법은
크게 두 가지로 구분할 수 있다.

첫째는, 고체 상태의 탄소를 기화시킨 후 냉각되는 과정에서
탄소 나노 튜브가 생성될 수 있는 조건을 만들어 주는 방법이
다. 이 때 고체 상태의 탄소를 기화시키기 위해서는 아크 방
전과 레이저광 등을 이용한다.

둘째는, 탄화수소가스(HC)와 같은 탄소를 포함하고 있는 기
체를 촉매 금속과 반응시켜 탄소 나노 튜브를 합성하는 방법

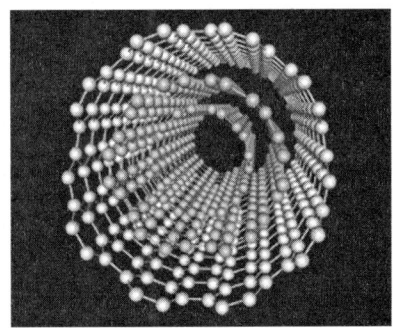

그림 Ⅷ-9 ▲ 탄소 나노 튜브

으로 화학 기상 증착 방법을 사용한다.

탄소 나노 튜브는 그 지름과 구조에 따라 도체 또는 반도체의 특성을 가진다. 도체 탄소 나노 튜브는 전기 전도도, 기계적 강도, 열전도도 등이 매우 좋은 특성이 있다.

탄소 나노 튜브의 응용 분야에는 FED(Field Emission Display), 백색 광원 등의 각종 장치의 전자 방출원(electron emitter), 리튬 이온 2차 전지 전극, 연료 전지의 수송 저장 매체, 나노 와이어(nano-wire), AFM/STM 현미경의 탐침(probe), 단전자 소자(FET : field effect transistor), 고기능 복합재(composites) 등이 있으며, 전자 방출원의 이용은 이미 상용화 단계까지 연구가 이루어지고 있다.

ⓒ 탄소 나노 섬유(graphite nano fiber) : 탄소 나노 섬유는 육각의 면들이 모여 마치 섬유 모양으로 보인다. 이 섬유는 미세한 공간을 가지고 있어서 수소 저장, 연료 전지 및 복합체에 이용할 수 있다.

탄소 나노 섬유는 우수한 열적, 물적, 기계적, 전기적, 화학적 특성을 가지고 있으므로 다른 탄소 재료에서는 찾아볼 수 없는 넓은 비표면적을 가지고 있다. 그러므로 단열재, 에너지 기억 장치, 경량의 복합물, 필터 제품, 정전기 방지용 전도성 코

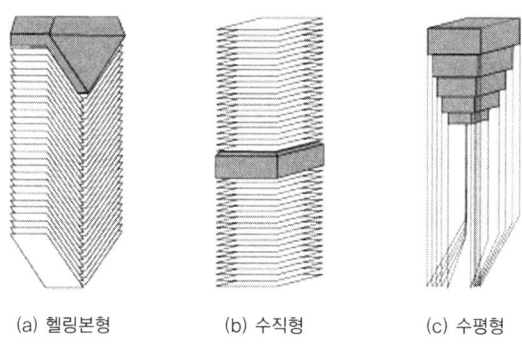

(a) 헬링본형   (b) 수직형   (c) 수평형

그림 Ⅷ-10 ▲ 탄소 나노 섬유

팅재, 뼈세포 대체 등의 용도로 탁월한 것으로 알려져 있다.

② 다이아몬드 박막 : 다이아몬드는 독특한 물리적 특성을 가지고 있어서 내구성 기계 코팅, 가시 광선과 적외선 투과용 광학적 창, 연마제 및 고온 전자 소자를 포함하는 많은 공학적 응용에 바람직한 물질이다. 다이아몬드 박막을 합성하여 고품질, 방사선 내성, 고온 반도체를 개발하여 상업적, 군사적 및 우주 항공 기술 분야에 응용하기 위한 연구가 계속 진행되고 있다.

⑩ 유기 EL : 유기 EL 패널(panel)은 스스로 빛을 내는 자체 발광 디스플레이(displey), 낮은 전력 소모량, 초박형(超薄形, super thin plate), 초경량, 넓은 시야각(視野角) 등에서 차세대 디스플레이로 각광받고 있다.

2006년까지 IMT-2000 이동 전화기, 디지털 TV 등의 시장이 본격 형성되면 반도체 수요가 증가하고, 유기 EL이 본격적으로 시장을 형성해 갈 것으로 예측된다.

㉮ 세라믹 나노 구조체 : 현재 공업용 세라믹 재료는 높은 열 저항성, 전기 절연성 및 고강도 등의 장점이 있으나, 제조 단가가 높고 강도, 인장력, 압축력 및 충격 등 기계적 특성이 약해 제한적으로만 사용되고 있다. 그러나 나노 입자로 이루어진 세라믹은 상온에서는 종래의 세라믹에 비해 높은 강도와 인장력을 가지고 있을 뿐만 아니라, 비교적 낮은 온도인 1,600℃ 부근에서 높은 점도를 가진 유동성 물질로 전이(轉移)된다. 그러므로 원하는 형태와 크기로 가공이 쉬운 특성이 있는 것으로 보고되었다. 또한 나노 입자의 세라믹을 통해 세라믹 재료의 가장 큰 단점인 파괴 인성을 상당히 개선하여 세라믹 재료의 공업적 응용 가능성을 높일 수 있다.

유해 물질 분해 세라믹은 인간의 뼈와 이의 주성분인 인산칼슘의 일종으로, 세균 등을 일정 한도까지 흡착하는 특성이 있다.

어퍼타이트와 이산화티탄(TiO_2)을 조합한 세라믹 신소재를 사용하면 유해 물질을 흡착하거나 분해하여 오염된 물을 깨끗하게 정화하는 필터(filter)로 사용된다.

㉨ 다공·고표면적 나노 구조체

　㉠ **활성 탄소 섬유** : 활성 탄소 섬유(activated carbon fiber)는 표면에 나노 크기(평균 2nm)의 미세한 구멍들이 균일하게 뚫려 있는 우수한 필터 소재로서 비표면적이 $1000m^2/g$ 이상으로(1g당 축구장 $\frac{1}{3}$ 크기의 면적), 활성탄의 장점을 극대화한 것이다.

　　활성 탄소 섬유는 타 소재에 비해 흡착 속도가 매우 빠르고 단위 무게당 부피가 매우 작기 때문에 소량으로도 효과적인 성능이 발휘되는 특징이 있다. 또한, 섬유 모양이므로 다양한 형상을 만들 수 있기 때문에 그 응용 범위가 매우 넓은 장점을 가지고 있다.

　　활성 탄소 섬유는 공기 정화기나 정수기 등 생활용 필터에 들어가는 산업용 필터에까지 사용되며, 특히 2차 전지 전극 등 환경이나 에너지 저장용 재료 등에 활용도가 높다.

　㉡ **제오라이트**(Zeolite) : 제오라이드는 징석류(長石類, feldspar; 화강암의 주성분으로 규산 알루미늄, 나트륨, 칼슘, 알카리 등으로 구성되어 있음) 광물의 일종으로, 미세한 다공질 재료로 물리적 흡착력과 화학적 양이온 치환 작용이 탁월하다. 그러므로 수분 외 가스 등 다른 물질을 20배까지 흡수하거나 흡착

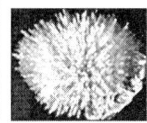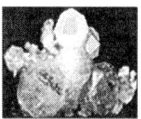

그림 Ⅷ-11 ▲ 제오라이트

하여 보관하고 있다가 서서히 배출하는 특성을 가지고 있다. 따라서 이를 이용한 다양한 용도의 개발이 진행되고 있다.

ⓒ 광촉매 미립자 : 대표적인 광촉매는 이산화티탄으로, 그 입자의 크기가 20nm 이하가 되면 형광등이나 백열등에서 발생되는 약한 자외선을 받으면 살균력, 자가 세척력, 김 서림 방지 효과, 유기물 분해 및 부식 등의 특성이 있다. 이러한 특성을 역으로 이용하면 안전하고 반영구적으로 유해 물질의 분자 구조를 환경 친화적인 물질로 변화시킬 수 있다. 그러므로 염색과 탈색, 수중 유해 화학 물질, 악취 물질 및 질소 산화물 등을 분해, 곰팡이 방지, 건물 외장재 등에 생기는 각종 오염 물질을 분해할 수 있다. 이러한 광촉매 물질을 코팅제로 만들어 원하는 장소에 적절히 코팅하여 사용하면 여러 가지 기능을 하게 된다.

⑤ 바이오 관련 나노 구조체

㉮ 약재 전달 시스템(DDS; drug delivery system) : 약재 전달 시스템은 약물이 필요한 부분에 빠르게 전달되어 부작용을 줄이고, 약의 효과가 가장 빠르게 나타날 수 있도록 하는 것이다. 인체에 투여된 약물은 장기 내에서 흡수되고 혈관을 따라 각 장기로 분산된 다음, 대사 및 소변으로 배설된다. 약물의 약리 효과는 생체 내 작용 부위에 도달한 약물에 의해 약효가 발휘되지만, 다른 부위로 가는 약물은 주로 부작용의 원인이 된다.

일반 약물의 약효는 혈중 약물 농도에 비례하여 나타나므로 다양한 제약적 기술로 혈중 농도를 조절할 필요가 있다. 그러나 항암제, 유전자 물질 또는 부작용이 심한 약물은 혈중 농도 조절보다는 특수한 기술을 이용하여 표적 부위로 빠르게 전달될수록 좋다. 그러므로 약재 전달 시스템은 약물 치료를 안정되고 효과적으로 하고, 약물을 가능한 한 필요한 부위에 선택적으로 작용할 수 있도록 생체 내 약물의 거동을 각종 기술로 제어할 때 사용된다.

㉯ **생체 모방 소자** : 생명체가 만드는 신비로운 물질, 행동, 구조 등을 연구해 모방하려는 새로운 과학 기술 분야로 재료 공학, 분자 생물학, 생화학, 컴퓨터 그래픽 및 수학 등 관련 학문이 급진전되면서 생체 모방 소자 연구가 진행되고 있다.

생물 모방 공학 사업에는 '생물 정보 처리 기술을 이용한 광우병 내성 소 개발'을 비롯하여 '국가 유전자 정보 데이터 베이스(DB; data base) 구축 및 기반 기술 개발', '세포 신호 전달 체계 DB구축 및 기반 기술 개발' 등이 있다.

생명체가 유전 정보로부터 필요한 조직을 만들어 내는 과정을 모방하여 나노 단위의 생물 전자 소자를 개발하는 것이 목표이다.

㉰ **고감도 센서 소재** : 고감도 바이오 센서는 기존의 센서에 나노 기술을 접목시켜 미세한 감지를 하는 것이다. 예를 들면 화학 공정에서 수분 침투 여부를 모니터링하는 나노 습도 센서, 극소량의 화학 물질로 그 구성 성분을 감지해 내는 화학 센서, 정밀 전자 부품이나 광학 부품 조립시 수분의 흡·탈착 여부를 판별하는 센서, 인체 내의 호르몬 변화 감지 센서, 바이러스 침입 감지 센서 등에 주로 쓰인다. 이 분야는 나노 기술의 발전에 따라 더욱 발전되어 그 활용 범위를 넓히고 있으며, 몇 가지 제품은 벌써 실용화된 것도 있다.

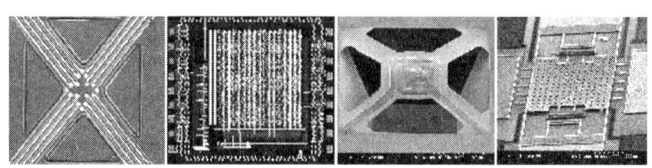

그림 Ⅷ-12 ▲ 고감도 센서 소자들(온도, 영상, RF, 가속도 센서)

(5) 나노 기술의 응용 분야

나노 기술의 응용 분야는 표 Ⅷ-1과 같다.

표 Ⅷ-1 ▼ 나노 기술의 응용 분야

분 야	내 용
1. 전자/통신	• 낮은 전력 소모로 생산 비용을 낮출 수 있어서 백만 배 이상의 성능을 갖는 나노 구조의 마이크로프로세서 소자 제작 • 10배 이상의 대역폭과 높은 전달 속도를 갖는 통신 시스템 • 작은 규모의 장비로 대용량 정보 저장 장치 이용 • 대용량 정보를 수집 처리하는 집적화된 나노 센서 시스템 이용 • 정보 저장, 메모리 반도체, 포켓 사이즈 슈퍼 로봇 제작 가능
2. 재료/제조	• 기계로 가공하지 않고 정확한 모양의 나노 구조 금속 및 세라믹을 얻을 수 있다. • 분자 단위에서 설계된 고강도의 소재와 고성능의 촉매를 얻을 수 있다. • 뛰어난 색감을 갖는 나노 입자를 이용한 인쇄가 가능하다. • 나노 크기를 측정할 수 있는 새로운 표준 측정기 출현 • 절삭 공구나 전기적, 화학적 및 구조적 응용을 위한 나노 코팅이 가능
3. 의료	• 진단학과 치료학의 혁명을 가능하게 하는 빠르고 효과적인 염기 서열 분석 • 원격 진료 및 생체 이식 소자를 이용한 효과적이고 저렴한 보건 치료가 가능 • 나노 구조물을 통한 새로운 약물 전달 시스템이 가능 • 내구성 및 생체 친화력 있는 인공 기관 제작이 가능 • 인체의 질병을 진단, 예방할 수 있는 나노 센싱 시스템 제작
4. 생명 공학	• 하이브리드 시스템의 합성 피부, 유전자 분석과 조작이 가능 • 분자 공학으로 제작된 생화학적으로 분해 가능한 화학 물질 생산이 가능 • 동식물의 유전자 개선 • 동물에의 유전자와 약물 공급이 가능 • 나노 배열에 기반한 분석 기술을 이용한 DNA 분석이 가능
5. 환경/에너지	• 새로운 배터리, 청정 연료의 광합성, 양자 태양 전지 생산이 가능 • 나노 미터 크기의 다공질 촉매제 생산이 가능 • 극미세 오염 물질을 제거할 수 있는 다공질 물질 생산이 가능 • 자동차 산업에서 금속을 대체할 나노 입자 강화 폴리머 생산 • 무기 물질, 폴리머의 나노 입자를 이용한 내마모성, 친환경성 타이어 생산
6. 국방	• 무기 체계의 변화(소형, 고속, 장거리 이동) • 무인 원격 무기(무인 잠수함, 무인 전투기, 원격 센서 시스템) • 은폐(stealth) 무기
7. 우주 항공	• 저전력, 항방사능을 갖는 고성능 컴퓨터 출현 • 마이크로 우주선을 위한 나노 기기 • 나노 구조 센서, 나노 전자 공학을 이용한 항공 전자 공학의 발전 • 내열, 내마모성을 갖는 나노 코팅 가능

(6) 나노 기술의 연구 동향

① **미국의 연구 동향** : 2001년 1월 미국 정부는 NNI(National Nanotechnology Initiative) 계획을 발표함으로써 나노 관련 과학과 기술에 대한 범정부적인 연구 개발 정책을 추진하였다.

NNI 계획은 나노 과학과 기술에 6개의 정부 부처와 연방기관을 통해 수억 달러를 투자하는 계획으로, 재료, 물리, 화학 및 생물 분야 등에 나노 스케일 연구 프로그램을 후원하는 미국 정부 내 다수 기관들의 노력을 나타내는 것이라 할 수 있으며, NNI의 핵심 연구 분야는 다음과 같다.

- 장기적이고 근본적인 나노 과학/기술 연구
- Grand Challenges(9개 분야)
- 우수한 연구 센터 및 네트워크 구축
- 연구 활동의 인프라 구조 정립
- 사회적 영향 연구 : 법적, 윤리적, 사회적 합의와 인력의 교육·훈련

② **일본의 연구 동향** : 일본 정부는 나노 과학 및 기술과 관련하여 1996~2001년 동안 2억 2,500만 달러를 정부 차원에서 투자하고 있으며, 2001년 3월 'n-plan 21' 계획을 입안하여 나노 기술 개발을 국가적 전략으로 추진하고 있다.

일본의 'n-plan 21' 계획안의 특징은 다음과 같다.

㉮ n-plan 21에서 나노와 관련한 연구 개발의 기본적 방침은 IT, BT, 에너지, 환경, 재료 분야를 NT로 뒷받침하면서 환경을 중시하는 풍족한 사회를 실현하도록 한다.

㉯ 국가 차원에서 나노 기술 전략 추진, 대학, 공적 연구 기관의 목적에 기반을 둔 기초 연구의 추진 및 기초 연구와 기반 연구 성과의 실용화 추진 필요성을 중요하게 다루고 있다.

㉰ 나노 기술은 일본이 경쟁 우위가 있는 분야로 사회와 산업에 미치는 영향이 큰 분야에 중점 투자하여 앞으로 5~10년에는 실용화 및 산업화한다.

③ **EU의 연구 동향** : 현재 미국에 이어 나노 기술에 관한 연구가 가장 활발하게 진행 중인 곳이며, 미국과 일본에 비해 유럽 지역에서 두각을 나타내는 분야는 생명 과학 응용 분야, 응용 광학과 표면 과학 분야라 할 수 있다.

　㉮ EU는 1998~2002년까지 2억 유로(약 2억 9,000만 달러)를 나노 기술에 투자하기로 결정하였으며, 2002~2006년에도 2억 2,500만 유로를 EU 예산으로 투자할 계획이다.

　㉯ EU의 대표적 나노 기술 선도 기관으로는 독일의 막스플랑크연구소, 프랑스의 국가과학연구협회(CNRS), 스웨덴의 국가과학기술청(NUTEK), 스위스의 IBM 기술 연구소 등이 있다.

　㉰ 기타 네덜란드, 루마니아에서도 국가적으로 차세대 나노 기술을 적극 육성하고 있으며, 이들 국가의 나노 기술 관련 프로젝트와 연구 투자 금액을 매년 증대시키고 있다.

④ **한국의 연구 동향** : 한국에서는 과기부와 산자부가 공동으로 21세기 신산업 혁명을 주도할 나노 기술을 국가 전략 기술로 선정하고, 2001년 7월 '나노기술종합발전계획'을 수립하였다.

　한국의 '나노기술종합발전계획'의 목표는 다음과 같다.

　㉮ 2010년까지 나노 기술 선진 5대국에 진입(10개 이상의 최고 기술 확보)

　㉯ 향후 5년 내 핵심 연구 인프라 구축 완료

　㉰ 기존 기술과 연계하여 제품의 고기능, 고효율 및 소형화를 달성한다.

　㉱ IT, BT, ET 등과의 융합 발전을 통해 첨단 기술 시장을 선점한다. 이러한 목표 아래 2010년까지 총 1조 4,850억 원을 투입한다는 계획으로 2002년부터 2006년까지 해마다 30~40% 연구비를 증액할 계획을 갖고 있다. 또한, 연구 인력을 2005년까지는 4,200명을, 2010년까지는 12,600명을 양성할 계획도 갖고 있다.

표 VIII-2 ▼ 크기의 단위

곱할 인자	명칭	기호
1 000 000 000 000 000 000 000 000 = 10^{24}	요타(yotta)	Y
1 000 000 000 000 000 000 000 = 10^{21}	제타(zetta)	Z
1 000 000 000 000 000 000 = 10^{18}	엑사(exa)	E
1 000 000 000 000 000 = 10^{15}	페타(peta)	P
1 000 000 000 000 = 10^{12}	테라(tera)	T
1 000 000 000 = 10^{9}	기가(giga)	G
1 000 000 = 10^{6}	메가(mega)	M
1 000 = 10^{3}	킬로(kilo)	k
100 = 10^{2}	헥토(hecto)	h
10 = 10^{1}	데카(deka)	da
0.1 = 10^{-1}	데시(deci)	d
0.01 = 10^{-2}	센티(centi)	c
0.001 = 10^{-3}	밀리(milli)	m
0.000 001 = 10^{-6}	마이크로(micro)	μ
0.000 000 001 = 10^{-9}	나노(nano)	n
0.000 000 000 001 = 10^{-12}	피코(pico)	p
0.000 000 000 000 001 = 10^{-15}	펨토(femto)	f
0.000 000 000 000 000 001 = 10^{-18}	아토(atto)	a
0.000 000 000 000 000 000 001 = 10^{-21}	젭토(zepto)	z
0.000 000 000 000 000 000 000 001 = 10^{-24}	욕토(yocto)	y

🐌 참고 문헌

• 이영희 (2004). 나노 미시세계가 거시 세계를 바꾼다. 살림출판사.
• 한정환 외 3인(1995). 나노 테크노피아. 세종서적.
• 이인식 역음(2002). 나노 기술이 미래를 바꾼다. 김영사.
• http://home.inje.ac.kr/
• http://www.nano80.co.kr/
• http://www.newtonkorea.co.kr/
• http://bric.postech.ac.kr/

2 ○→ 휴먼 게놈 프로젝트

(1) 휴먼 게놈의 의미

게놈(genome)은 '유전자(gene)'와 '염색체(chromosome)'의 두 단어를 합성하여 만든 말로, 생물에 담긴 유전 정보 전체를 의미한다. 다른 말로 하면 게놈이란 한 개체가 지닌 유전자 세트를 말하는데, 이는 생명 현상의 유지 및 모든 형질의 발현에 필요한 하나의 단위이다. 인간의 게놈은 22쌍의 상염색체(像染色體)와 1쌍의 성 염색체(姓染色體) 즉, 23쌍의 서로 다른 염색체로 이루어져 있다.

(2) 사람의 염색체

인간의 게놈은 10만 개의 유전자와 이를 구성하는 30억 개의 염기로 이루어진 '생명의 프로그램'이다. 여기에는 인간의 생로병사(生老病死)에 관한 모든 정보가 담겨 있다. 사람 개개인의 성격, 행동, 지능 및 소질에 관한 차이가 있는 것도 사람마다 생명의 프로그램이 다르기 때문이다.

사람은 누구나 부모로부터 물려받는 23쌍의 2세트로 된 46쌍의 염색체가 있는데, 이들 중 일반적인 체세포 염색체는 22쌍이다. 여기에 성 염색체가 여자는 XX, 남자는 XY를 갖고 있어서 X와 Y의 염색체를 합쳐 모두 24쌍의 염색체가 갖는 유전자 정보를 게놈이라 한다.

새로 태어난 아기가 아버지나 어머니의 모습 그리고 부모의 여러 가지 성격을 닮는 것은 이를 지시하는 생물학적 정보가 있기 때문이다. 이와 같은 정보는 어머니와 아버지에게서 받는 23개의 염색체 안에 각각 들어 있는 DNA에 숨겨져 있다.

생식 세포 분열이 이루어지는 동안에는 정자나 난자 속으로 23개의 염색체가 독립적으로 나누어지고, 정자와 난자가 수정을 하면 유전자가 섞이기 때문에 다양한 유전자형이 생긴다. 그러므로 부모로부터 같은 유전자를 받은 형제 사이에도 외모나 성격, 지능 등이 똑같지 않은 것이다. 즉, 모든 생물학적 특성이 같은 사람은 존재하지 않는다. DNA상의 생물학적 정보의 차이에 따라 피부색, 키, 외모, 지능, 혈압 등 사람마다 생물학적 특성이 차이 나고, 질병에 대한 감수성도 다르다.

(3) 염기와 DNA는 어떤 것인가?

염기(鹽基)는 DNA와 RNA의 구성 성분인 질소를 함유하고 있는 고리 모양의 화합물이다.

DNA는 디옥시리보 핵산(deoxyribonucleic acid)의 약자로, 유전 기구의 본체를 이루어 생물체 조직의 고유한 단백질 합성이 고무줄 상태로 2중 나선형으로 꼬여 있는 23쌍의 2세트인 46쌍의 염색체에 모든 유전 정보가 담겨 있는 일종의 프로그램이라고 할 수 있다.

DNA는 A(아데닌), G(구아닌), C(시토신), T(티민) 등 4가지 염기의 다양한 조합으로 이루어져 있다. 이 염기들은 게놈상에서 수백만, 수억만 번이나 반복되어 있는데, 이들 염기의 결합 순서를 파악하게 되면 각 생물들이 가지고 있는 고유한 염기 배열을 알 수 있다.

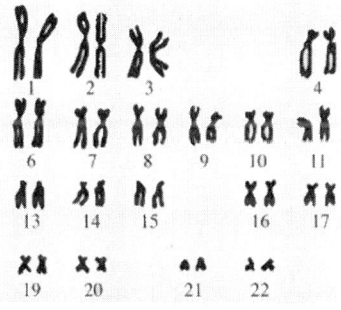

그림 VIII-13 ▲ 사람의 염색체

1990년 6월 11일 미국 국립보건원(NIH; national institute of health)에서는 인간의 생로병사를 결정하는 청사진인 DNA 염기 서열 약 30억 쌍 중 27억 쌍을 공개했다. 이와 같은 결실은 미국 국립보건원의 주도 아래 10여 년간 전 세계 350여 연구 기관이 공동으로 참여하여 30억 달러의 막대한 연구비를 투자한 결과물이라고 할 수 있다.

1쌍의 염색체에는 수천 개의 유전자가 들어 있다. 유전자 하나에는 약 6,000쌍의 염기로 구성되어 있으며, 약 30억 쌍으로 이루어져 있다. 이 유전자의 크기는 길이가 1.5 nm(나노미터), 무게가 1천억 분의 $1(\frac{1}{10^{12}})$g 정도이다.

DNA의 염기성 특성은 다음과 같다.
① 인체는 60~100조 개의 세포로 구성되어 있다.
② 1개의 세포는 2개의 게놈(46쌍의 염색체)으로 구성되어 있다.
③ 1개의 염색체는 수천 개의 유전자로 구성되어 있다.
④ 1개의 유전자는 수많은 염기 벽돌로 구성되어 있다.
⑤ 3개의 염기가 모여 하나의 아미노산을 만든다.
⑥ 아미노산 수만 개가 모여 단백질을 합성한다.
⑦ 단백질이 사람 개개인의 외모나 성격을 나타낸다.

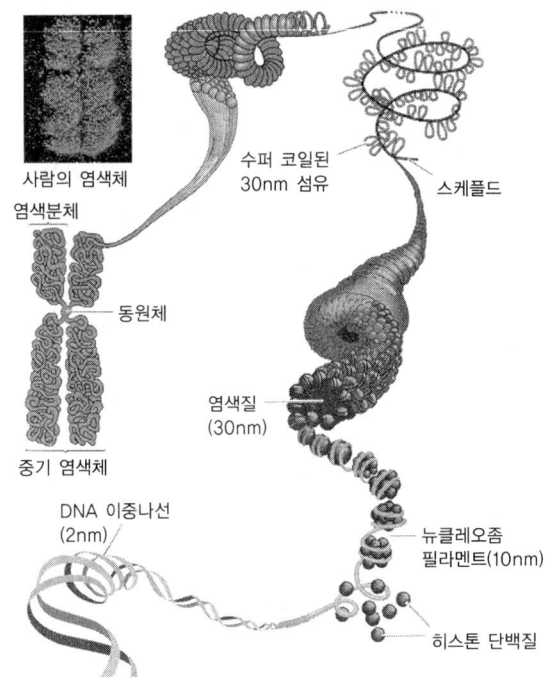

그림 Ⅷ-14 ▲ 염색체의 구조

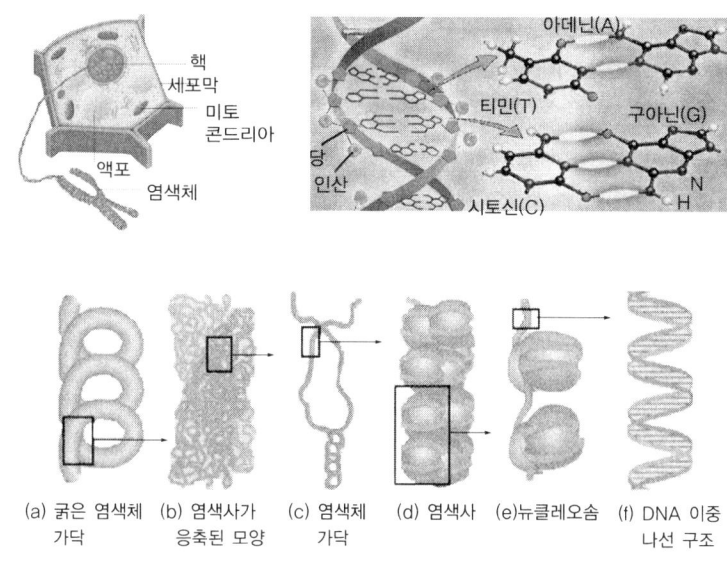

| (a) 굵은 염색체 가닥 | (b) 염색사가 응축된 모양 | (c) 염색체 가닥 | (d) 염색사 | (e)뉴클레오솜 | (f) DNA 이중 나선 구조 |

그림 Ⅷ-15 ▲ DNA의 구조

(4) 인간 게놈 프로젝트란 무엇인가?

① **인간 게놈 프로젝트 염기의 서열을 찾는 방법** : '제3의 물결'의 작가 앨빈 토플러(Alvin Toffler)는 다음 '제4의 물결'은 인터넷을 이용한 디지털과 생명 공학에 의한 혁명이 될 것이라고 예측했다.

20세기 기계, 전자 분야 등 기술 문명의 발달은 우리의 삶 자체를 바꾸어 놓았을 뿐 아니라, 생물학의 기반마저도 뿌리채 흔들어 놓았다. 예를 들면, 여러 가지 생물 조직의 관찰이 가능한 초정밀 전자 현미경의 등장은 세포의 조직 관찰에 머물렀던 생물학을 염색체의 구조뿐 아니라 분자의 구조까지도 파악할 수 있게 하였다. 또한, 각종 정밀 분석 기기의 발달은 우리에게 익숙치 않은 $ng(10^{-9}g)$ 단위의 물질을 다룰 수 있게 하였다. 최근의 과학자들은 과거와는 다른 방식으로 접근하여 생물체를 이루는 분자적인 구조에까지 그 연구 범위를 넓히게 되었다.

생물학은 1953년 왓슨(Wassn)과 크릭(Cric)이라는 두 젊은 과학자에 의해서 생물체의 유전 물질인 DNA의 구조가 밝혀지면서 새로운 전기를 맞이하게 된 것이다. 모든 생명의 현상이 DNA에 암호화되어 있는 유전자와 유전자에서 발현되는 단백질에 의해 조절된다는 것을 알게 된 것이다. 특히, 1983년 발견된 헌팅턴병과 1987년 발견된 근디스트로피의 유전병을 일으키는 유전자가 실제로 확인된 후, 여러 가지 유전병의 발생이 유전자의 변이에 의해 일어난다는 것을 알게 되었다. 그러므로 각 유전자를 만드는 암호가 담겨 있는 DNA의 서열을 확인하려는 연구가 활기를 띄게 되었다. 이에 따라 선진국에서는 생명체 DNA 서열을 모두 밝히려는 계획이 수립되었는데, 이것이 바로 인간 게놈 프로젝트이다.

게놈(genome)이란 한 생명체가 가지고 있는 전체 DNA를 말하는 것이며, 따라서 '게놈 프로젝트'란 생명체의 DNA 서열을 모두 밝히는 것이다. DNA의 서열을 밝힌다는 것은 DNA를 이루는 물질인 당, 인, 염기 중에서 염기의 서열을 찾아내는 것이다. 즉, DNA에서 염기 서열을 찾아 내는 사업을 궁극적으로 '게놈 프로젝트'라고 할 수 있다.

게놈 프로젝트는 다양한 생물체에 대해서도 연구하고 있다. 1995년 감기 바이러스인 인플루엔자(influenza)의 게놈 프로젝트가 완료된 것을 시점으로 이미 37종의 미생물체에 대한 게놈 프로젝트의 연구가 완료되었다.

② **인간 게놈 프로젝트에서 염색체 지도를 작성하는 방법** : 오늘날 가장 관심을 끌고 있는 '인간 게놈 프로젝트'는 1990년 미정부 산하 기구인 '미국 보건원'과 '미국 에너지성'에서 자본을 대고, 미국, 일본, 영국, 프랑스 등의 국가에서 국제적인 협의 아래 공동 연구로 진행되었다.

2005년까지 완료를 목표로 한 개의 염기 서열당 1달러씩 30억 달러에 해당하는 투자 계획을 수립하였으나, 최근에 미국의 벤처 기업인 셀레라(Celera)의 등장으로 경쟁이 가속화되었다.

사람의 일부 염색체의 서열은 이미 발표되었는데, 인간이 지니고 있는 23개의 염색체 중 22번 염색체는 분석 작업이 끝났으며, 5, 16, 19번 염색체에 대한 분석 작업도 곧 완료될 예정이다. 이러한 분석 작업으로 2004년 10월 현재 약 90% 이상 사람의 염기 서열을 밝혀냈으나, 아직도 군데군데 읽지 못하는 부분이 있다.

'게놈 프로젝트'의 궁극적인 목표는 다음과 같다.

- 10만 개의 인간 유전자의 동정을 살핀다.
- 인간의 DNA를 이루고 있는 30억 개의 염기 서열을 분석한다.
- 염기 서열에 대한 데이터 베이스 정보를 기록한다.
- 데이터 분석 기술상 문제를 개발한다.
- 프로젝트에 대한 도덕적, 법률적 및 사회적인 이슈(issue)에 대한 충분한 논의를 거친다.
- 밝혀진 게놈 정보를 무상으로 공개한다.

그러므로 비록 염기의 서열 분석과 데이터 베이스의 구축은 끝났다 하더라도, 이들 이슈에 대한 충분한 논의를 성공적으로 마치기 위해서는 많은 시간이 소요될 것이다. 이와 같은 '게놈 프로젝트'는 다음과 같이 크게 두 가지 방법으로 나눌 수 있다.

㉮ 전체 DNA를 우리가 연구하기 좋은 길이로 적당히 모두 자른 다음, 염색체 지도를 완성하여 우리가 만든 적당한 길이의 DNA 절편이 어느 염색체 어느 부분에 해당되는지를 확인하는 것이다. 그리고 해당되는 부분을 하나씩 서열 분석하는 방법이다. 이것이 미국 정부 주도로 국제협력기구에 의해서 이루어진 게놈 프로젝트 팀에 의해서 사용된 방법이다.

㉯ 인간 전체 게놈을 분석하기 편한대로 DNA를 적당한 길이로 잘

라서 모두 서열을 정하고, 서열을 모두 컴퓨터에 입력시켜 그림 조각 맞추듯이 서열을 쭉 잇는 방법으로 '셀레라'라는 민간 벤처 기업(venture industry)에 의해서 이루어졌다.

인간 게놈(human genome)을 분석하는 과정에서 왜 이렇게 DNA를 작은 단위로 잘라야 하는가 하는 의문점과 그 해답은 다음과 같다.

㉠ DNA의 서열을 매우 단순하게 분석하고자 하는 기기의 한계성 : 인간 게놈의 경우 DNA의 총 길이는 약 30억 염기에 해당되며, 이들의 길이가 상당히 길기 때문에 현재의 기술 수준으로는 한 번에 수만 개의 서열을 분석할 기기를 아직 만들어내지 못했으므로 한 번에 이들을 모두 분석한다는 것은 사실상 불가능하다. 또한, 분석에 사용되는 효소(단백질)도 DNA에 한 번 붙으면 계속 분석이 가능하도록 붙어 있는 것이 아니고, 복제를 계속하면 떨어져 나가게 된다. 그러므로 시작점을 여러 개로 나누어야 하며, DNA를 간편하게 보관하고, 어느 위치인지를 확인할 수 있도록 여러 조각으로 나누어 위치를 확인하는 작업이 필요하다.

㉡ DNA를 복제하는 효소의 제한성 : 대장균은 DNA를 빠르게 복제하며 실험적으로 다루기가 쉬워 우리가 원하는 DNA를 마음대로 대장균 내에 삽입할 수 있으므로 분석 작업에 널리 사용된다. 이러한 작업은 DNA marker(부호)를 사용하여 염색체상의 위치를 정확히 알고 인간 DNA를 가진 대장균의 확실한 위치를 먼저 찾아야 한다. 즉, 대장균들의 이름을 임의로 붙여 놓고, 어느 대장균이 인간의 어느 위치 DNA 조각들을 가지고 있는가를 찾아내는 작업이었다.

결론적으로 대장균의 DNA를 인간의 DNA 순서대로 나열한 것이 염색체 지도 또는 유전자 지도라고 하며, 이는 인간의 DNA를 일렬로 나열한 것과 같은 효과를 갖게 되는 것이다.

그러므로 인간 DNA의 서열을 분석함으로써 우리가 원하는 유전자가 어느 위치에 존재하고, 어떠한 형태의 단백질을 만들어내는 것인가를 알아내게 되는 것이다.

(5) 인간 게놈 프로젝트 분석 방법

① 염기의 서열을 분석하는 이유는 무엇인가?

게놈 프로젝트를 간단하게 하면 한 생명체의 DNA 전부의 염기 서열을 밝혀 내는 것이다.

DNA를 이루는 것들은 당(sugar-S), 염기(base), 인(phosphate-P)으로 이루어져 있다. DNA 구조에서 당과 인은 모두 같은 형태로 들어 있으며, 서로의 차이가 별로 없어 이들을 backbone이라고 하며, DNA의 기반이 되는 것이다. 그러나 염기는 아데닌(A; adenine), 구아닌(G; guanine), 시토신(C; cytosine), 티민(T; thymine)의 4종류가 있으며, 이들이 각각 당의 오각형 모양에서 곁사슬로 하나씩 붙어 있는 형태를 가지게 되는데, 이들 배열의 차이에 의해서 생명체의 모든 것이 결정되는 것이다. 다시 말하면, 4가지 종류가 들어 있는 DNA의 배열에 의해서 각기 다른 단백실(아미노산의 실합체 : polypeptide)이 생성된다. 에를 들면 ATG의 배열일 경우 메타이오닌(Met)이라는 아미노산이 만들어지며, CCC의 경우 페닐알라닌(Phe)이라는 아미노산이 만들어지게 되고, AAA의 경우 라이신(Lys)이라는 아미노산이 만들어지게 된다. 즉, ATGCCCAAA의 경우 Met-Phe-Lys의 배열인 아미노산이 만들어지게 되는데, 중간에 G가 하나 빠져 서로의 순서가 뒤바뀌게 되면 전혀 다른 아미노산의 배열을 가진 단백질이 만들어지게 된다.

이와 같이 염기의 배열에 의해서 단백질의 종류 및 성질이 결정되므로, 단백질을 만들어 낼 수 있는 염기의 배열을 알아내는 일은 매우 중요하다.

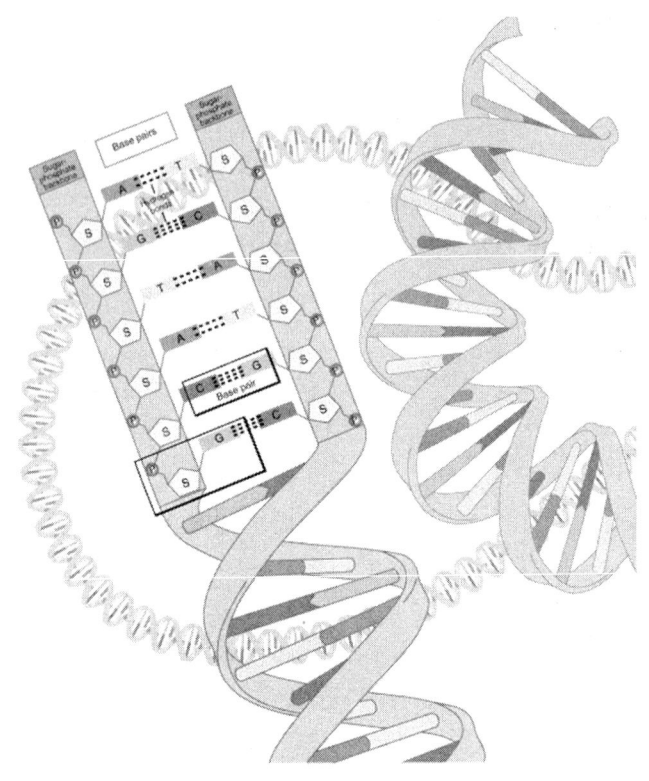

그림 Ⅷ-16 ▲ DNA 구조의 서열

② 염기의 서열은 어떻게 분석하는가?

DNA는 2가닥으로 이루어져 있는데, 그 서열을 분석하는 방법은 복제하는 방법과 같다.

㉮ DNA를 95℃ 이상으로 가열하면 두 가닥으로 분리되며, 온도를 낮추면 두 가닥이 다시 합쳐지게 된다.

㉯ 온도를 높였을 때 두 가닥으로 분리된 작은 DNA 조각을 높은 농도로 넣어 주면 작은 DNA 조각이 분리된 DNA 한 가닥에 붙게 된다.

㉰ 이 중 작은 DNA 조각은 미세하게 짧으므로 이를 복제하는 효

소(단백질)가 인지하여, 그 작은 가닥을 같은 크기로 복제한다.

㉣ 복제가 끝나는 지점을 쉽게 알아 볼 수 있도록 4개의 염기에 각각 다른 색깔의 형광 물질을 염색해 놓는다.

㉤ 복제가 끝나는 지점을 확률적으로 모든 염기에서 일어날 수 있도록 해 놓으면, 염기 하나 길이의 간격으로 다른 DNA 조각들이 생겨나게 되고, 이들을 특정 기계를 이용하여 이동시키면 길이에 따라 작은 DNA 조각은 빨리 이동하고, 큰 DNA 조각들은 늦게 이동하므로 각각의 염기 서열을 알 수 있다.

이와 같이 DNA를 분석하는 기계들은 이미 자동화되어 있으며, 많이 보급되어 있다.

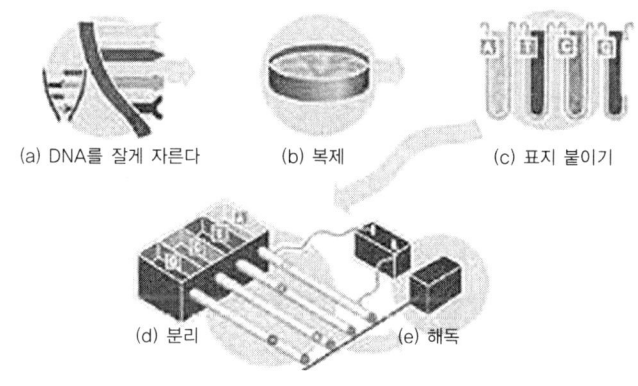

(a) DNA를 잘게 자른다   (b) 복제   (c) 표지 붙이기

(d) 분리   (e) 해독

그림 Ⅷ-17 ▲ DNA 해독 순서 (자료 : BBC)

(6) 게놈 프로젝트의 파급 효과

인간 게놈 프로젝트는 이제 우리의 생활 주변 이야기가 되고 있다. 이 연구의 궁극적 목표는 인간의 질병이 어떻게 발생되는지 밝히고 이를 치료하는 방법을 알아내는 것이다. 이 과정에서 인간 개체의 생성, 성장과 발달 등에 대한 지식과 함께 질병의 발생 원인 및 과정까지도 규명될 수 있을 것이다.

인간은 하나의 세포로 어머니 배 속에서 시작되어 수조(兆) 개의 세포로 형성되고, 오장육부(五臟六腑)를 갖는 개체로 성장한다. 또 인간은 어린 아기 때부터 청년기에 걸쳐 성장하고, 각 장기와 세포는 생존에 적합한 기능을 얻으며 성숙하게 된다. 어린 아기는 청년기를 지나면서 서서히 노화 과정이 진행된다. 이와 같이 인간은 일생을 살아가는 과정에서 사용되는 유전자의 수는 모두 10만 개 정도이지만, 실제로 일정한 시간을 기준으로 기능을 발휘하고 있는 유전자는 약 3만 개 내외인 것으로 알려져 있다.

인간 게놈 프로젝트의 결과로 얻어지는 모든 유전자의 위치, 기능 및 질병과의 관련성에 대한 것은 앞으로 인간 질병의 진단과 치료뿐만 아니라 예방의 전 과정에서 큰 도움이 될 것이다. 또 인간의 꿈인 생명의 연장은 노화(老化)와 관련된 유전자에 대한 연구와 이해로 금세기 안에 가시적(可視的)인 성과를 얻을 수 있을 것으로 기대된다. 여기서 이 모든 유전자가 어떤 형태로든지 서로 유기적으로 연관되어 있다는 것을 유념할 필요가 있다. 쉽게 말해 기본은 정상 형태의 유전자가 존재하는 것이지만, 이것이 기능을 발휘하기 위해서는 다른 많은 유전자와의 상호 작용에 의해서 이루어진다는 것이다. 따라서 유전자의 기능과 특정 질병은 다음과 같은 연관이 있다.

- 유전자 하나의 기능
- 인체 기능에 영향을 미치는 유전자
- 유전자들의 상호 작용

오늘날 인간의 질병 중 생사를 결정하는 질환인 암(癌, cancer)은 유전자 집단이 어떤 원인에 의해서 기능적 변이를 일으키고, 어떤 과정을 거쳐 변화되며, 그 변화의 결과는 어떻게 나타나는가를 연구하는 '암 게놈 프로젝트'가 미국과 유럽에서 활발히 진행되고 있다.

그러나 모든 유전자의 기능이 알려진다고 해도 당장 우리의 모든 질병을 근본적으로 해결하지는 못하는 이유는 질병에 관여하는 유전자가 어떠한 과정을 거쳐 질병을 일으키는가를 찾아내는 데 상당한 기간이 필요하고, 유전자의 기능을 복원하는 방법을 알아내는 것 또한 쉬운 일은 아니기 때문이다.

가까운 미래에는 사람의 각종 난치병은 물론 어느 누구나 자신의 유전자를 보관하거나 부작용 없이 장기를 교환할 수 있게 될 것이다. 그 뿐만 아니라 각종 암, 신장병, 당뇨병 등도 쉽게 치료할 수 있게 될 것이다.

인간의 유전자에 대한 정보를 얻어내는 결과로써 21세기 의료 분야와 삶의 혁명적 변화가 일어날 것이다. 동시에 인간의 유전자 지도를 읽을 수 있는 방법을 연구해 낸 미국 등 선진국은 이들에 대한 모든 지적 재산권을 행사할 것으로 보인다. 또한, 선진국에서는 생명 공학 기업들이 DNA칩 등의 상품화에 착수하여 이 분야의 시장을 선점하는 등 생명 공학적 지배력을 한층 강화하고 있다. 이제 우리에게 중요한 몇 가지 질병 등 최소한의 작은 분야에서나마 우리 스스로의 노력으로 유전자를 확보하기 위한 투자를 더 이상 미룰 수가 없다는 점을 모두가 인식해야 한다.

① **인간 유전자 지도 완성** : 1994년 프랑스에서 인간 게놈에 대한 물리적 지도를 처음으로 작성했다. 1995년 12월에는 미국 MIT (Massachusetts Institute Technology) 대학에서 발표한 유전자 지도는 평균 200킬로 베이스(base)의 간격으로 표시되어 있다.

인간 염색체 지도 가운데 가장 짧은 21번과 Y염색체에 대한 전체 유전자 지도는 이미 마무리되었으며, 4번, 5번, 7번, X염색체에 대해서도 거의 마무리 단계에 와 있는 상태이다. 이제 인간의 모든 정보를 한눈에 볼 수 있는 소위 '유전자 지도'가 완성되어 누구나 걸릴 수 있는 질병을 미리 알게 되고 예방할 수 있으며, 어떤 세포를 어떻게 관리하면 건강해지는지를 유전자 지도를 통해 읽을 정도까지 발전할 것이라고 전문가들은 말하고 있다.

② **인간 우열화 및 미완성 기술의 상업화 우려** : 인간이 가지고 있는

10만 개의 유전자 가운데 지금까지 밝혀진 1만 6,000개의 유전자 위치를 수록한 유전자 지도 일부가 지난 1996년 공개되면서 인간 게놈 프로젝트가 초래할 부작용에 대한 우려의 소리도 높아지고 있다. 당시 미국의 사이언스(science)지는 인간 유전자 지도를 담은 '인간 게놈 프로젝트' 특집을 내면서 최근 쟁점으로 등장하고 있는 유전적 차별, 유전 정보의 독점, 미완성된 기술의 상업화 문제 등에 대한 우려를 제기한 바 있다. 우리 나라는 선진국의 유전 정보 독점에 아직까지 대응할 수 있는 대책이 없는 실정이다. 미국에서 사회적 논란이 되고 있는 첨단 유전자 응용 기술이 곧 우리 나라에 수입되면 국민 생활에 큰 영향을 미치게 될 것이므로 대책 마련이 시급하다. 세계적인 논쟁거리가 되고 있는 '인간 게놈 프로젝트'의 부작용 몇 가지를 들면 다음과 같다.

㉮ **생명 보험과 취업에 대한 유전적 차별** : 최근 확대되고 있는 유전자 검사는 개인의 질병과 장애 그리고 조기 사망 등에 대한 정보까지 제공할 수 있기 때문에 조상과 부모에 대한 유전적 차별 논란이 더욱 확산될 것이다. 또 유전자 검사는 특정 유해 물질에 민감한 반응을 보이는 작업자를 찾아낼 수 있어서 취업하는 데도 어려움이 될 수 있을 것이다.

㉯ **암 유전자 검사의 상업화 논쟁** : 최근 2년 여 동안 미국에서는 유전적인 유방암과 난소암에 2종의 유전자가 처음 발견된 이후, 유전자 검사를 상업화하려는 기업까지 나타나고 있다. 그러나 2종의 암 유전자가 가지고 있는 기능 가운데 극히 일부밖에 모르고 있으며, 이들 2종의 암 유전자들에게 나타나는 돌연 변이가 무려 300종이 넘는다고 한다. 또 검사 결과 돌연변이가 나타났다고 해도 암에 걸릴지 안 걸릴지는 매우 불확실하다는 것이다. 그 뿐만 아니라, 일부 선진국의 유전자 연구소에서는 유전자 검사를 원하는 여성들을 검사하여 미리 난소를 제거하는 것은 암 발생을 막을 수 있다고 말하고 있다.

㉰ 유전 정보의 독점과 특허 문제 : 선진국에서는 장차 의약품 개발 등의 원천이 될 유전 정보의 공개에 대해서 매우 인색하다. 그러나 유전적 기능이 밝혀진 염기 서열은 특허를 낼 수 있다는 판례가 보편화되면서 특허를 낼 때까지 DNA 염기 서열의 공개를 늦추고 있는 실정이다.

미국은 우리나라보다 상당히 빠른 속도로 DNA 염기 서열을 밝혀내고 있으며, 21세기 생명 공학 시대를 맞이하여 유전 정보를 독점하는 나라가 특허권을 가지고 그 권한을 행사할 것이다.

㉱ 향후 게놈 연구의 방향 : 인간 게놈 프로젝트가 완성되면 인류는 A, G, C, T 등 4가지 알파벳으로 이루어진 모든 유전 정보를 얻게 된다. 이를 모아 책으로 만들면 1,000쪽짜리 책 200권에 해당하는 분량이 된다. 그러나 이 정보 자체로는 아무런 의미가 없다. 마치 해독할 수 없는 문자로 이루어진 거대한 고대 도서관의 유적을 발굴한 것에 불과하다. 이 DNA 염기들이 어떤 기능을 수행하는지 해석하지 않고서는 아무런 가치를 찾을 수 없기 때문이다. 이 프로젝트의 연구가 완료된 후 나아갈 길은 다음과 같이 크게 두 가지로 요약할 수 있다.

㉠ 유전자가 어떤 기능을 갖는지 밝혀내는 기능 유전체학(functional genetics)이다.

㉡ 개인의 염기 서열에 어떤 차이가 있는지를 규명하는 비교 유전체학(comparative genetics)이다.

기능 유전체학은 유전자의 기능을 알아내기 위해 생물학적 접근과 생화학적 접근을 해야 한다. 먼저 생물학적 접근은 실험실에서 사용되는 모델 동물로부터 특정 유전자를 제거하여 생리 작용의 변화 상태를 알아보는 것이다. 이를 통해 어떤 유전자가 질병의 원인이 되는지를 찾아내는 것이다.

인간과 유전자 구조가 비슷한 동물들로부터 얻은 데이터가 인간의 유전자 질환의 원인 규명에 도움이 될 것이 틀림없기 때문에 의학계는 벌써부터 술렁이고 있다. 이에 비해 생화학적 접근에서는 다음과 같이 이미 알고 있는 2가지를 분명하게 찾아내어야 한다.

> - 유전 정보로부터 어떤 단백질이 만들어지는가를 알아내어야 한다.
> - 유전 인자의 구조와 기능을 밝혀내어야 한다.

그러므로 세포의 여러 가지 작은 기관을 인공적으로 조립할 수 있고, 나아가 인체의 모든 생체 부품이 실험실에서 만들어져서 상품으로 등장할 수 있다.

인간의 경우 최근까지 밝혀진 10만 여 개의 단백질 가운데 기능이 제대로 알려진 것은 16,000여 개에 불과하다. 따라서 84,000여 개 단백질의 기능을 파악하는 것이 지금 생명 과학자들의 가장 큰 숙제로 남아 있다.

비교 유전체학에서는 다음의 두 가지를 연구하여 규명하여야 한다.

> - 사람마다 모습이 다른 것은 어떤 유전자 때문인가?
> - 장수하는 집안과 단명(短命)하는 집안의 차이점은 무엇인가?

사람의 개인 간, 인종 간, 생물 간 게놈 정보를 비교하여 차이점을 찾아내어 생체 기능의 차이를 추적하는 것이다. 특히, 사람 간의 차이를 조사하는 단일 염기 변이(SNP; Single Nucleotide Polymorphism) 즉, 염기 하나의 차이를 비교하는 일은 유전병을 찾는 중요한 시발점이 되고 있다.

정상인이라도 염기 1,000개에 1개 꼴로 차이가 있다. 즉, 사람 사이에 차이가 있다고 해서 모두 유전병의 원인으로 작용하는 것은 아니며, 어떤 차이 때문에 유전병이 발생하는지를 밝혀내는 일이 중요하다.

최근까지 알려진 유전 질환은 5,000여 종이지만, 이 가운데 관련 유전자가 분명하게 밝혀진 것은 15%에 지나지 않는다. 나머지 대부분은 유전 성향이 의심되지만 관련 유전자가 여러 개이거나 아직 밝혀지지 않은 질환들이다.

사람마다 키, 피부와 머리 색깔, 성격, 병에 대한 감수성 등이 분명하게 다른 것과 마찬가지로, 의약품의 대사와 반응 역시 환자별로 다양하게 나타난다. 그 차이는 대개 유전적 성향 때문이다.

환자를 치료할 때 어떤 약으로 효과를 볼 것인지 또는 어떤 약이 부작용이 생길 위험이 있는지 알려 주는 유전적 요인들을 미리 알고 있으면 투약 전에 이러한 반응들을 예견할 수 있는 임상 검사를 개발할 수 있다.

(7) 게놈 프로젝트의 연보

인간 게놈 프로젝트가 전 세계의 공식적인 프로젝트로 출범하기까지의 활동 내용을 표로 정리하면 다음과 같다.

표 Ⅷ-3 ▼ 인간 게놈 프로젝트의 개발 연보

년. 월. 일	발표자 및 기관	활동 내용
1953년	미국의 왓슨(Wassn)과 크릭 (Cric)	생물체의 유전 인자인 DNA의 구조를 밝힘
1984년	프랑스	인간 게놈에 대한 물리적 지도를 처음으로 작성
1985년 5월	미국의 로버트 신세이머가 신타크루스의 캘리포니아 대학에서 발표	인간 게놈의 해석을 주제로 한 최초의 회의 소집
1987년 2월	미국 의회와 예산 위원회	게놈 연구 기금을 국립보건연구소의 예산으로 편성
1988년 9월	미국의 산티에고 그리 솔리아가 스페인 발렌시아에서 발표	인간 게놈 프로젝트의 공동 연구건에 관한 제1차 국제 워크샵 개최
1989년 4월	일본 문부성의 미츠바라 겐이치 등	기안된 틀을 기초로 게놈 연구 계획에 착수

년. 월. 일	발표자 및 기관	활동 내용
1989년 6월	유럽 위원회(EU)	인간 게놈 해석 계획이 벨기에 브뤼셀에서 승인
1990년 6월	미국 국립보건원	DNA 염기 서열 약 3억 쌍 중 27억 쌍 공개
1995년 12월	미국 MIT 대학	인간 유전자 지도 발표
1996년 2월	미국 국립연구협회(NRC)	인간의 10만 개의 유전자 중 16,000개의 유전자 공개
1999년 11월	일본, 독일	일본의 22번 염색체 염기 서열 처음으로 해독
2000년 6월 26일	다국적 팀과 셀레라	인간 게놈 지도 초안 공개(90%)
2001년 2월 12일	다국적 팀과 셀레라	인간 게놈의 염기 서열 약 99% 공개
2003년 4월 15일	다국적 팀과 셀레라	완성된 인간 게놈 서열 발표

(8) 배아 줄기 세포

줄기 세포는 세포가 증식하여 일정한 단계에 이르면 줄기로 분화되는 세포로, 줄기 세포를 인위적으로 얻는 방법에는 배아(난자)와 제대혈(탯줄) 그리고 골수를 통한 세 가지 방법이 있다.

일반적으로 배아 줄기 세포는 난자와 정자의 결합을 통하여 얻어진다. 그러나 맞춤형 줄기 세포는 난자에서 핵을 빼면 다음 환자의 체세포를 넣으면 줄기를 만들면서 자란다. 이렇게 자란 것을 환자의 치료에 이용한다.

🔖 참고 문헌

• 김기훈(2000). 유전자가 세상을 바꾼다. (주) 민음사.
• 장은선(2001). 생명의 책 게놈. 전파 과학사.
• Alvin Toffler(이계형 역,2003). 제3의 물결. 한국경제신문.
• 두산세계백과사전 : http//www.encyber.com
• 한국 생명공학 연구조합 : http//www.kbra.or.kr
• 게놈 라이프 : http//www.genomelife.com

3 ▶ 다이옥신

(1) 다이옥신이란?

① **다이옥신의 개요** : 다이옥신(Dioxin)이란 75가지 독성을 가진 여러 가지 화합물들을 말한다. 우리가 보통 다이옥신이라는 말을 사용할 때에는 다이옥신과 다이옥신 유사 물질들을 총칭해서 말하게 된다.

다이옥신의 독성이 가장 명확하게 밝혀진 것은 1976년 6월 10일 이탈리아의 메다에 있는 헥사클로로펜 제도를 위한 삼염화페놀 생산 공장에서 일어난 사건에서였다. 처음에는 이 사건이 단순한 폭발로 일어난 것으로 알려졌으나, 사실은 작업이 중단된 토요일 오후 삼염화페놀 반응기의 과압으로 안전 디스크가 깨지면서 안전 밸브가 열려 반응기 내부 물질이 대기에 방출됨으로써 일어났던 것이다. 15분 동안의 누출 사고로 독성 구름이 메다 인근 5km 내에 있는 11개 도시로 날아가 동물들이 죽거나 병에 걸렸고, 어린이들이 피부병에 걸렸다.

우리 나라에서 다이옥신이 문제가 되기 시작한 것은 베트남 전쟁에서 고엽제(枯葉濟)로 알려진 제초제에 다이옥신이 불순물로 함유되었고, 이에 폭로된 참전 군인들과 그 2세들에서 여러 가지 건강 장애가 나타나서 1990년대 초반부터 이 물질에 관심을 갖게 되었다. 최근에는 쓰레기 소각장에서 다이옥신의 과다한 유출로 시민들의 관심이 더욱 커지게 되었다.

지난 1997년 4월에는 마산만의 어패류에서 규정치보다 310만 배나 높은 다이옥신이 검출되어 문제로 부각되는 독성 화학 물질이다.

다이옥신은 일반적으로 제조되거나 사용되는 물질은 아니며, 보통 염소나 브롬을 함유하는 산업 공정에서 화학적인 부산물로서 생성되고, 또 염소가 들어 있는 화합물을 태울 때 발생된다.

■ **테트라클로로디벤조다이옥신(TCDD, Tetrachlorodibenzodioxin)** ■

맹독 다이옥신 가운데서도 특히, 독성이 강하고, 2, 3, 7, 8TCDD는 사상 최강의 독성 물질이라고도 한다. 만성 독성으로 안정한 물에 용해되지 않고, 쓰레기 소각 때 발생한다는 것이 유럽, 미국, 일본 등에서 확인되었으며, 최근에도 제초제로 사용하고 있다.

미군이 베트남 전쟁에서 화학 병기로서 사용한 바 있다. 그 당시의 작전명이 '고엽제 작전'이었던 것으로 인해 '고엽제'라는 명칭이 유래되었다. 게릴라가 숨은 지역에 식량 지원을 끊을 목적으로 대량으로 살포했던 암호명 〈에이전트 오렌지〉에는 2, 4, 5-T와 2, 4-D가 같은 양 혼합되어 있지만, 불순물로 포함되어 있던 다이옥신이 베트남인, 미군 등 전쟁에 참여했던 많은 사람과 주변 환경에 막대한 피해를 입혔다.

② **다이옥신이 일으킨 역사적 사건** : 다이옥신을 이야기할 때, '사상 최강의 독물'이라는 것이 거의 일상의 수식어처럼 되어 있다. 다이옥신은 어느 정도의 독성을 가지고 있을까? 지금까지 세계적으로 어떤 다이옥신 오염 사건이 발생했던가?

현재까지 밝혀진 다이옥신의 독성을 몇 가지 역사적 사건을 통해서 살펴보면 다음과 같다.

㉮ **닭의 대량 폐사 사건** : 1957년 미국 동부와 중서부에서 수백만 마리의 병아리가 죽는 사건이 발생하였다. 이들 병아리를 해부하였더니 심장, 폐, 복부, 피하에 수종(혈관이나 림프관에서 장액이 흘러나오고, 조직 사이에 고이는 것)이 발견되었고, 간장이 비대해져 있었다. 사인은 폐수종에 의한 호흡 곤란으로 단정되었다. 그 원인 물질은 일단 '병아리 수종인자'로 알려졌고, 원인 조사가 신속하게 시작되었는데, 어떤 유지(油脂)를 포함한 사료가 '병아리 수종'을 일으켰다는 것이 밝혀졌다. 이 유지를 2% 이상 섞은 사료를 주었더니, 병아리는 확실히 병아리 수종이 되었고, 병아리

수종에 걸린 병아리의 체지방(體脂肪)을 다른 병아리에 투입하였더니, 역시 병아리 수종이 되어 죽었다. 이 유지는 어떤 식용유 공장에서 식용유를 제조하고 난 후의 잔유(殘油)라는 것이 밝혀졌다.

잔유가 원인이라는 것은 파악되었지만, 잔유 속에 어떤 독성 물질이 들어 있었는지가 해명된 것은 사건 발생 12년 후인 1969년이었다. 이 병아리 수종의 원인 물질을 계속 추적하고 있었던 미국 식품의약국(FDA)의 칸트렐 등이 '병아리 수종인자'가 1, 2, 3, 7, 8, 9-육염화다이옥신이라는 것을 밝혀내었고, 다음 해에는 히긴 보탐 등이 2, 3, 7, 8-사염화다이옥신도 원인 물질이라는 것을 밝혀내었다.

그 후 상세히 검토한 결과, 1971년에 이 잔유에 포함되어 있었던 독물은 이염화에서 팔염화체의 다이옥신이라고 하는 것이 필레스톤 등에 의해 규명되었다. 당시 식물성 기름의 원료로 사용되었던 콩 등의 생산에는 2, 4, 5-T(2, 4, 5-삼염화페녹시아세트산)가 제초제로 사용되고 있었다. 이 2, 4, 5-T 제초제는 잘 알려진 것처럼 베트남 전쟁에서 사용된 고엽제의 한 가지 종류이다. 또한, 사료를 제소할 때 동물성 유시도 배합되어 있있다. 배합된 동물성 유지는 모피를 가공한 후 회수된 지방이었다. 당시 모피를 가공하는 공정에서 부패 방지제로 살균제(오염화페놀)가 투입되었는데, 이오염화페놀에도 육염화에서 팔염화의 다이옥신이 불순물로서 함유되어 있었다. 모피를 가공한 후 회수된 지방은 당연히 다이옥신에 오염된 것이다.

㉯ '고엽 작전'의 후유증 : 다이옥신 문제는 베트남 전쟁에서 고엽 작전의 인체 피해의 검증이 불가결하다. 이 고엽 작전에 의해 여러 가지 인체 피해가 발생하였으며, 오늘에 이르기까지 그 후유증이 사람들을 고통스럽게 하고 있다.

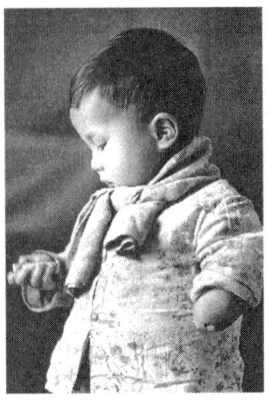

그림 Ⅷ-18 ◀ 베트남의 르그(4살) 소년은 왼팔이 없다. 왼팔 앞에는 손가락의 흔적만이 남아 있다. 부친 구엔 자인 도그가 호치민 레도에서 반복된 고엽제 피해를 입었기 때문 이다(하노이, 1981년).

제2차 세계 대전 후 프랑스를 대신하여 베트남에 침공한 미군의 작전 수행상 가장 큰 장애는 베트남의 정글이었다. 미군은 정글을 태워버릴 목적으로 2,4,5-T를 중심으로 하는 고엽제를 대량으로 살포하였다. 이 고엽 작전의 정식 명칭은 '랜치 핸드(Ranch Hand) 작전'이라는 것이었는데, 랜치 핸드라는 말은 목장에서 풀베는 사람이라는 의미이다. 이 작전에서 살포된 고엽제의 용액은 오렌지색, 흰색, 파란색, 보라색, 핑크색, 녹색이라는 6종류의 색깔 코드 번호가 붙여졌다. 오렌지색과 보라색은 2, 4, 5-T(2, 4, 5-삼염화페녹시아세트산)의 혼합물이었다. 이 5종류의 고엽제가 정글을 일소하기 위해 사용된 것이다.

파란색은 비소를 포함한 인체에도 유독한 제제인 카코딜산염을 함유한 것인데, 수확 전의 작물에 살포해서 수확을 불가능하게 할 목적으로 주로 경작지에 살포되었다.

베트남 전쟁에서 작전 수행시 미군은 고엽제는 사람이나 가축에 무해하다는 선전을 하고 있었기 때문에, 고엽제의 수송·저장을 담당한 부대나 비행기, 헬리콥터에서 살포를 담당한 병사는 몸에 고엽제가 묻어도 전혀 신경을 쓰지 않았다. 또한, 고엽제를 상공에서 살포하던 그 순간, 지상 작전을 전개하거나 고엽제에 오염된 물을 음료수로 이용하기도 하였다. 특히, 전선 기지에 종군했던 미군, 한국군, 호주군 등은 베트남 인과 마찬가지로 고엽제에 오염되었던 것이다.

미군이 10년 간 남베트남에 살포한 고엽제로 나타난 생체 피해에는 여러 가지 증상이 보고되었지만, 특히, 체기형성(體奇刑性)이 주목되었다. 1969년 6월, 남베트남의 신문 '틴산'이 고엽 작전에 의해 살포량이 많았던 남베트남 주민에 출산 이상, 기형아의 출생률이 급증한 것을 보도하기 시작하였다.

1970년에는 미국의 하버드 대학의 메세루손 교수가 베트남에서 실태 조사 후, 고엽 작전을 계속하는 것에 강한 우려를 표명하였다. 나아가 전 미국 과학아카데미는 '베트남에서의 고엽제 영향에 관한 위원회'를 설립하였다. 다음해인 1971년에는 베트남의 폰의사 등이 고엽제 피해를 입은 베트남인의 출생아에서 기형이나 백혈구 염색체 이상률이 높다는 것을 지적하였다. 이와 같은 사실에서 더 이상 고엽 작전을 계속한다는 것은 전선의 미국 병사에 더 큰 위험을 가져온다는 주장도 있어서, 1971년에 고엽 작전은 중지되었다.

■ **오염 물질을 측정하는 단위로 다음과 같은 것들이 있다.** ■

ppm : parts per million 1백만 분의 1
ppb : parts per billion 10억 분의 1
1ng : 10^{-9} 즉 10억 분의 1g

그러나 이 단위들을 우리는 그 크기나 비교를 정확히 하지 못하므로 그냥 지나치기 쉽다.

최근에 발표한 '낙동강 환경 호르몬 분석 결과'를 보면, 강물에서 검출해 낸 비스페놀A의 농도는 0.0056~0.171ppb 정도이다. 이와 같은 양은 팔당호에 비스페놀A를 한 주전자(약 3리터) 정도를 넣었을 때 나오는 농도이다.

㉰ 다이옥신의 물리적 및 화학적 특징 : 다이옥신은 상온에서는 흰색의 고체이다. 녹는점은 196.5~485도로 높고, 고열이 아니

면 녹지 않는다. 한편, 물 용해성은 0.4~1.030nano g/ℓ (나노 그램/리터) 즉, 1리터의 물에 10억 분의 0.4~1,030그램이 녹을 뿐, 거의 물에는 녹지 않는다. 또한, 증발의 지표가 되는 증기압도 8.25×10~1.34×10으로 낮고, 상온에서 기체로 증발하는 양은 극히 작은 성질을 가지고 있다.

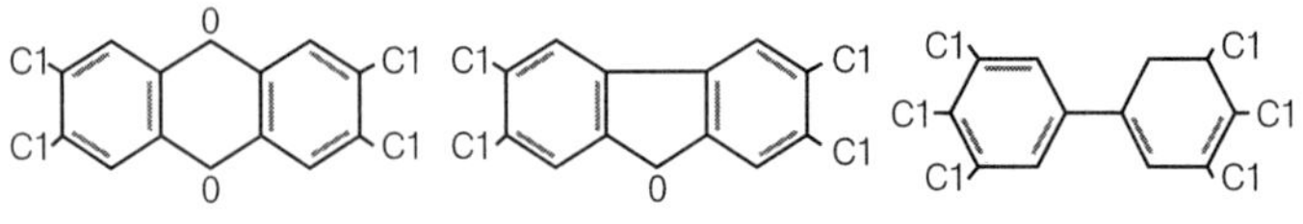

2, 3, 7, 8-
Tetrachlorodibenzo
-p-dioxin
DIOXINs 75 종류

2, 3, 7, 8-
Tetrachlorodibenzofuran
FURANs 135 종류

3,3',4,4',5,5'-
Hexachlorobiphenyl
PCBs 209 종류

그림 Ⅷ-19 ▲ 다이옥신 및 다이옥신 유사 물질의 구조

다이옥신은 물에는 거의 녹지 않지만, 지방에는 잘 녹는다. 고래나 돌고래의 지방은 매우 두터운 층으로 되어 있는데, 이 지방층에 고농도의 다이옥신이 축적되어 있다는 것은 잘 알려져 있다. 인간의 체내에 흡수되는 다이옥신은 주로 지방 조직에 축적된다. 그러나 같은 성(性), 같은 연령이라면, 식사 등에서 매일 체내에 흡수되는 다이옥신의 양이 동일하기 때문에 지방층이 두터운 살이 찐 사람 쪽이 지방층이 얇은 여윈 사람보다도 다이옥신이 체내의 여러 곳에 분산 축적되어 오염 농도가 낮게 나타난다. 또한, 같은 연령에서는 여성은 남성보다도 식사에서 매일 섭취하는 다이옥신의 양도 작고 또한, 지방 함유량도 많기 때문에 오염 농도가 낮다고 할 수 있다.

다이옥신은 염화메틸렌이나 클로로포름 등의 유기 용제에 잘 녹기 때문에 다이옥신을 검출하거나 분석할 때에는 이들 용액을 용제로 사용한다. 다이옥신이 지방에 잘 용해되는 성질은 인간과 동물의 체내에 축적되기 쉽다고 할 수 있다. 그러므로 다이옥신은 환경 속에서 극히 안정된 화합물 즉, 난분해성의 환경 오염화학 물질인 것이다.

㉣ 다이옥신의 성질과 자연 환경에서의 분포

- 다이옥신은 유기성 고체로서 녹는점(melting point)과 끓는 점(boiling point)이 높고, 증기압이 낮으며, 물에 대한 용해도가 매우 낮다.
- 옥탄올/물 분배 계수가 높아 환경 잔류성이 강하며, 분해 속도가 매우 느리다.
- 다이옥신은 지용성 물질로써 입자상의 물질 표면에 강하게 흡착되어 지표면으로 침적되거나 장·단거리 이동이 가능하다.
- 자외선과 같은 빛에 의해서도 매우 안정된 구조를 유지한다.
- 동물 및 식물에서 생체 내 지방 성분에 축적되는 생체 농축 현상을 일으키며, 이러한 성질로 인해 인체에 지속적인 노출 및 축적을 야기시킨다.
- 생체 농축 현상 및 높은 지용성으로 인해 인체의 경우 생물학적 반감기는 약 11년 정도이다.

㉠ 다이옥신의 성질

- 다이옥신은 녹는점과 끓는점이 높으며, 휘발성이 낮아 수중에서 서의 녹시 않고 친유성 내체에 잘 용해되므로, 시질이 포함된 매질에 쉽게 축적된다.
- 대기 중에서 다이옥신은 오염원으로부터 발생하여 장거리 이동 및 침적에 의해 다른 환경 매체로 전달되거나 혹은 침적되는 과정 중에서 광화학 반응 현상이 나타난다.
- 다이옥신은 자외선에 의해 광분해(photo degradation)될 수 있으며, 일부 연구에서는 OCDF(Octa Chloro Dibenzo Furan)가 자외선에 약 24시간 노출되면 염소화 수준이 낮은 다이옥신으로 변화된다.
- 증기상 다이옥신의 대기 중 수명(tropospheric life time)은 12시간~39일 정도이다.

- 대기 중의 다이옥신은 침적되어 물이나 흙으로 전달되는데, 이들 매체에서의 분해 및 변형은 거의 일어나지 않는다. 특히, TCDD의 경우 매우 미미한 광분해와 휘발에 의해 소실되며, 반감기는 10~12년 정도이다.
- 살아 있는 생물에서의 유기 염소계 축적은 갑각류(甲殼類) 생물의 조직에서 자주 입증되어 왔으며, 특히 게의 간췌장은 다이옥신에 의해 가장 오염된 식품임이 밝혀졌고, 갑각류들은 생분해-제거 기능을 가지고 있지 않아서 현재 다이옥신의 지표 생물[1]로 쓰인다.
ⓛ 다이옥신의 환경 내 분포
- 다이옥신은 대기, 수질 및 토양 등 모든 환경에 존재한다.
- 다이옥신은 상온에서 고체 형태이고 낮은 휘발성을 가지고 있으므로 대기를 통한 장거리 이동이 가능하다.
- 미국에서 대기 중 다이옥신의 농도 경향 :
  도시 지역 : $1\sim10pg^{[2]}/1/m^3$의 수준
  오염 지역 : $100pg/m^3$ 이상
  비오염 지역 : $1pg/m^3$ 이하
ⓒ 대기 중 다이옥신은 건식 및 습식 침적 과정에 의해 수계 또는 토양 등의 다른 환경 매체로 이동되며, 특히 건식 침적이 잘 일어난다.
ⓔ Hites(1991)의 연구에 의하면 토양 중에 $60pg/g$ 정도의 다이옥신이 존재한다고 하였다.
ⓜ 다이옥신의 문제 발생 경위 : 다이옥신의 연대별 문제 발생 경위를 보면 다음 표 Ⅷ-4와 같다.

---

1) 지표 생물 : 입지의 부양도(富養度), 산성도, 건습도, 오염도 등과 같은 환경 조건의 하나 또는 몇 가지가 종합된 것을 나타내는 데 도움이 되는 생물
2) pg(피코그램) : 1조 분의 1g

표 VIII-4 ▼ 다이옥신의 연대별 문제 발생 경위

년 도	세계 각국의 다이옥신에 의한 사건, 사고 및 대책
1872	독일에서 다이옥신이 처음 합성됨
1949	미국, 몬산토사 농약(2, 4, 5-T) 공장 사고
1953	서독, BASF사 농약(2, 4, 5-T) 공장 사고
1957	미국 동부 및 중서부에서 병아리의 대량 폐사 사건 발생
1962~71	미국이 베트남전에서 2, 4, 5-T 등을 고엽제로 사용
1967	1957년의 병아리 대량 폐사 사건의 원인 물질 구조가 밝혀짐
1968	가네미 창고에서 제조한 쌀겨 기름 중에 혼입된 PCB에 의해 중독 사건이 발생 (가네미 유중 사건)
1973	베트남에서 사용된 고엽제에 의해 간암, 유산, 기형이 보고됨
1976	이태리, 미라노 근교의 쎄베소에 있는 농약 공장에서 폭발 사고가 발생하여 광범위한 거주 지구에 다이옥신류 12kg이 비산. 사고 직후 병아리, 토끼, 고양이 등이 폐사하고 기형아의 출생이 높아짐
1977	네델란드 도시 쓰레기 소각로 비산재중에서 다이옥신이 검출
1978	· 뉴욕주 러브캐널의 농약 공장에서 화학계 산업 폐기물에 의한 오염 사고로 판명 · 스웨덴은 목재 방부제로 사용되는 PCP의 사용을 금지
1979	대만에서 제2차 유중 사건이 발생
1982	미조리주 타임즈 비치에서 토양 오염으로 판명
1983	애원 대학의 입천 교수 그룹이 쓰레기 소각장의 비산재에서 다이옥신을 검출해 발표
1984	후생성 전문가 회의에서 당시 데이터를 바탕으로 판단한 보고서를 발표
1987	· 일본 대기, 어류, 토양 중의 다이옥신 분석 결과 공표 · EPA가 종이 제품 중에 미량의 다이옥신이 포함되어 있는 것을 인정(표백제로 사용된 염소가 원인, 제지 공장 하류의 어류에서 다이옥신 검출)
1990. 12	후생성은 [다이옥신류 발생 방지 등의 가이드 라인]을 작성해 도도부현에 통지
1991	일본에서 8000년 전의 퇴적물에서 다이옥신이 검출
1992. 2	한국의 환경청이 종이 펄프 공장과 관련된 다이옥신류 대책 추진에 대해 관계 단체에 요청
1995. 11	일본의 후생성이 [다이옥신 위험 영향 평가에 관한 연구반]을 설치
1996.5.29	한국의 환경청이 다이옥신 검토회를 설치
1996.6.3	일본의 후생성이 [다이옥신 감소 대책 검토회]를 설치

1996.7.12	일본의 후생성이 '쓰레기 소각 시설에서 배출되는 다이옥신 실태 등에 대한 총점검 조사'를 통지
1996. 12	PCB에 관한 국제 세미나가 일본 도쿄에서 개최
1997. 1	일본의 후생성이 도시 쓰레기 소각에 대한 신 가이드 라인을 통지
1997. 8	한국에서 대기 오염 방지법에서 시행령 일부가 개정되고, 다이옥신류가 지정 물질로, 폐기물 처리법에도 연계시켜 시행령 일부 개정
1999	벨기에산 돼지고기의 다이옥신 오염 사고

(2) 다이옥신은 얼마나 위험한 물질인가?

다이옥신은 자연계에 한 번 생성되면 잘 분해되지 않고 안정적으로 존재하게 된다. 토양이나 침전물들 속에서 축적되고 생물체 내로 유입되면 수십 년 혹은 수백 년까지도 존재할 수 있다.

다이옥신은 물에 잘 녹지 않는다. 그러므로 생물체의 몸 안으로 들어온 다이옥신은 소변으로 잘 배설되지 않는다. 그러나 다이옥신은 지방에는 잘 녹아 생물체의 지방 조직에 잘 축적된다.

물고기, 가재, 각종 새, 포유류 그리고 사람이 물을 마시거나, 숨을 쉬거나 음식을 먹음으로써 다이옥신을 섭취하게 된다. 그러나 사람은 먹이 사슬의 가장 높은 자리를 차지하고 있기 때문에 모든 동물들이 먹은 다이옥신은 최종적으로 사람의 몸 속에 축적된다. 한 번 생성된 다이옥신은 좀처럼 없어지지 않고, 우리 몸에 축적되면서 장기적으로 건강 장애를 일으킨다.

(3) 다이옥신은 어디에서 발생되는가?

다이옥신은 1957년 제초제 속에 불순물로서 섞여 있는 것이 확인되면서 최초로 발견되었다. 미군이 월남전 때 사용했던 제초제의 일종인 고엽제(agent orange)에도 미량의 다이옥신 성분이 포함되어 있었다.

1976년에는 플라스틱 쓰레기의 염화비닐 성분이 타면서 쓰레기 소각로의 배기 가스에서 다이옥신이 생성되는 것으로 추정하였다. 그 뿐만 아니라 담배 연기, 자동차 배기 가스, 염소 표백제에 레몬 주스를 첨가해도 다이옥신이 생성되는 것으로 판명되었다.

▣ 다이옥신의 독성 ▣

- 환경에 방출된 경우라도 안정되어 분해되는 것이 적다.
- 생체 농축이 되고, 설령 미량이라도 오랫동안 생체 내에 축적된다.
- 체내에 들어간 다이옥신은 발암성과 유전성을 가지고 각각 수년 내지 수십 년이 지난 때부터 독성이 나타나 거의 회복이 되지 않는 피해를 가져오게 된다.
- 다이옥신은 청산가리(KCN)의 1만 배에 달할 정도의 맹독성 물질이다. 식물에 극소량만 침투되어도 잎사귀나 줄기가 금방 말라 버리며, 실험용 쥐에 다이옥신 1ng[나노그램 : 10억 분의 1g]만 투여해도 즉사한다.
- 독성은 1g으로 몸무게 50kg의 사람 20,000명을 죽일 수 있을 정도이다.
- 사람의 경우 체내에 다이옥신 17ng이 축적되면 남성 호르몬이 크게 감소된다. 42ng에서는 중추 신경계에 이상, 100ng 이상이 축적되면 암을 유발(월남전 때 미군이 사용한 고엽제(agent orange)에 다이옥신 성분이 포함되어 있었다고 해서 지금까지 논란이 되고 있는 것은 이 때문이다.)

표 VIII-5 ▼ 다이옥신의 발생원

오염원 분류		대상 시설	주요 세부 내용
1차 우열원	인위적인 발생	화합물 제조	염화페놀 관련 물질의 제조 과정(제초, 곰팡이 방지, 살충제의 용도)
		폐기물 소각	도시 폐기물, 산업 폐기물, 의료 폐기물, 슬러지의 소각에 따른 굴뚝 먼지, 비산재 및 바닥재
		펄프, 종이 제조	염소하합물에 이한 퓨백 처리 공정
		자동차	휘발류 첨가제(4에틸납), 포착제(2-염화-2-브로모 에탄) 사용
		기타	담배 연기, 에너지 소비가 많은 산업 시설 등
	자연적인 발생		화산, 화재, 번개 및 산불 등
2차 오염원			음식물 섭취, 음용수 섭취, 공기 흡입, 피부 접촉, 토양, 생활 하수, 퇴비 및 퇴적물 등

다이옥신은 쓰레기를 태울 때 가장 많이 발생된다. 특히, PVC 재료가 많이 포함되어 있는 병원 폐기물과 도시 쓰레기를 태울 때 가장 많이 나온다. 자동차 배기 가스, 화력 발전소, 제지 및 펄프 산업, 철강 산업 등 염소 및 브롬을 사용하는 산업 공정에서 발생될 수 있다. 농약

표 Ⅷ-6 ▼ 미국의 다이옥신 오염원 및 배출량

배출원	대기 배출량(g/년)	비율(%)
화력 발전소, 제지 및 철강 산업 등	5.0	0.06
도시 쓰레기 소각	3,000	36.5
산업 쓰레기 소각	35	0.43
병원 쓰레기 소각	5,100	61.9
무연 자동차 배기가스	1.3	0.02
디젤 자동차 배기가스	85	1.03
합 계	8,226.3	100

이 뿌려진 수풀이나 산림의 화재로 다이옥신이 발생할 수 있고, 심지어는 담배 연기에서도 다이옥신이 발생된다.

미국에서는 의료 폐기물 소각 과정에서 가장 많은 다이옥신이 나오는 것으로 알려져 있고, 일본과 스웨덴, 네델란드, 영국, 독일의 경우에는 도시 폐기물의 소각이 가장 주요한 원인이라고 밝히고 있다.

환경부에서는 최근 우리 나라 쓰레기 소각장에서 배출되는 다이옥신의 양이 연간 17.2g에 달한다는 추정치를 내놓았다. 환경부에서는 "소각로 굴뚝에서 나오는 다이옥신 때문에 주변 지역 주민들이 공포를 느낄 필요는 없다."고 했다.

사람이 흡수하는 다이옥신 중 97~99%는 음식을 통해서 체내로 들어오는 것이지만, 이 경로를 역으로 추적해 가면 결국 쓰레기 소각로가 주요 배출원이 된다는 것이다. 다이옥신은 가스 형태로 배출된 뒤 토양이나 물을 오염시키게 되며, 이 성분을 식물이 흡수한다.

궁극적으로는 '쓰레기 소각로 배기 가스→토양, 물→식물→동물'의 먹이 사슬 과정을 거쳐 사람이 섭취하게 되는 것이다. 따라서 쓰레기 소각로가 세워졌다고 해서 인근 주민들이 다이옥신 때문에 두려워할 필요는 없지만, 전체 생태계는 다이옥신으로 인해 오염된다는 뜻이다.

(4) 다이옥신은 어떻게 우리 몸 안으로 들어오게 되는가?

다이옥신이 사람의 몸 안에 들어오는 것은 음식물을 통한 것이 97~98%이고, 호흡을 통한 것은 2~3% 정도인 것으로 알려져 있다. 쇠고기와 낙농 유제품, 우유, 닭고기, 돼지고기를 통해 섭취하는 것이 대부분이고 식수를 통해 섭취되는 것은 거의 무시해도 좋은 수준이다.

이 외에도 염소 표백된 종이 제품에서도 다이옥신이 검출되기 때문에 음식물 포장재로부터 음식에 오염되는 것도 생각해야 한다. 또 담배 연기를 통해서도 다이옥신이 섭취되고 있다.

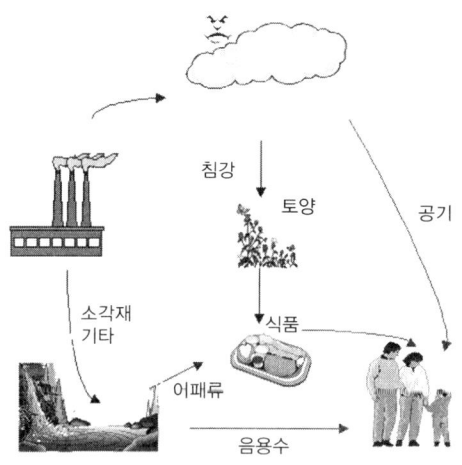

그림 Ⅷ-20 ▲ 다이옥신 오염원의 인체 유입 경로

(5) 쓰레기 소각장에서 배출되는 다이옥신이 문제가 되는 이유는?

미국에서 다이옥신은 98.8%가 쓰레기 소각장에서 발생된다. 그러므로 쓰레기 소각을 줄이는 방법만이 다이옥신의 새로운 발생을 막을 수 있는 방법이다.

우리가 호흡을 통하여 흡수하는 다이옥신은 2~3%에 불과하지만, 육류 및 낙농 제품 등을 통해 섭취하는 나머지 97%의 다이옥신은 어디서 오는 것일까? 쓰레기 소각장에서 발생되는 다이옥신은 대기를 오염시키고, 산림 자원, 농산물 및 토양 등을 오염시키게 된다.

다이옥신은 물에 잘 녹지 않고 지방에 잘 녹는 성질이 있어서 물에 금방 씻겨 내려가기 때문에 우리가 먹는 물이나 채소에서는 거의 무시해도 좋다. 씻겨 내려간 다이옥신은 강에 모이게 된다. 강이나 연안 바다의 바닥에 침전되어 바다 밑바닥에서 어패류가 섭취하게 된다. 또 작은 물고기가 섭취한 다이옥신은 물고기의 체내 지방 조직에 축적되고, 먹이 사슬을 통해 점차 큰 물고기에 점점 더 많은 양의 다이옥신이 축적된다.

육지에서도 소, 돼지, 양, 닭 등의 가축에 오랜 시간에 걸쳐 다이옥신이 지방 조직에 축적되고, 계란이나 우유에도 다이옥신이 축적된다. 사람은 육류나 어패류 및 낙농 제품의 최종 소비자이기 때문에 먹이 사슬을 통해 축적된 최고로 높은 양의 다이옥신을 섭취하게 된다.

(6) 다이옥신의 '1일 안전 용량'과 허용량은 얼마나 되는가?

안전 용량이라는 말은 사람이 이 용량을 70세까지 섭취할 경우 100만 명당 1명에서 암(cancer)이 발생할 가능성을 말한다. 이 비율로 보면 너무 적으므로 안전하다고 볼 수 있다. 그러나 미국 환경청은 다이옥신의 건강 위해성을 평가하기 위해 다이옥신 1일 안전 용량을 0.42pg(몸무게 70kg 성인 기준)으로 정했다. 그런데 이 같은 안전 용량에 따르면, 모든 미국 사람들은 이미 너무 많은 다이옥신을 섭취하고 있는 셈이다. 미국 환경청에서는 미국 사람 1명이 하루에 섭취하는 다이옥신의 양을 119pg으로 계산하였다. 이 양은 미국 환경청이 제정한 안전 용량보다 무려 280배나 더 많은 것이다. 이것은 인구 1,000~10,000명당 한 명꼴의 암 발생률을 의미한다. 이러한 위험률은 일찍이 보고된 암 발생 위험률 중 가장 높은 것이다. 더구나 여기에는 암을 제외한 다이옥신의 다른 건강 위해 요소로는 포함되어 있지도 않다. 그러므로 다이옥신에 대한 안전 용량이란 없다고 할 수 있다. 이것은 더 이상 다이옥신을 허용해서는 안 된다는 의미이다.

국 명	허용 섭취량	국 명		허용 섭취량
스웨덴	5	캐나다		10
덴마크	4	미국	EPA	0.01*
네델란드	1		FDA	13
벨기에	5	일본		4
독일	10	WHO		1~4

주) TEQ(Toxicity Equivalent ; 독성 등가 환산 농도)

▌*다이옥신의 농도 표시 ▌

• 총량 농도(PCDD+PCDF) : 사염화물~팔염화물의 각 동족체의 실측 농도를 전부 합한 농도. 실제로 210종의 이성체 중 정량에 사용되는 다이옥신류의 이성체는 사염화물~팔염화물까지 136종이다.

• 독성 등가 환산 농도(Toxicity Equivalent, TEQ) : 각 동족체의 실측 농도에 2, 3, 7, 8-치환 이성체 17종(PCDDs 7종, PCDFs 10종)의 독성 등가 환산 계수(Toxicity Equivalent Factor, TEF)를 적용한 농도

$$TEQ = \Sigma[TEF \times 실측\ 농도]$$

미국을 제외한 대부분의 나라에서는 다이옥신의 농도를 '독성 등가 환산 농도'로 표시하고 있다.

• 독성 등가 환산 계수(TEF) : 다이옥신은 염소의 부착 위치 및 치환수에 따라 독성의 강도가 다르므로 이성체 중에서 가장 독성이 강한 2, 3, 7, 8-T4CDD의 독성을 기준값 1로 하여 각 이성체의 상대적인 독성값을 나타낸 계수를 독성 등가 환산 계수(TEF;Toxicity Equivalent Factor)라 한다.

(7) 다이옥신이 인체에 주는 피해는 어느 정도인가?

다이옥신이 인체에 주는 영향을 이해하기 위하여 호르몬에 대하여 알아보자.

호르몬이란 생체의 특정한 세포에서 만들어져서 분비되는 물질의 일종이다. 세포에서 만들어진 호르몬은 혈액으로 유출된 후 먼 곳에 있는 표적 세포(target cell)에 생화학적인 효과를 나타내는데, 이러한 효과를 나타내는 물질을 일반적으로 지칭하는 말이다. 어떤 호르몬

은 하나의 표적 장기에만 작용하고(例 갑상선 자극 호르몬 : 갑상선에만 작용), 또 어떤 호르몬은 여러 세포들에 작용을 일으킨다(例 인슐린이나 갑상선 호르몬, 간, 뇌, 피부 등에 작용). 이러한 호르몬들은 작용하는 장기에 독특하게 결합되는 호르몬 수용체가 있어서 호르몬－수용체라는 복합체를 형성하여 특이 장기에 선택적으로 독특하게 결합하여 생화학적 효과를 일으키게 된다.

한편, 세포가 나타내는 반응은 그 특정 세포의 유전적 프로그램에 따르기 때문에 동일한 호르몬이 다른 조직에서 다른 효과를 나타내는 경우도 있다.

환경 호르몬이란 생물체에서 정상적으로 생성, 분비되는 물질이 아니라 인간의 산업 활동을 통하여 자연계에서 생성되고 방출된 화학 물질이 생물체에 흡수되면서 이러한 물질들이 생물체에서 호르몬처럼 작용하는 것에서 붙여진 이름이다. 다이옥신과 같은 환경 호르몬은 호르몬의 작용을 억제하기도 하고 또 강화시키기도 하면서 매우 적은 양으로도 생체의 발육과 성장 및 각종 기능에 중대한 영향을 미치기 때문에 최근에 심각한 문제가 되고 있다.

다이옥신과 같은 환경 호르몬은 호르몬이 수용체에 결합하여 유전자 체계에 반응이 일어나도록 하는 관계는 열쇠가 열쇠 구멍에 꽂혀 자물쇠가 열리는 관계와 비슷하다.

내분비 교란 물질이 자연 호르몬의 정상적 기능을 간섭하는 호르몬과 수용체의 관계 및 그 결과로서의 반응 여부에 따라서 다르게 된다. 즉, 호르몬의 모방, 호르몬 작용의 봉쇄, 세포 반응의 촉발, 호르몬 대사에 간접 영향 등 네 가지의 경우를 들 수 있다.

다이옥신은 인류가 만든 환경 호르몬 중에서 최악의 독물로 꼽힌다. 다이옥신의 독성은 1g으로 몸무게 50kg 되는 사람 2만 명을 죽게 할 수 있을 정도로 강하다.

사람을 대상으로 하는 역학 연구 조사, 동물 암 실험과 생화학적 실험을 종합해 볼 때, 다이옥신은 선천적인 기형아(성기 이상, 무뇌아,

척추 이분증) 출산, 환경 호르몬에 노출된 여성들과 남성들에게서의 호르몬 관련 암(유방암, 고환암), 반복되는 자궁 출혈과 통증, 불임, 면역 기능 저하, 반복되는 감염 증세, 염소성 여드름과 같은 독성 물질에 노출된 후 나타나는 피부 질환, 어린 아이의 발육 부진, 말초 신경 질환, 중추 신경계 질환과 연관이 되는 것으로 알려져 있다.

생태계의 먹이 사슬을 따라 인체에 들어온 다이옥신은 수년 간 또는 수십 년 후 손자대에 이르기까지 발암성, 체기성(기형을 유발하는 성질) 등 치명적인 손상을 끼친다.

다이옥신이 인체에 미치는 영향을 인체 내에서 다이옥신이 인체에 축적되는 신체 부하량(body borden)에 의하여 설명할 수 있는데, 다이옥신이 누적됨에 따라서 다양한 질환을 일으키게 된다. 사람의 체내에 1kg당 다이옥신 17ng(나노그램, 1ng은 10억 분의 1g)이 축적되면 남성 호르몬이 감소되고, 42ng에서는 중추 신경계에 이상을 일으킨다. 100ng 이상 축적되면 암이 생겨난다. 매우 적은 양에서도 다이옥신이 생식계 및 면역 장애를 야기시키고, 일정 한계치 없이 암 발생을 유발시키는 것을 볼 때, 다이옥신이 '안전한' 노출 한계치를 가지는 것은 아니라고도 할 수 있다. 우리의 몸은 이미 다이옥신 유사 화학 물질로 포화되어 있어서 매우 작은 양에 노출되어도 생식계 및 면역 장애 및 암 발생을 일으킬 수 있다. 이와 같이 가공할만한 독성을 보이고 있기 때문에 대표적인 환경 호르몬인 다이옥신의 파장이 갈수록 증폭되면서 우리의 식탁은 과연 안전한가에 대한 불안이 커지고 있다.

세계보건기구(WHO)에서는 몸무게 1kg당 1~4pg(피코그램은 1조 분의 1g) 즉, 체중 60kg의 성인이라면 240pg을 넘지 않는 것이 좋다고 권고하고 있다.

(8) 다이옥신 발생의 규제 현황 및 섭취에 대한 대책

MO 등 CNP계 제초제의 독성과 위험성을 따로 한데 모아서 다이옥신 공통의 독성 특징과 함께 또 하나로 위험성이 높은 다이옥신 오염의 원인인 쓰레기 소각장으로부터 배출물(타고 남은 재, 소화용 폐수와 연도 가스 세정용 폐수, 집진 장치에서의 비산재, 굴뚝으로부터의 방출물)이다. 전국 대부분의 쓰레기 소각장에서 다이옥신이 과다 배출되고 있고, 소각로 배출구의 다이옥신 농도는 국내 권고 기준치의 11배에 달하며, 선진국 기준에 비해서는 무려 230배가 넘는 다이옥신이 배출되고 있다.

① **다이옥신 규제 현황** : 우리 나라의 최근 다이옥신 배출 허용 권고 기준은 $40ng/m^3$이며, 시간당 처리 능력 0.2톤 이상인 모든 소각 시설에 대해 연간 1회의 다이옥신 측정 의무를 규정하고 있다.

   2002년부터는 다이옥신 배출 허용 기준(0.5ng)을 강화하여 환경부는 다이옥신 배출 허용 기준을 신설로의 경우 2003년 6월 말까지 권고 기준을 0.1ng(나노그램 : 10억 분의 1g)으로 정하고, 2003년 7월부터 이 기준을 적용하고 있다.

표 Ⅷ-8 ▼ 세계 각국의 도시 쓰레기 소각 시설 다이옥신 배출 기준

(단위 : $ng-TEQ/Nm^3$)

구분	미국	스웨덴	독일	일본	한국
배출 기준	0.14~0.21	신설 0.1 기존 0.1~2	0.1	신설 0.1~5.0 기존 1.0~10.0	신설 0.1 기존 0.5

* 1ng(나노그램) : 10억 분의 1g
* Nm^3 : 25℃, 1기압(normal condition)에서 $1m^3$ 공간에 들어 있는 기체 부피

② **생활 중 다이옥신 섭취에 대한 대책**

   ㉮ 다이옥신의 섭취를 줄여야 한다.

      다이옥신의 섭취를 줄이기 위하여 동물성 지방을 적게 먹어야 한다. 전유보다는 탈지유가 더 좋다. 고기는 지방이 적은 것을 먹도록 하고, 닭고기는 껍질이 없는 것이 더 좋다.

      야채와 과일, 저지방 식품의 경우 다이옥신의 위험이 매우 낮기 때문에 바람직한 식품으로 권장되고 있다. 그러나 이러한 개인

적인 노력만으로는 우리의 식탁과 우리의 일상 생활에서 다이옥신을 완전히 제거할 수는 없다.

㉯ 흡연을 하지 않도록 해야 한다.

담배 연기에서도 다이옥신이 배출되며, 담배 1갑당 다이옥신 배출량은 7pg이어서 우리 나라 담배 소비량을 50억 갑으로 잡을 때 연간 35mg이 배출되고 있다.

㉰ 쓰레기 소각장을 줄여야 한다.

쓰레기 소각장에서 배출되는 다이옥신의 양이 적지 않아서 국내외적으로 소각장 시설이 배척을 당하고 있는 형편이다. 우리 나라에는 목동, 대구 성서, 부천 중동, 경남 창원, 고양 일산 등 모두 1만 개에 이르는 소각장 시설이 가동 중이며, 시설 주변의 거주민들은 대부분이 쓰레기 소각장 가동에 반대하고 있는 입장이다.

㉱ 다이옥신에 대한 총체적 관리 대책이 필요하다.

쓰레기 소각장뿐만 아니라 다이옥신이 발생될 수 있는 산업 공정에 대한 전반적인 관리 대책이 있어야 한다. 특히, 쓰레기 소각장은 다이옥신 발생의 주범이기 때문에 쓰레기 처리 기술 개발이 필요하다. 또한, 다이옥신의 발생과 관리 실태에 대한 정보를 분명히 공개해야 한다. 전국적으로 쓰레기 소각장과 산업 폐기물 처리장 및 여러 곳에서 다이옥신이 얼마나 발생되고 있는지 측정해야 한다. 그 뿐만 아니라 각급 학교에서 다이옥신의 위험도에 대한 안전 교육과 일반 시민들에 대한 관리 지도가 필요하며, 엄격한 관리 기준이 시급히 마련되어야 한다.

참고 문헌

• 김진천(1999). 다이옥신류 저감 대책과 방법. 신기술.
• 류재근(1999). 다이옥신은 어떤 물질일까요?
• 국립환경연구원 : http://www.nier.go.kr
• 다이옥신 : http://dioxin.peacenet.or.kr/
• EnCyber 두산동아대백과.

우 주 생 활 과 우 주 정 거 장

우주선은 1961년 4월 1일 러시아의 유리 가가린이 보스토크 1호에 탑승하여 우주 여행을 한 후, 미국을 중심으로 45년 동안 우주 탐사선과 우주 왕복선이 우주 궤도를 돌아 여러 가지 탐사를 하였다. 러시아의 우주 정거장 미르는 15년간 생애를 마치고 2001년 3월 23일 남태평양에 떨어졌다.

미국은 세계 15개 국가를 참여시켜 우주 공간에서 3개(즈베르다, 자르야, 유니티)의 우주 정거장을 조립하여 420t의 거대한 국제 우주 정거장(Iss) 알파가 우주 공간에 떠 있게 된다.

IX

우주 생활과 우주 정거장 *

1 ➤ 우주인과 우주 생활

(1) 우주인

우주인(astronaut)이라는 말은 '우주 항해자'라는 뜻의 그리스어에서 유래하였다. 보통, 우주인은 우주선을 조종하는 우주인 '우주 비행사'와 과학 실험을 담당하는 '임무 전문 우주인'으로 나누어진다.

우주 개발 초기에는 우주인이 될 수 있는 사람은 대부분 공군 비행 조종사인 동시에 우수한 자질을 가진 사람만이 엄격한 선발 과정을 통해 우주인이 될 수 있었을 정도로 선발에 있어서 매우 까다로웠다. 그러나 지난 2001년 민간인으로서는 처음으로 데니스 티토(Dennis Tito)가 우주 여행을 한 경우와 같이 평범한 사람이 특별한 임무 수행을 목적으로 하지 않고 단지 우주 여행을 즐기기 위해서라도 우주로 떠날 수 있게 되었다.

그림 IX-1 ▲ 달에 착륙한 우주인

표 IX-1 ▼ 역사 속의 우주인

날짜	우주인 이름	국가	활동 내역
1961.4.12	유리 가가린(Yuri Gagarin)	러시아	인류 최초의 유인 우주선 보스토크 1호에 탑승
1961.5.5	앨런 셰퍼드 (Alan B. Shepard)	미 국	미국 최초의 유인 우주선 머큐리에 탑승
1962.2.20	존 글렌(John Glenn)	미 국	미국 최초로 지구 궤도 비행, 77세까지 우주 비행
1963.6.16	테레시코바(Tereshkova)	러시아	보스토크 6호에 탑승하여 여성 최초로 우주 비행에 성공
1965.3.18	알렉세이 레오노프 (Alexei A. Leonov)	러시아	인류 최초의 우주 유영
1965.6. 3	에드워드 화이트 (Edward H. White)	미 국	두 번째 우주 유영
1969.7.20	닐 암스트롱 (Neil Alden Armstrong)	미 국	인류 최초 달 착륙
1999.7.27	에일린 콜린스 (Eileen M. Collins)	미 국	컬럼비아 호 탑승 여성 첫 우주 선장
1998.10.	무카이 치아키(向井千秋)	일 본	동양 첫 여성 우주 비행사
2001.	데니스 티토(Dennis Tito)	미 국	소유즈에 탑승하여 최초의 민간인 우주 비행

(2) 우주복

우주복은 우주 공간에서 활동하는 우주인들의 신체를 보호할 목적으로 만든 특수한 옷이다. 인간은 지구에서와 같은 복장으로는 우주에서 생명을 유지할 수 없기 때문에 우주인들은 우주에서도 활동할 수 있도록 특수 제작된 우주복을 입는다.

(3) 우주 공간에서 사람 몸의 변화

우주 궤도상에서는 지구에서와는 달리 진공이므로 무중력 상태이다. 사람의 몸 구조는 지구의 중력과 대기압에 적응하도록 되어 있다. 또한, 심장의 크기와 혈액 순환 계통도 중력에 적응하여 신체의 각 부분에 보내도록 되어 있다. 그러나 우주 궤도상에서는 중력이 없는 상태이므로, 이와 같은 사람의 기능 조건이 달라지게 된다.

지구상에서 몸무게가 70kg인 사람이 우주 궤도상에서는 0kg이 된다. 사람의 척추(脊椎)는 몸무게를 버티지 않아도 되기 때문에 몸무게로 눌려 있던 척추의 뼈들이 풀려 나와 키는 2~5cm 가량 더 늘어난다. 사람의 혈액과 몸 안에 있는 액체는 하체에서 상체로 올라오게 되므로 얼굴이 붓고 눈이 작아지게 된다. 또한, 얼굴의 주름살이 없어지고, 허리는 2~4cm 정도 가늘어져서 바지의 혁대를 다시 꼭 매어야 하고, 발도 작아져서 구두도 헐렁해진다. 다리는 몸무게를 유지하는 힘이 필요 없으므로 근육은 제 구실을 못하게 되고, 약간 구부러진 모양으로 된다. 또한, 식욕이 줄고 심장의 운동이 떨어지게 된다.

(4) 우주선의 내부

우주선은 우주 비행사들이 장기간 생활하는 데 불편함이 없도록 쾌적한 온도, 습도 및 생활 편의 시설 등이 잘 갖추어져 있다. 우주선 실내는 지상에서와 똑같이 질소와 산소가 4 : 1로 혼합된 공기로 채워져 있다. 산소는 두 가지 방법으로 공급되는데, 한가지 방법은 우주선 안에 보관되어 있는 액체 산소로부터 공급되고, 또 다른 방법은 전류가 물 저장 탱크를 통과하면서 물을 수소와 산소로 전기 분해하여 공급되는 방식이다.

우주선 내의 온도와 습도는 생명 유지 장치를 통해 반소매 차림으로 지낼 수 있을만큼 쾌적하게 유지된다. 공기가 탁해지거나 불쾌한 냄새가 발생하면 정화 장치가 자동으로 작동된다. 우주선 안에는 취침 시설, 화장실, 샤워 시설, 냉장고와 식탁이 갖추어진 주방 등 생활에 필요한 기본 시설이 모두 갖추어져 있다. 또한, 승무원들의 건강을 위한 운동 기구도 비치되어 있다.

그림 Ⅸ-2 ▲ 우주선의 내부

(5) 우주선의 종류

우주선은 크게 2가지로 나눌 수 있다. 한 가지는 우주 탐사선과 우주 왕복선이다.

우주 탐사선은 지구가 아닌 다른 행성을 탐사할 때 사용하는 우주선으로 그 동안 많은 행성을 탐사하지 못했지만, 이제부터는 곧 우주선이 상당한 발전을 이룰 것이므로 이제 곧 토성같이 멀리 떨어져 있는 행성도 탐사할 수 있을 것이다.

우주 왕복선(space shuttle)은 우주 탐사선만큼 개수가 많지 않다. 우주 정거장과 우주선은 미래에 우리의 과학 발전 속도에 따라 그만큼 발전하고 우리가 살게 될지도 모르는 우주로 가는 첫걸음이라고 생각한다. 우주 정거장은 우주에서 우리가 살 수 있다는 것을 증명해 주었고, 우주선은 우리도 우주로 갈 수 있다는 것을 보여 주었다. 그 뿐만 아니라 인간의 무한한 가능성을 갖게 해 주었다.

표 IX-2 ▼ 우주선의 종류

분류	우주선의 종류
우주 탐사선	파이오니아, 루나, 소유즈, 아폴로, 베네라, 레인저, 메리너, 보스호트, 제미니, 서베이어, 바이킹, 보이저, 베가, 사시카케 스이세이, 조토, 마젤란, 갈릴레오, 율리시즈, 소호, 마르스 패스화인더, 카시니
우주 왕복선	컬럼비아 호, 디스커버리 호, 챌린저 호, 엔데버 호

① **우주 탐사선** : 지구는 우주의 한 구성이며, 인간의 역사 또한 우주 공간의 여러 현상과 독립해서 볼 수는 없다. 고대 이집트 사람들은 수천 년 전에 정밀한 천체 관측을 기초로 하여 태양력을 만들어 이용하였다. 그것을 개선하여 B.C. 45년에 제정한 것이 율리우스 력이다. 16~17세기에 이르러 코페르니쿠스, 갈릴레이, 케플러 그리고 뉴턴 같은 과학자들이 나타나서 우주 과학의 기초를 확립했으며, 20세기 들어 각종 공학적 수단이 도입되면서 우주 공학은 급속도로 발전하기 시작하였다.

인간이 우주 궤도에 쏘아 올린 우주 탐사선은 표 IX-2와 같이 많이 있지만, 그 중 특징이 있는 우주선 몇 가지를 예로 들어 보면 다음과 같다.

㉮ **파이오니아 호** : 파이오니아 호 계획은 1958년에 시작되었으나 1호부터 4호까지 달을 탐사하려던 계획은 모두 실패로 끝났다. 그러나 파이오니아 4호는 1959년 지구 주위의 반 앨런대의 방사선 수준에 대한 자료들을 수집하기도 했다.

1960년부터 1968년까지 발사된 파이오니아 5호부터 9호까지는 모두 태양의 궤도를 선회하는 데 성공했으며, 태양풍과 우주선, 지구의 자기장 그리고 우주 공간의 입자들에 대한 조사 활동을 벌였다. 이 우주 탐사선 중 2대는 20년 이상 계속해서 데이터를 보내왔다.

파이오니아 5호는 태양 플레어의 활동성과 강력한 행성간 자기장의 관련성을 발견했다. 파이오니아 10호와 11호는 소행성대를 넘어간 최초의 우주 탐사선들이다. 소행성대 밖의 외행성을 방문한 파이오니아 10호와 11호는 손상을 입지 않고 무사히 소행성대를 통과하는 데 성공했다.

1973년 12월 파이오니아 10호는 목성을 지나 비행한 최초의 우주 탐사선이 되었으며, 목성 주위의 강력한 자기장을 측정했다. 이 결과 목성이 지구보다 2천 배나 강한 자기장을 가지고 있음이 밝혀졌다. 파이오니아 11호는 1974년에 목성을, 1979년에 토성을 지나면서 토성의 고리에 대한 최초의 근접 사진을 보내 왔으며, F고리를 포함한 2개의 새로운 고리를 발견했다.

㉯ **소유즈 호** : 최초의 유인 우주선인 소유즈 1호는 1967년 4월 23일에 발사되었다. 소유즈 우주선은 러시아의 우주 비행사들을 우주로 데려가고 다시 데려오는 데 이용되었다. 3명의 승무원들은 우주선의 가운데 칸인 강하 모듈에 탑승했는데, 이 모듈은 지구 대기에 재진입할 때 매우 뜨거운 온도를 견디어야 하므로 열 차폐막으로 덮여 있다. 앞쪽의 궤도 모듈에는 식량과 비품을 싣고 있으며, 태양 전지판이 달려 있는 뒤쪽의 기계 모듈에는 주엔진, 새진입을 위한 로켓 엔진 그리고 통신 장비와 조종 장치가 있었다. 세 대의 모듈은 지구 대기로 재진입하기 전에 분리되며, 강하 모듈만이 재진입시의 충격에도 손상 받지 않고 그대로 남게 된다. 우주 정거장이 생기기 전에 소유즈 우주선은 단순히 지구 주위의 궤도를 돌기만 했다.

㉰ **아폴로 호** : 1961년 발표된 아폴로 호 계획의 목표는 세계 최초로 달에 사람을 착륙시키는 일이었다. 그 후 1969년 7월 20일 아폴로 11호는 달의 '고요의 바다'에 2명의 우주 비행사 '닐 암스트롱'과 '에드윈 버즈올드린'을 인류 역사상 최초로 달 표면에 착륙시켰다. 두 우주 비행사는 달에서 22시간을 머물렀으며, 그 중 2시간 30분은 착륙선 밖에 있었다. 이후 이들은 사령선과 서

그림 IX-3 ▲ 달로 향하는 아폴로 11호

비스 모듈에 남아 궤도를 선회하고 있는 '마이클 콜린스'와 합류
하기 위해 달 표면을 이륙하였다.

 아폴로 우주선은 달에 대해 가능한 한 많은 것을 발견하기 위
해 여러 실험 장비들을 싣고 있었다. 이 장비들은 우주 비행사가
떠난 뒤에도 달 표면에 그대로 남아 계속해서 자료를 수집했다.

 아폴로 계획의 달 과학 실험 패키지(ALSEP)는 자체적으로 동
력을 공급받아 실험 결과를 지구로 보낼 전파 발신기를 갖고 있
었다. 달에서는 또한 특수하게 설계된 장비가 암석과 토양 표본
을 채취했다. 지구에 돌아온 뒤 이루어진 월석에 대한 연구는 달
이 지구에서 볼 수 있는 것과 비슷한 원소들을 포함한다는 사실
을 밝혀 주었다. 또한, 달의 내부 구조가 지구와 유사하다는 것
도 알아내었다.

표 IX-3 ▼ 아폴로 호의 활동 내용

우주 탐사선	발사일	활동 내용
아폴로 11호	1960년 7월	달에 인간 착륙
아폴로 12호	1969년 11월	달의 토양 샘플 채취
아폴로 13호	1970년 4월	실패
아폴로 14호	1971년 5월	달 표면에 착륙
아폴로 15호	1971년 7월	달 표면 탐사
아폴로 16호	1972년 4월	달 표면 탐사
아폴로 17호	1972년 12월	달의 30km 여행

㉑ 제미니 호 : 1965년 3월과 1966년 11월 사이에 사람이 직접 조종하는 제미니 우주선의 비행이 10차례에 걸쳐 이루어졌다. 이 계획의 목표는 차후 예정된 아폴로 계획을 위해 필요로 하는 기술을 가능한 한 많이 시험하는 것이었다. 이 계획의 목적에는 두 대의 우주선을 랑데부 비행해서 도킹하고, 우주 비행사들이 우주 유영을 하는 것도 포함되어 있었다. 이전의 머큐리 우주선과 달리 제미니 우주선의 캡슐은 승무원들이 어떤 방향으로든지 궤도를 수정할 수 있도록 제작되었다. 제미니 우주선은 두 명의 우주 비행사들이 탈 수 있도록 제작되었다.

㉠ 마젤란 호 : 1989년 5월 4일 우주 왕복선 아틀란티스 호에서 발사된 마젤란 호는 금성의 두꺼운 구름을 통과하는 레이더를 이용하여 금성 전체의 지도를 만들었다. 마젤란 호는 금성 주위의 궤도를 선회하면서 그 표면에 대한 정보를 모아 궤도를 돌 때마다 한차례씩 지구로 그 내용을 보내왔다. 그 결과 산악성 화산이 있는 금성의 지형을 볼 수 있었다.

1994년 10월 12일 마젤란 호는 6번째의 측량으로 자신의 임무를 완수한 뒤 금성의 대기로 들어가 파괴되고 말았다.

이 외에도 소호, 율리시즈, 카시니, 갈릴레오 호, 루나 등등의 우주 탐사선이 있다.

그림 IX-4 ▲ 금성 탐사선 마젤란 호

그림 IX-5 ▲ 목성 탐사선 갈릴레오 호   그림 IX-6 ▲ 토성 탐사선 카시니 호

② 우주선의 발사 연도와 역할

표 IX-4 ▼ 우주선의 활동 내용

우주선 종류	우주선의 이름	우주선의 발사 년도	우주선의 활동 내용
우주 탐사선	파이오니아	1958년~1978년	태양풍과 우주선, 지구의 자기장, 그리고 우주 공간의 입자들에 대한 조사. 각 행성 조사
	루나	1959년~1976년	달에 대해 조사
	소유즈	1967년 4월 23일	러시아 우주 비행사의 이동
	아폴로	1967년~1972년	최초로 달에 사람을 착륙
	베네라	1961년~1983년	금성을 조사
	레인저	1961년과 1965년	달의 사진 및 영상 보냄
	매리너	1962년~1973년	수성, 금성, 화성 조사
	보스호트	1964년	두 사람 이상 탑승한 최초의 우주선, 세계 최초의 우주 유영을 기록
	제미니	1965년~1966년	아폴로 계획에 필요한 기술 시험
	서베이어	1966년~1968년	아폴로 계획을 실행 가능한 장소 물색
	바이킹	1967년	화성에 생명체 있는가 조사
	보이저	1977년	목성, 토성, 천왕성, 해왕성 조사
	베가	1984년	금성의 바람의 세기, 방향 조사
	사키가케, 스이세이	1985년 1월, 8월	헬리 행성의 사진을 찍음
	조토	1986년	헬리 행성의 사진을 찍음
	마젤란	1989년 5월 4일	금성 조사
	갈릴레오	1989년 10월 발사	목성 조사
	율리시즈	1990년 10월 6일	태양의 극 지역에 대한 태양풍과 태양 자기장 연구
	소호 1	1995년 12월 12일	태양의 내부 구조 조사
	마르스 패스 화인더	1997년 12월 4일	화성 구조 탐사
	카시니	1997년	타이탄을 조사
우주 왕복선	컬럼비아 호	1981년 4월 12일	최초 우주 왕복선
	디스커버리 호	1983년 11월	미국의 3번째 우주 왕복선
	첼린저 호	1986년 1월 28일	발사 2분 후 폭발
	엔데버 호	1987년~1993년	ISS 국제 우주정거장에 연결 성공
	컬럼비아 호	2003년 2월 1일	대기권 진입 중 폭발

③ 우주 왕복선

  ㉮ 컬럼비아 호 : 컬럼비아(Columbia)는 1792년 미국 선박으로 최
    초 세계 일주를 한 배의 이름이다. 이 컬럼비아 우주 왕복선은
    1981년 4월 12일 미국 케이프 케네디 우주 공항을 출발한 세계
    최초의 우주 연락선이다. 달을 탐험하고 지구로 귀환할 때 시속
    2,800km로 돌입시 공기와의 마찰 온도 1,500℃의 열을 막기
    위해 외부 표면에 37,061개의 실리콘 타일(silicon tile)을 붙였
    었다.
    그 후 여러 차례 우주 탐험을 한 후 수리하여 2003년 2월 1일
    미국 동부 시각 오전 9시쯤(한국 시각 오후 11시) 지구 대기권에
    진입하다가 64km 상공에서 폭발하여 승무원 7명 전원이 사망
    했다. 컬럼비아 호는 1월 16일 이스라엘 공군 대령과 여성 우주
    인 2명을 포함한 7명을 탑승시키고 플로리다 주 케네디 우주 센
    터의 발사대를 이륙, 16일 동안 과학 실험을 실시하는 임무를 수
    행하고, 이 날 오전 9시 16분 케네디 우주 센터의 착륙장으로 귀
    환할 예정이었다. 이 사고는 챌린저 호가 발사 직후 폭발한 이후
    17년 만에 발생한 대형 사고로, 미국 우주 개발 사업에 큰 타격
    을 주었다.

그림 IX-7 ▲ 컬럼비아 호

  ㉯ 디스커버리 호 : 미국의 3번째 우주 왕복선으로, 1983년 11월 케
    네디 우주 센터에서 인도되어 1985년 1월 23일 처음 발사되었

그림 IX-8 ▲ 디스커버리 호의 발사 장면

다. 디스커버리(Discovery)라는 이름은 남태평양의 하와이 섬을 발견한 영국 탐험가 제임스 쿡이 사용하던 2대의 배 중 하나이다. 사상 처음으로 국제 우주 정거장(ISS) 도킹에 성공하였으며, ISS에 파견될 상주 인력이 사용할 장비 등 2t의 화물을 옮겨 싣는 한편 우주 유영을 하면서 각종 보수 작업을 하였다. 당시 640만km의 우주 비행을 하였으며, 현재까지 7회 발사되었다.

㉓ 챌린저 호 : 1986년 1월 28일 전 세계의 수많은 TV 시청자들은 우주 왕복선 챌린저 호(Challenger)가 발사 후 2분도 채 못 되어 폭발하는 것을 전율 속에서 지켜보았다. 챌린저 호는 완전히 파괴되었고, 7명의 승무원 전원이 사망했다.

㉔ 엔데버 호 : 미국의 우주 왕복선 엔데버(Endeavour) 호가 66,000개의 태양 전지로 연결된 거대한 태양 전지판을 국제우주정거장(ISS)에 연결하는 데 성공했다. 미국 우주 왕복선 엔데버 호 승무원들은 이탈리아가 제작하여 엔데버 호에 실려 ISS에 부착된 화물 운반기 '라페엘로' 모듈을 로봇팔을 이용해 분리한 뒤 엔데버 호의 로봇팔에 전달하는 작업을 진행시킬 계획이었으나, 컴퓨터가 완전 수리되지 않아 작업이 이루어지지 못했다.

ISS에 연결된 태양 전지판은 엔데버 호에서 로봇팔에 의해 ISS

그림 IX-9 ▲ 엔데버 호

설치 장소로 옮겨졌으며, 2명의 우주 비행사(조 태너와 카를로 스노리에)가 6시간 39분 동안의 우주 작업을 하여 연결하는 데 성공했다.

④ **우주 왕복선에서 가장 취약한 부분** : 우주 왕복선은 우주로 향할 때보다 지구로 돌아올 때 더 위험하다. 지구로 귀환할 때는 지구의 중력에 의해 우주 왕복선이 급속도로 떨어지는 형태를 취하기 때문이다. 또한, 지구 대기권에 진입할 때 공기와의 마찰에 의해 열이 높아진다. 우주 왕복선의 경우 노즈콘(nose cone ; 원추형 맨 앞부분)이 1,400℃, 날개와 몸체는 1,100℃까지 올라간다. 주로 우주 왕복선을 구성하는 물질인 알루미늄 합금은 온도가 150℃ 이상 올라가면 강도가 떨어지는데, 이를 막기 위해 세라믹으로 만들어진 내열 타일을 표면에 붙인다. 우주선 하부에 위치한 특수 세라믹 내열 타일은 1,650℃의 열을 견디어 낸다.

컬럼비아 호의 폭발을 보면 이륙 당시에 발생했던 왼쪽 날개의 충격은 지구 대기권에 진입할 때의 고열을 견디게 해 주는 내열 타일에 손상을 입힌 것으로 보인다. 엄청난 열이 발생하는 과정에서 컬럼비아 호는 열을 흡수할 수 없는 상황에 처했고, 왼쪽 날개 부분에 열이 과도하게 집중되면서 결국 폭발했다는 것이 전문가들의 의견이다.

⑤ **차세대 우주 왕복선** : 차세대 우주 왕복선은 현재와는 다른 시스템
으로 구성되어야만 한다. 모든 부품이 회수되어 완전 재사용되어야
할 뿐 아니라, 완전한 하나의 발사체가 우주에 도달하여야 좋다.
1990년대 초 NASA(National Aeronautics and Space
Administration)는 여러 개의 연료 탱크와 추진 로켓이 달린 2~3
단의 기존 시스템과 달리 모든 추진 방식이 내장된 하나의 형태로
우주에 직행하는 1단 발사체 SSTO(Single Stage To Orbit)를 차
세대 우주 왕복선의 목표로 잡았다.

SSTO 개념으로 처음 개발된 것은 맥도널 더글러스 사의 DC-X
로켓(rocket)이다. 1991년부터 군사용으로 개발된 DC-X는 수직
이착륙을 하도록 되어 있었다. 액체 수소·산소를 사용하는 엔진 4
개를 가진 DC-X는 1996년 최초의 비행을 성공적으로 마쳤다.
DC-X는 26시간의 정비만으로 재발사할 수 있을 만큼 획기적인 발
사체였다. 그러나 4번째 시험 비행에서 추락하면서 개발이 취소되
었다.

또 록히드 마틴사에서 상업용으로 소형 시험 모델 X-33이 연구
되기도 했다. 그러나 X-33 계획이 성공하기 위해서는 어느 고도에
서나 최고 성능을 발휘하는 에어로 스파크 엔진(Aero spark
engine)과 저온 연료를 담는 경량의 복합재 연료 탱크가 개발되어
야만 했다. X-33의 개발 역시 연료 탱크의 제작에 실패하여 중단
되었다.

결국 NASA는 1단 발사체의 꿈을 접고 2단의 완전 재사용 발사
체를 차세대 우주 왕복선의 개발 목표로 다시 설정했다.

⑥ **로켓의 발사** : 인공 위성이나 우주 탐사선 그리고 우주 비행사들을
우주 공간으로 보낼 때에는 로켓을 이용한다. 로켓에는 크게 두 가
지 종류가 있다. 한 번밖에 사용할 수 없는 재래식 로켓과 로켓처럼
이륙하고 글라이더처럼 날으면서 착륙하는 재사용이 가능한 날개

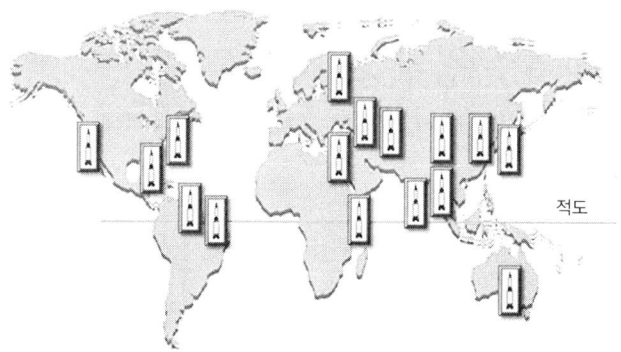

그림 IX-10 ▲ 세계의 로켓 발사 장소[1]

달린 우주 왕복선이다. 미국은 두 가지 모두 사용하지만, 다른 나라에서는 재래식 로켓만을 사용하고 있다.

⑦ **우주선의 연료** : 우주선에 사용되는 연료는 액체 수소(H_2)에 액체 산소(O_2)를 섞어 태워서 얻어지는 추진력으로 인공 위성을 발사한다. 그리고 대기권 밖의 우주에서는 태양열이나 고성능 전지 등을 이용한다.

과학 잡지에 따르면 NASA에서 연구하고 있는 반물질(半物質)을 우수선 연료로 사용하는 방안이나. 반물질은 물질과 만나면 엄청난 에너지를 내면서 사라져 버린다고 한다. 그래서 보관이 용이하지 못해 초전도 물질을 이용해서 보관한다고 한다. 반물질 7g만 있으면 우주까지 우주선을 날려보낼 수 있다고 한다. 그리고 수소 연료를 원자로에서 전기적으로 가속시켜 분출시키는 이온 로켓의 실용 가능성이 있어 연구가 진행되고 있다. 또한, 먼 거리를 이동할 때 쓰일 수 있는 우주선은 빛을 분사시켜 그 반동으로 나가는 광자 우주선이나 4차원적으로 두 점 사이의 거리를 단축시켜 빛보다 빨리 갈 수 있는 워프 항법 등의 연구가 진행되고 있다.

---

1) 우주선의 발사 장소는 지구가 로켓에 여분의 부양력을 주는 이점 때문에 더 빨리 도는 적도 근처에 위치한다.

2 ▶ 우주 정거장

(1) 우주 정거장의 개요 및 모형

우주 정거장은 지구 주위의 궤도를 선회하면서 승무원들이 한 번에 몇 주 또는 몇 개월 동안 거주할 곳을 제공한다. 우주 정거장은 과학적인 조사 활동을 벌이는 승무원들이 체류 기간 동안 건강하게 살기 위해 필요로 하는 모든 것이 제공된다. 거대한 태양 전지판은 전력을 만들고, 특수한 벽체와 차폐물이 온도를 쾌적하게 유지하며 그리고 전자기파나 우주에 떠도는 파편들로부터 승무원들을 보호한다. 또한, 도킹 포트(docking port)가 있어서 지구에서 온 우주선이 화물을 보급할 수 있다.

세계 최초의 우주 정거장인 살류트 1호[1]는 1971년에 발사되었다. 살류트 2호를 제외한 모든 우주 정거장에는 소유즈 우주선을 타고 지구를 떠난 우주 비행사들이 체류했다. 시간이 지나면서 우주 비행사들의 체류 기간은 몇 주에서 6개월로 연장되었다. 살류트 6호와 7호에는 여분의 도킹 포트가 있어서 다른 우주 비행사들이 우주 정거장에 거주하

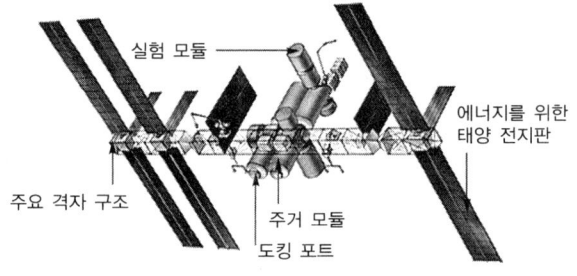

그림 IX-11 ▲ 우주 정거장의 모형

---

[1] 살류트 1호 우주 정거장은 이동 주택 정도의 크기였으며, 1992년에 발사된 살류트 7호는 4년 동안 가동되었다.

는 승무원들을 방문하거나 프로그레스 우주선이 지구에서 별도의 보
급품을 가져다 줄 수 있었다.

(2) 우주 정거장의 종류

① **살류트 시리즈** : 살류트(Salyut)는 1,600회의 각종 실험 및 관찰로
인간의 장기적 우주 공간 적응 가능성을 확인할 수 있었다.

표 Ⅸ-5는 연도별 살류트의 발사 년도를 나타낸 것이다.

표 Ⅸ-5 ▼ 살류트의 발사 년도

우주 정거장	발사 년도	연구한 내용
살류트 1호	1971년 4월	세계 최초의 우주 정거장, 우주 식물학에 대해 연구
살류트 2호	1973년 4월	발사 후 얼마 뒤 고장
살류트 3호	1974년 6월	미국의 군사 시설과 장비에 대해 조사한 것으로 추정
살류트 4호	1974년 12월	태양과 행성, 항성에 대한 관측
살류트 5호	1976년 6월	• 지구 대기의 에어로졸 오염도를 조사 • 알을 밴 물고기에 대한 무중력의 영향을 조사 • 커지는 결정을 가지고 실험 • 펌프를 사용하지 않고 우주 공간에서 추진체들을 이동시키는 데 성공
살류트 6호	1977년 9월	두 개의 특수한 노(furnace)를 이용하여 마이크로 중력 상태에서 반도체 물질 생산
살류트 7호	1982년 4월	심장 혈관계에 대한 무중력 상태의 영향에 대해 연구

② **미르** : 미르(Mir; 평화라는 뜻)는 최근의 러시아 우주 정거장으로,
살류트 시리즈에 이어서 건설된 러시아 2세대 우주 정거장으로
1986년에 발사되었다. 3개의 탑재 모듈을 6개의 접속 장치로 구성
하여 총 길이 13m, 지름 4.2m, 총 무게 21톤이었다.

유리 로마넨코가 326일 동안을 체류한 기록으로 인간의 우주 공
간 내 영구 거주 가능성을 확인하였다. 2001년 3월 23일 남태평양
으로 떨어짐으로써 15년의 생애를 마감했다.

③ **스카이랩** : 스카이랩(Sky lab)은 1973년 5월 14일 발사된 미국 최
초의 우주 정거장이다. 그러나 발사 몇 분 후 공기압의 영향으로 유

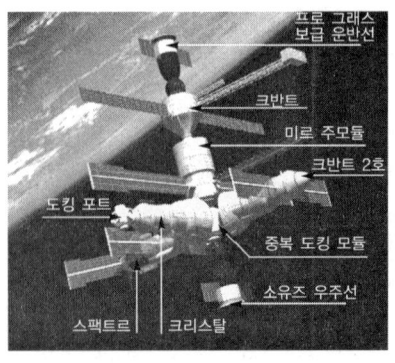

그림 IX-12 ▲ 미르 우주 정거장의 모형

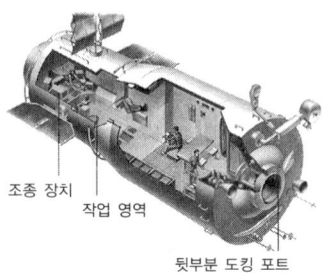

그림 IX-13 ▲ 미르 우주 정거장의 내부 구조

성체 차폐막과 태양 전지판 하나가 뜯겨져 나갔다. 스카이랩 승무원들은 손상된 부분을 수리했다.

스카이랩은 발사 후 이듬해인 1974년에 3팀의 승무원들이 각각 28일, 59일, 84일 동안 이 우주 정거장에 체류하였으며, 스카이랩의 넓은 주거 공간은 승무원들을 보다 편하게 해 주었다. 스카이랩은 1979년 지구로 돌아왔으며, 거의 모든 부분은 지구 대기로 들어올 때 파괴되었고, 일부 파편은 오스트레일리아에 떨어졌다.

④ **국제 우주 정거장** : 1998년 11월 20일 오전 9시 40분(한국 시간 오후 3시 40분) 우주 정거장 전체 구조물의 한 부분 모듈인 '자르야'가 로켓에 실려 우주 공간에 올려짐으로 국제우주정거장(ISS; International Space Station) 건설이 시작되었다. 이어 미국은 12월 2일 우주 왕복선 엔데버 호의 2번 째 모듈인 '유니티'를 우주에 보내 자르야와 연결하였다.

국제우주정거장의 완성까지 5년 동안 45회 이상 우주 왕복선이 발사되었고, 총 162회, 시간으로는 960시간의 우주 유영을 통해 각종 조립 작업 등을 진행하였다. 지금 이 순간도 모듈이 발사되고 있으며, 우주 비행사들이 우주 왕복선을 타고 올라가 우주 유영을 하면서 조립 작업을 하고 있다. 미국과 러시아의 우주인들은 모듈을 연결하고 태양 전지판 등을 조립하기 위해 144회에 걸쳐 1,800여 시간의 우주 유영을 해야 했다. 2005년 8월에는 7명의 우주인

그림 IX-14 ▲ ISS의 즈베즈다(왼쪽), 자르야(가운데),
유니티(오른쪽)가 결합된 우주선

이 생활할 수 있는 우주 정거장이 완성된다.

㉮ 국제우주정거장의 건설 배경과 내용 : NASA는 우주 환경을 이용하고 달과 행성을 탐사하기 위한 중계 기지로서 우주정거장이 필요하다고 생각했다.

1984년 레이건 대통령은 10년 이내에 우주 정거장을 건설하겠다고 공언했지만, 미국의 힘만으로 엄청난 예산을 감당하면서 우주 정거장을 건설하는 것은 무리였다. 그래서 1992년 미국은 세계 15개 국(네덜란드, 노르웨이, 덴마크, 독일, 벨기에, 스웨덴, 스위스, 스페인, 영국, 이탈리아, 프랑스, 일본, 한국, 캐나다, 브라질)과 10년 넘게 우주 정거장을 운영해 온 러시아를 참여시켜 국제우주정거장 계획을 수립했다.

국제우주정거장의 이름은 '알파'로 정해졌으며, 그 크기는 가로 108m, 세로 74m이고, 무게는 420t에 이르며, 건설 예산은 약 300조 원이다.

㉯ ISS 알파 3단계 계획

　㉠ 1단계(1994~1997년) : 미국의 우주 비행사들이 러시아의 미르를 방문하여 우주 생활의 노하우(knowhow)를 습득하고, 우주 왕복선과 미르가 도킹(docking)하는 기술을 연마하는 것이 주요 내용이었다.

　㉡ 2단계(1998~1999년) : 1단계에서 제작한 알파의 기초적인 구조물들을 435km의 지구 궤도상에서 조립한다.

ⓒ 3단계(2000~2005년) : 3단계가 끝나는 2005년에는 7명이 생활할 수 있는 승무원 거주 모듈, 미국, 일본, 유럽 우주 기구가 구축한 6개의 실험 모듈이 완성된다.

㉴ ISS의 모듈 : 인류가 우주에 건설하는 최대 구조물인 이 우주 정거장을 우주 공간에서 쉽게 조립하기 위해 지상에서 부품을 미리 결합한 것을 말한다. 참여 국가들이 분담해 만들고 있는데, 국제우주정거장에는 총 43개의 모듈이 필요하다.

  ㉠ 자르야(Zarya)
    • '새벽' 또는 '일출' 이라는 뜻의 러시아어
    • 국제우주정거장의 초기 단계에서 우주 예인선으로 추진, 동력 및 통신 등 기본 기능을 담당
    • 무게 24톤, 길이 12.4m
    • 카자흐스탄의 바이코누르 공군 기지에서 3단계 프로톤 로켓에 실려 발사
    • 지구 상공 350km 궤도
    • 건설 비용은 2억 3,800만 달러(미국 보잉사 부담)
  ㉡ 유니티(Unity)
    • ISS에서 미국이 처음으로 만든 6방향 노드 모듈(nod module)로 주거 공간과 작업 공간을 연결하는 통로 역할을 한다.
    • 로봇팔을 가동하여 자르야와 유니티를 결합

그림 IX-15 ▲ 국제우주정거장(ISS) 알파 1　　그림 IX-16 ▲ 국제우주정거장(ISS) 알파 2

- 우주 유영을 통해 케이블을 연결하고 난간을 만드는 등 다음 번 모듈과 연결할 준비 작업
© 즈베즈다(Zvezda)
- '별'이라는 뜻의 러시아어
- 우주 정거장을 구성하는 소형 우주선으로, ISS의 핵심부
- 궤도 유지, 전기, 컴퓨터 통신 등을 통제하는 사령탑 기능과 생활 공간 역할
② 그 밖의 모듈
- 우주 비행사의 거주 공간의 모듈 : 미국, 러시아
- 실험 공간 모듈 : 미국, 러시아, 유럽, 일본 등이 공동 제작
- DLM(Destiny Laboratory Module; 미국) : ISS 프로젝트에서 가장 중요한 역할을 하며, 세계적 규모로 주요 임무는 암, 당뇨병, 신소재에 관한 연구와 실험을 지원
- Columbus : 가압 장치를 갖춘 다목적 과학 실험 모듈인 콜럼버스(Columbus)는 국제우주정거장(ISS) 건설의 3단계 계획의 일환으로, 유럽 우주국(European Space Agency)에서 책임을 맡고 설계와 제작을 담당하였다. 2004년에 우주 정거장으로 발사되어 실험 연구를 수행할 예정이었으나, 지난 2003년 2월 미국의 우주 왕복선 콜럼비아 호 폭발 사고로 인해 전반적인 건설 사업이 늦추어져서 콜럼버스 모듈은 2005년 이후에나 국제우주정거장에 장착될 예정이다.
- JEM : 일본은 '희망'을 뜻하는 '키보'라는 이름의 일본 실험 모듈(Japanese Experiment Modules)을 개발하였다. 키보는 최대 4명의 우주 비행사가 지속적으로 연구 활동을 할 수 있도록 설계된 일본의 최초 유인 우주 설비이다. 키보의 실험 장소는 가압 모듈(pressurized module)과 노출 장치(exposed facility)의 2개로 구성되어 있다.

㉔ 국제우주정거장의 임무 및 활용 분야

㉠ 주요 임무
- 암 등에 사용될 수 있는 인체 세포 조직에 관한 연구
- 우주 탐험에 필요한 각종 연구
- 신의약 개발에 필수적인 단백질 결정체에 관한 연구 등 7 가지 연구 수행

㉡ **활용 분야** : 국제우주정거장의 활용 분야는 표 Ⅸ-6과 같다.

표 Ⅸ-6 ▼ 우주에서 연구할 수 있는 활용 분야

종 류	목　　적
물리학	미세 중력 환경에서는 지구상에서는 중력으로 인해 할 수 없는 수많은 연구를 할 수 있다. 이론상으로만 존재했던 가설을 실험해 볼 수도 있고, 전혀 새로운 이론을 만들어 낼 수도 있다.
생명 과학	• 우주 비행사 Dan Bursch는 "국립건강연구소에서는 단백질 결정 생성이 우리가 다음 세기에 이용할 수 있는 가장 중요한 연구 도구"라고 말했다. • 일반적인 중력 환경에서는 단백질 결정은 항상 불완전한 상태로 불순물을 포함하면서 생성되는 반면, ISS의 미세 중력 실험실에서는 거의 완벽한 형태의 결정이 생성된다. 이러한 결과는 보다 완벽하고 깨끗한 조제약과 음식, 결정체에 기초하는 인슐린(insulin)과 같은 의약품 등을 개발할 수 있도록 한다.
우주 과학	• 국제우주정거장은 많은 가치 있는 방법에서 다른 우주 과학 프로그램에 큰 영향을 끼칠 것이다. 우주정거장의 가장 눈에 띄는 업적은 인간이 우주 과학 센서 시스템의 작동과 유지를 직접 관여할 수 있게 만든 것이다. • 우주와 태양계의 역동적인 세계는 우주에서 발생한 사건의 효과를 인간이 좀더 빠르게 관찰하고 기록하며, 묘사하고, 보다 빨리 평가하기를 요구한다.
지구 과학	NASA의 지구 과학 사업은 지구를 탐사하고, 또한 비자연적이며 인간의 관여로 인해 발생한 지구의 토양, 물 및 공기와 생명체의 변화에 대한 지구의 변화를 연구하는 것이다.
우주 상품 개발	우주 개척은 상업적 성장의 측면에 있어서 인류에 주어진 가장 큰 기회일 것이다. 우주에서 지구로 이익을 가져오고, 모든 인류의 삶이 윤택해지는 것이 바로 우주 산업의 성장이다.
공학 연구 와 기술 개발	공학 연구와 기술(ERT; Engineering Research Technology) 탑재물들은 비행선 시스템 및 탑재체 용량을 향상시키고, 유지 및 동작에 필요한 비용을 절감시키며, 필요 전력과 승무원이 작업해야만 하는 시간을 단축시키는 등의 기술을 개발하고 시험하며 검증한다.

3 ⊙ 우주 개발 관련 협회

(1) FOREIGN

① NASA(미국항공우주국; National Aeronautics and Space
Administration)

② AIAA(American Institute of Aeronautics & Astronautics)

③ MPI standard

④ ASME(American Society of Mechanical Engineers)

⑤ FAA (Federal Aviation Administration)

⑥ JAA(Joint Aviation Authorities)

(2) KOREAN

① 한국항공우주연구소(KARI)   ② 한국전자통신연구원(ETRI)

③ 한국항공우주산업진흥협회(KAIA)   ④ 한국항공우주산업주식회사(KAI)

⑤ 항공우주연구정보센터(ARIC)   ⑥ 항공우주구조연구실

◀ 참고 문헌

• 이상혁(1992). 현대산업기술의 이해. 대한교과서(주).
• 홍용식(1995). 인공위성과 우주 발사체. 청문각.
• 홍용식(1995). 가스 터빈 엔진. 청문각.
• 한국교원대학교 과학교육연구소(2003). 현대과학과 기술. (주)지학사.
• http://www.megapass.co.kr/
• http://spaceflight.nasa.go.kr
• http://www.doowool.com/space
• http://iss.kari.re.kr/
• http://www.most.go.kr
• http://doowool.com/spaca/
• http://www.naver.com/

일 기 변 화 와 재 배 기 술

태풍은 발생하는 지역에 따라 이름이 다르게 붙여지고 있다. 우리 나라에 영향을 끼치는 태풍(Typhoon)은 북태평양 서쪽 즉, 필리핀 남쪽 해안에서 발생하여 필리핀, 대만, 중국 및 일본 등에 영향을 끼친다. 그리고 미국 동쪽, 대서양의 서쪽에서 발생하여 미국이나 멕시코에 영향을 끼치는 열대성 저기압은 허리케인(hurricane)이라고 한다. 호주 동쪽에서 발생하여 호주나 뉴질랜드에 영향을 끼치는 것을 윌리 윌리(willy willy)라 하고, 인도양 동남쪽에서 발생하여 인도 대륙에 영향을 끼치는 것을 사이클론(cyclone)이라 한다.

세포 융합 기술은 서로 다른 종류의 두 세포를 융합시켜 하나의 새로운 잡종 세포를 만드는 방법으로, 새로운 생물을 만드는 데 주로 이용되고 있다.

X

일기 변화와
새로운 재배 기술

*

1 ▷ 엘니뇨와 라니냐

(1) 엘니뇨의 정의와 발생

크리스마스를 전후로 하여 남미 페루 연안(동태평양)의 바닷물의 온도가 2~3℃ 정도 올라가 연안의 물고기 떼가 다른 지역으로 이동하고 비가 많이 오는 현상을 엘니뇨(Elnino)라고 한다. 이 때문에 스페인 어부들은 고기를 잡으러 가지 않고 집에서 식구들과 크리스마스를 즐길 수 있어 '남자 아이' 또는 '아기 예수' 라고 이름을 붙였다.

대기와 해양은 에너지를 주고받으면서 상호 작용을 한다. 즉, 대기는 해수면으로부터 막대한 양의 열과 수증기를 받고, 대기는 바람에 의해 해류를 일으킨다. 따라서 대기와 해양 어느 한쪽의 변화는 전 지구 규모의 기후 변동을 가져올 수 있다.

최근에 세계 각지에서 발생하는 이상 기후의 요인으로 적도 태평양에서의 해수면 온도 변동이 지목되고 있다. 그림 X-1과 같이 적도 지역의 서태평양과 동태평양 사이에는 무역풍[1]의 발달과 연계되어 해수면 온도의 변동이 거의 반대로 나타나고 있다.

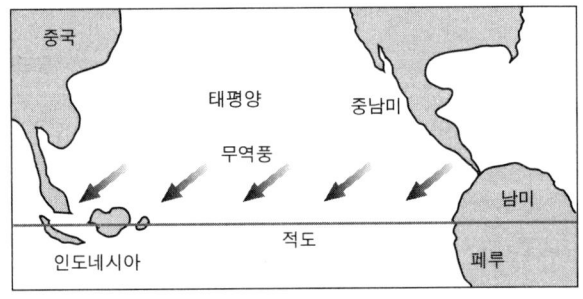

그림 X-1 ▲ 무역풍의 방향

---

1) 무역풍 : 범선(帆船)이 이 바람을 이용하여 항해할 수 있다고 해서 무역풍이라는 이름이 붙여졌다.

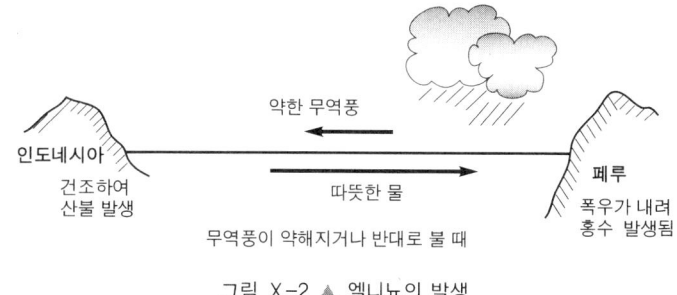

그림 X-2 ▲ 엘니뇨의 발생

적도 지역에서 서쪽으로 부는 무역풍은 서태평양의 더운 해수와 동태평양의 차가운 해수 분포를 유지하는 역할을 한다. 무역풍이 따뜻한 해수를 태평양 서쪽으로 운반하기 때문에 서쪽의 난류층은 두껍고 동쪽의 난류층은 얇아지며, 해면 수위는 동쪽보다 서쪽이 40cm 정도 높아진다.

아직 정확한 이유는 밝혀지지 않았지만 그림 X-2와 같이 무역풍의 세기가 다른 때보다 약해지는 때가 있는데, 이 때 페루 앞바다로 들어오는 난류의 세력이 커지면서 심층수의 상승을 차단하게 된다. 엘니뇨가 발생되면 페루 연안에서 발생된 고기압이 동남 아시아로 이동하여 겨울에 이상 고온이 된다.

(2) 라니냐의 정의와 발생

라니냐(Lanina)는 스페인어로 '여자 아이'라는 뜻이다. 적도 부근의 무역풍이 강해지면서 서태평양의 해수 온도가 상승하면서 동태평양에서는 해수가 낮아지는 현상이 나타난다. 즉, 페루 연안 적도의 바닷물 표면 온도가 평상시보다 2~3℃ 떨어지게 되면 바다 표면 물의 온도는 낮고, 바다 속 깊은 곳에 있는 물의 온도는 높아 물이 대류 현상을 일으키게 된다. 이 때 바다 표면의 물은 150m 정도의 깊이로 내려가고, 그 곳에 있는 물이 표면으로 용오름쳐 올라오게 된다. 그러므로 바닷물은 완전히 뒤집히게 된다.

(3) 엘니뇨와 라니냐에 의한 피해

엘니뇨는 1950년 이후 4년에 1회씩 16차례 발생하였으며, 라니냐는 같은 기간 중에 11회 발생하였다. 또한, 엘니뇨는 보통 2~6년마다 한 번씩 불규칙하게 나타났고, 주로 9월에서 다음 해 3월인 겨울 기간 동안에 발생한다.

엘니뇨가 발생되는 해에 라니냐가 발생된다. 엘니뇨가 발생되면 고기압이 동남 아시아로 이동하여 동남 아시아의 겨울철에 이상 고온 현상이 나타난다.

한편, 라니냐가 발생되면 대형 저기압이 발생되어 동남 아시아로 이동하게 된다. 따라서 미국 동북부에는 혹한과 혹설이 오고, 아프리카에는 가뭄이 들며, 한국, 일본, 대만, 태국 등 동남 아시아 국가에는 7~8월에 폭우가 내려 농작물이 냉해를 받아 흉작이 들게 된다. 그러므로 국제 곡물 가격이 크게 상승한다.

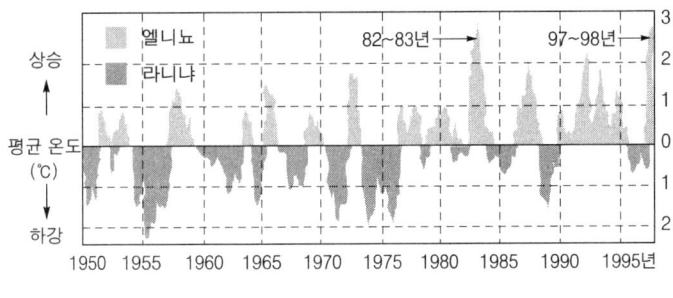

그림 X-3 ▲ 엘니뇨와 라니냐의 발생 주기

(4) 엘니뇨와 라니냐가 한반도에 미치는 영향

지구 온난화 현상이 엘니뇨 현상과 중첩될 때인 7월과 8월 무렵에는 강수가 크게 감소하고, 겨울철 강수는 증가하는 것으로 나타나 있다. 1997년 12월에는 엘니뇨 현상이 최고조로 나타났고, 해수면 상승은 몇 년간 계속될 것으로 예상된다. 점차 엘니뇨가 약화되면서 반대 현상인 라니냐가 하반기 이후에 시작될 수 있다. 그리고 이러한 라니냐

현상으로 인하여 반대 현상인 가뭄이 올 수도 있다. 어떤 예측치에는 우리 나라의 엘니뇨 시기가 페루 해안에서 발생한 후 5~6개월 후에 발생한다는 가설이 있다.

우리 나라 여름철의 강수량을 과거 30년(1941~1970)과 최근 30년 (1971~2000)을 비교해 보면, 과거 30년 동안에는 강수량이 여름철 장마 기간 동안에 집중되었다. 그러나 최근 30년에는 장마 기간이 8월 이후에도 많은 비가 내리고 있는 것으로 나타났다.

엘니뇨와 라니냐에 의한 피해 내용은 다음과 같다.

① **산림의 황폐화** : 홍수시 대량의 물로 인한 산사태와 토양 유실로 산림이 황폐화되고, 하류 지방의 강이나 호수가 흙으로 덮여져서 수자원 관리에 어려움을 주게 되며, 생태계가 파괴된다.

② **대기 오염 현상** : 각종 호흡기 질환, 대기 오염, 농산물의 영향, 관광객 감소, 이재민 발생 및 경제적, 사회적 피해가 막대하다.

2 ▷ 태풍

(1) 태풍의 어원

태풍(颱風; Typhoon)이라는 말이 처음 사용된 것은 1906년 일본의 중앙기상대가 간행한 기상 요람(氣象要覽)으로 알려지고 있다.

우리 나라에서는 삼국 시대에 '대풍(大風)'이라고 불리었으며, 바람의 강도는 '나무가 부러졌다, 나무가 뽑혔다, 기와가 날아갔다, 건물이 무너졌다'로 표현되었다. '태(颱)'라는 글자는 1634년 중국에서 편집된 복건 통지(福建通志) 토풍지(土風地)에서 처음으로 사용되었다. '태(颱)'는 또한 대만 부근에 있는 강한 폭풍우를 말하기도 했다.

영어의 Typhoon은 이러한 태풍의 음을 빌려왔다는 추측도 있지만, 다른 학설에 의하면 고대 그리스어의 타이폰(Typhoon, 괴물)에서 나왔다고도 하며, 아랍어의 투판(Tufan, 강풍)에서 나왔다고도 한다. 이러한 Typhoon은 아주 강한 바람을 가리키는 말이었는데, 영어의 Typhoon은 1588년 영국에서 사용된 예가 있으며, 프랑스에서는 1504년 Typhon이라 썼다. 17세기 말 항해가이며 동시에 해적

그림 X-4 ▲ 인공 위성에서 본 태풍의 모양

(viking)이었던 영국의 댄피어가 바람의 소용돌이임을 발견했고, 그 후 바람의 소용돌이를 가리키는 말로 사용하고 있다.

(2) 태풍의 종류와 발생 위치

태풍은 발생하는 지역에 따라 이름이 다르게 붙여지고 있다. 우리 나라에 영향을 끼치는 태풍(Typhoon)은 북태평양 서쪽 즉, 필리핀 남쪽 해안에서 발생하여 필리핀, 대만, 중국 및 일본 등에 영향을 끼친 다. 그리고 미국 동쪽, 대서양의 서쪽에서 발생하여 미국이나 멕시코에 영향을 끼치는 열대성 저기압을 허리케인(hurricane)이라고 한다. 호주 동쪽에서 발생하여 호주나 뉴질랜드에 영향을 끼치는 것을 '윌리 윌리(willy willy)'라 하고, 인도양 동남쪽에서 발생하여 인도 대륙에 영향을 끼치는 것을 '사이클론(cyclone)'이라 한다.

태풍이 주로 발생하는 지역은 다음과 같다.

① 북대서양 서부, 서인도 제도 부근

② 북태평양 동부, 멕시코 앞바다

③ 북태평양의 동경 170° 서쪽에서 남중국해

④ 인도양 남부(마다가스카르에서 동경 90°와 오스트렐리아 북서부)

⑤ 벵골만과 아라비아해

위의 ①, ②, ③지역은 7~10월에 발생하고, ④, ⑤지역은 4~6월과 9~12월에 발생한다.

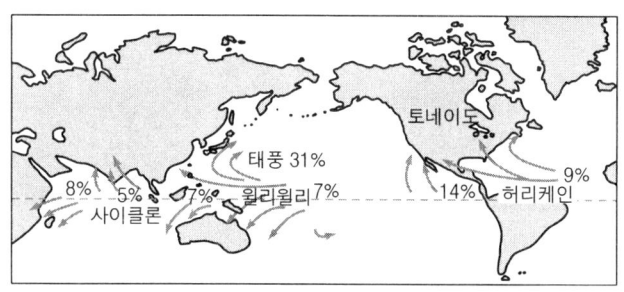

그림 X-5 ▲ 세계 각국의 태풍 발생 지역

토네이도(tornado)는 미국의 중부와 동부에 자주 일어나는 풍계(風系)로 대규모로 일어나는 용오름이라고 할 수 있다. 토네이도는 태풍과는 달리 수평 방향보다 수직 방향의 규모가 크다. 토네이도의 중심 부근에서는 100m/sec 이상의 풍속이 되는 때도 있고 중심 진로에 있는 지물(地物)을 맹렬한 세력으로 감아 올린다.

미국에서 발생하는 토네이도는 1년 중 5월에 가장 많고 1월에 가장 적다. 1931년 미국의 미네소타주에서 토네이도가 117명을 실은 83톤의 객차를 감아 올렸다는 기록도 있다.

토네이도가 발생하였을 때는 다음과 같은 대책이 필요하다.
① 토네이도의 진행 방향과 직각 방향으로 피해야 한다. 시간이 없을 때는 가까운 도랑이나 좁은 협곡과 같은 곳에 몸을 숨긴다.
② 도회지라면 대피소에 숨는다. 대피소로는 지하실이나 철근 빌딩의 내부가 좋다.
③ 빌딩 내부에서는 가장 아래층(지하실)에 숨는다.
④ 집에 있을 때에는 토네이도가 오는 방향의 지하실이 가장 안전하며, 집에 지하실이 없을 때에는 집의 중심부에 있는 무거운 가구 밑에 숨는다.

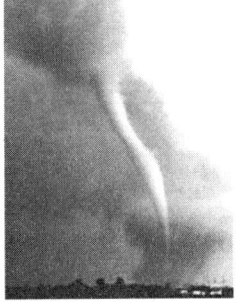

그림 X-6 ▲ 토네이도의 모양

(3) 태풍의 특징

태풍은 다음과 같은 특징을 가지고 있다.

① 바닷물의 온도가 27℃ 이상인 해면에서 발생한다.

② 중심 부근에 강한 비바람을 동반한다.

③ 온대성 저기압은 일반적으로 전선(前線)을 동반하지만, 태풍은 전선을 동반하지 않는다.

④ 폭풍 영역은 온대성 저기압에 비해 비교적 작지만, 그 강도는 강하다.

⑤ 중심 부근에 반지름이 수 km~수십 km인 태풍의 눈이 있고, 이 태풍의 눈 바깥 주변에서 바람이 가장 강하다.

⑥ 일반적으로 발생 초기에는 서북서진(西北西進)하다가 점차 북상하여 편서풍(偏西風)을 타고 북동진(北東進)한다.

(4) 태풍의 발생

세계기상기구(WMO; World Meteorological Organization)에서는 열대성 저기압 중에서 중심 부분의 최대 풍속이 33m/s 이상인 것을 태풍으로 분류하고 있으며, 일반적으로 17m/s 이상이면 태풍이라고 부른다.

태풍은 열대성 저기압에 의해 발생하는데, 이 열대성 저기압은 열대 수송대 중에 생기는 요란[1]에 어떤 외적인 작용이 가해지면 발생한다. 즉, 따뜻한 해양상에 하나의 구름 덩어리가 떠 있고, 지금 외적인 작용으로써 그 구름의 상공에 차가운 공기가 흘러 들어오면, 그 곳의 공기는 따뜻한 바닷물 때문에 아래는 데워지고, 상공(上空)은 차가워지기 때문에 매우 불안정한 상태의 공기가 된다. 즉, 구름 덩어리 안에서는 전보다 강한 상승 기류가 생긴다. 이 상승 기류의 발생에 따라 구름 덩

---

1) 요란(搖亂) : 한결같이 흐르고 있는 대기의 흐름 속에 발생한 파동이나 기압의 골짜기, 기압의 지붕, 적운, 용오름, 고기압이나 저기압, 전선 등에 대한 것을 기상학에서는 요란이라 한다.

어리의 하층에서는 주위로부터 따뜻하고 습한 공기가 구름 덩어리 속에 계속 빨려 들어가게 된다. 이 때 빨려 들어가서 공급된 많은 수증기는 상승하여 응결되고 구름 덩어리 안에 다량의 잠열[1](潛熱)을 방출한다. 수증기가 갖고 있던 잠열은 태풍을 위한 에너지원이고, 이 방출된 잠열 때문에 구름 덩어리 안의 온도는 보다 한층 높아져서 더욱 세차게 상승하게 된다. 그 결과 하층에는 더욱더 따뜻하고 습한 공기가 하늘의 중심을 향해서 모이게 된다. 그리고 거기에서는 전향력[2]이 작용하여 소용돌이가 되고 기압도 내려가서 마침내는 열대성 저기압으로 발달한다. 열대성 저기압으로 발달한 거대한 구름은 하층에서 큰 세력으로 공기를 빨아들여 상공에서 세차게 불기 때문에 구름 속의 상승 기류도 매우 커진다.

열대성 저기압 내에 보내진 많은 양의 수증기를 가진 공기는 바로 응결하고, 그 때 방출되는 잠열로 거듭 상승 기류가 강화되어 마침내는 태풍이 된다. 따라서 열대성 저기압은 수증기의 공급이 충분하지 않은 차가운 바다 위를 건너고 있을 때에는 발달되기 어렵고, 수증기의 공급이 한창 적어지는 육지에 태풍이 상륙하면 급격히 쇠약해 버린다.

태풍이 육지에 상륙했을 때에는 공기의 운동이 지형이나 지면 마찰의 저항을 받아 수증기의 보급이 약화되어 쇠약해진다.

태풍의 발생 원인은 최초의 외적인 작용이 무엇인가에 대해서는 여러 가지 설이 있으나, 아직 분명하게 규명하지 못하고 있다. 결국 태풍의 발생에 필요한 것은 대기의 하층이 따뜻하고 습하며 수증기의 보급이 세차고 그 공급이 장시간에 걸치기 때문이다. 이러한 까닭으로 태풍은 해면 수온이 26~27℃ 이상의 해역이 아니면 발생하지 않는다.

태풍이 발생하는 것은 대기가 불안정한 장소에서 어떤 계기로 강한 상승 기류가 일어나 보충하듯이 주위로부터 공기가 모여들어 지구의

---

1) 잠열 : 고체가 액체로 또는 액체가 기체로 변할 때에 그 온도 상승의 효과를 나타내지 않고, 다만 물질의 상태를 변화시키는 데 소비되는 열(예) 융해열, 기화열)
2) 전향력 : 지구의 자전으로 지상에서 운동하는 질점(質點) 또는 물체에 작용하는 힘

자전 작용으로 회전하기 시작하기 때문이라는 것이다. 그러나 공기가 한곳으로 모여들면 기압이 상승되겠지만, 태풍 속에서는 오히려 기압이 낮다.

태풍의 하층에서는 주위로부터 공기가 모이지만 상층에서는 하층에서 모여드는 공기보다 많은 공기가 경계면의 하부 부분에서 주위로 도망가기 때문에 기압이 낮아진다. 태풍은 바람의 소용돌이인 동시에 중심의 기압이 현저하게 낮은 저기압이다.

태풍권 내에서는 일반적으로 중심에 가까울수록 강하지만, 중심에는 바람이 약하고 맑게 갠 좁은 구역이 있으며, 이것은 마치 눈과 같다고 해서 '태풍의 눈'이라 부른다. 태풍의 기준점으로 보아 일반적으로 태풍의 눈이 육지에 도달했을 때를 태풍이 상륙했다고 한다.

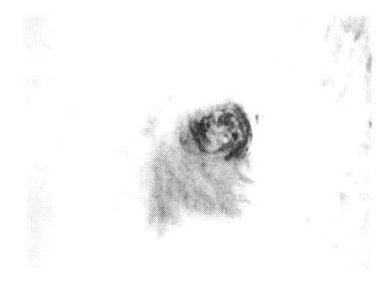

그림 X-7 ▲ 태풍의 눈

태풍의 주요 에너지원은 태풍 속에 포함된 수증기가 물방울로 바뀌면서 방출하는 에너지이다. 좀더 쉽게 설명하면 집에서 물을 끓일 때에 주전자에 물을 넣어 가스 불에 올려놓으면 물은 에너지를 얻어 100℃까지 올라가고 에너지를 더 받으면 수증기로 된다. 수증기는 물보다 에너지를 많이 가지고 있게 되며, 수증기가 물로 변하면 에너지를 방출하게 된다. 태풍이 해양에 있을 때에는 해수로부터 공급받은 수증기는 상승 기류를 타고 높이 올라가게 되고, 상승한 공기 덩어리는 단열 팽창으로 기온이 하강하며 포화 상태가 된다. 이 포화 상태가 된 공기 덩어리는 수증기가 물로 변하면서 에너지를 방출한다. 그러므로 태풍은 강한 폭우와 폭풍을 동반하게 된다.

태풍이 대륙에 상륙했을 때에는 대륙에서는 해양에서와 같이 수증기를 공급받지 못하게 되므로 서서히 세력이 약해지면서 소멸하게 된다. 소멸할 때는 온대성 저기압으로 변하는 때도 있다.

(5) 태풍에 의한 피해

태풍에 의한 피해는 크게 세 가지로 구분된다. 즉, 강한 바람으로 인한 피해, 해일 피해 및 호우로 인한 홍수 피해를 들 수 있다.

우리 나라에서 관측된 태풍의 최대 순간 풍속은 1992년 9월 25일 울릉도에서 관측된 51m/s이며, 40m/s 이상의 강풍이 관측된 태풍도 적지 않다. 이와 같은 강한 바람은 주로 남해안과 울릉도, 서귀포 등의 섬 지점에서 관측되므로 강풍으로 인한 피해 역시 이들 지역에서 더 클 것이다.

전 세계적으로 볼 때, 태풍으로 인한 피해는 해일로부터 온다. 해일은 국지적인 바닷물의 범람이다. 태풍 중심이 해안에 접근해오면서 강한 바람에 의해 해안선으로 해수가 쌓이면서 물의 언덕이 해안 지역을 덮치는 것이 해일이다. 강한 태풍이 통과할 때에는 해일의 높이가 5m 정도까지 된다. 이러한 해일이 해안을 덮치면 해안 마을은 순식간에 물에 잠기게 되고 인명과 재해가 크게 된다.

1900년 미국 텍사스의 갈베스톤 시는 높이가 10m 이상인 해일로 인해 시 전체가 파괴되고, 약 5,000명의 인명 피해를 입었다.

2004년 12월 26일 오전 7시(한국 시간 오전 9시) 동남 아시아 해안에 대형 지진에 의한 해일이 발생하였다. 이 해일(tidal wave)로 인도네시아의 스마트라섬, 태국의 푸껫, 스리랑카, 몰티브, 인도 등의 해변가 가옥과 시설이 모두 파괴되고, 15만 명의 사람이 사망하였다.

최근에는 태풍의 예측 능력이 향상되어 인명 피해는 현저히 줄었으나, 재산 피해액은 늘어나는 추세이다. 태풍으로 인한 피해 중 상당 부

그림 X-8 ▲ 1999년 태풍 올가의 영향으로 부산 앞바다의 높은 파도

분은 홍수로 인한 것이다.

태풍은 막대한 양의 비를 만들어내기 때문에 태풍이 통과하는 지역에서 250mm의 강수량은 보통이며, 심지어 풍속이 약화된 후에도 강한 폭우는 계속 될 수 있다.

예를 들어 1981년 태풍 아그네스가 한반도를 통과해 갈 때 전남 장흥에서는 하루에 547mm의 강수량이 관측되었고, 1991년 태풍 글래디스가 통과할 때 부산에서는 439mm의 일일 강수량이 있었다. 남한 지역의 연평균 강수량이 1,274mm인 점을 고려한다면 이 정도의 하루 강수량은 엄청난 양이다.

우리 나라는 매년 2~3개 태풍의 직·간접 영향을 받는다. 태풍의 통과가 전혀 없는 해와 7개의 태풍이 영향을 미친 해도 드물게 나타났다.

(6) 우리 나라에 큰 피해를 준 역대 태풍

표 X-1 ▼ 우리 나라에 피해를 준 태풍

순번	년도	태풍 이름	인적 피해 (사망 및 실종)	재산 피해	특기 사항
1	1914	1427	432명		
2	1923	2353	1157명		
3	1925	2560	518명		
4	1933	3383	415명		
5	1934	3486	265명		
6	1936	3693	1,232명		
7	1959	사라(Sarah)	849명	2,455억 원	
8	1972	베티(Betty)	550명	2,219억 원	
9	1984	준(June)	189명	2,501억 원	
10	1987	셀마(Thelma)	178명	5,965억 원	
11	1991	글래디스(Gladys)	103명	3,158억 원	
12	1995	재니스(Janis)	65명	5,484억 원	
13	1998	야니(Yanni)	58명	2,746억 원	
14	1999	올가(Olga)	64명	1조 704억 원	
15	2000	프라피룬(Prapiroon)	28명	2,520억 원	
16	2002	루사(Rusa)	200명	2조 1,308억 원	2002.8.31 강원도 강릉 지역 강우량 870.5mm
17	2003	매미(Maemi)	130명	4조 7,810억 원	

(7) 태풍의 이름

태풍은 1주일 이상 지속될 수 있으므로 같은 지역에 동시에 하나 이상의 태풍이 있을 수 있다 그러므로 태풍 예보를 혼동하지 않기 위하여 1953년부터 이름을 붙이기 시작하였다.

태풍에 이름을 처음 붙인 것은 호주의 일기 예보관이었다. 그 당시 호주 일기 예보관들은 자기들이 싫어하는 정치가의 이름을 태풍 이름에 붙였다고 한다. 제2차 세계 대전 이후 미 공군과 해군에서 공식적으로 태풍의 이름을 붙이기 시작하였으며, 그 당시 일기 예보관들은 자기의 부인 이름이나 애인 이름을 사용했다.

1978년까지는 태풍 이름에 여성 이름을 많이 사용하였다. 그러나 그 이후부터는 여성 이름과 남성 이름을 번갈아 사용하였다.

북서 태평양에서 태풍 이름은 1999년까지 괌에 위치한 미국 태풍합동경보센터에서 정한 이름을 사용했다. 그러나 2000년부터는 아시아 태풍위원회에서 아시아 각국 국민들의 태풍에 관한 관심을 높이고 경

표 X-2 ▼ 각 조별 태풍의 이름

국가명	1조	2조	3조	4조	5조
캄보디아	담레이(Damrey)	콩레이(Kong-rey)	나크리(Nakri)	크로반(Krovanh)	사리카(Sarika)
중 국	룽왕(Longwang)	위투(Yutu)	펑선(Fengshen)	두쥐안(Dujuan)	하이마(Haima)
북 한	기러기(Kirogi)	도라지(Toraji)	갈매기(Kalmaegi)	무지개(Mugigae)	메아리(Meari)
홍 콩	카이탁(Kai-tak)	마니(Man-yi)	풍웡(Fung-wong)	초이완(Choi-wan)	망온(Ma-on)
일 본	덴빈(Tembin)	우사기(Usagi)	간무리(Kammuri)	곳푸(Koppu)	도카게(Tokage)
라오스	볼라벤(Bolaven)	파북(Pabuk)	판폰(Phanfone)	켓사나(Ketsana)	녹텐(Nock-ten)
마카오	짠쯔(Chanchu)	우딥(Wutip)	봉퐁(Vongfong)	파마(Parma)	무이파(Muifa)
말레이시아	즐라왓(Jelawat)	스팟(Sepat)	누리(Nuri)	믈로르(Melor)	므르복(Merbok)
미크로네시아	에위니아(Ewiniar)	피토(Fitow)	실라코(Sinlaku)	네파탁(Nepartak)	난마돌(Nanmadol)
필리핀	빌리스(Bilis)	다나스(Danas)	하구핏(Hagupit)	루핏(Lupit)	탈라스(Talas)
한국	개미(Kaemi)	나리(Nari)	장미(Changmi)	미리내(Mirinae)	노루(Noru)
태 국	쁘라삐룬(Prapiroon)	위파(Vipa)	멕칼라(Megkhla)	니다(Nida)	꿀랍(Kularb)
미 국	마리아(Maria)	프란시스코(Francisco)	히고스(Higos)	오마이스(Omais)	로키(Roke)
베트남	사오마이(Saomai)	레끼마(Lekima)	비비(Davi)	꼰션(Conson)	신까(Sonca)
캄보디아	보파(Bopha)	크로사(Krosa)	마이삭(Maysak)	찬투(Chanthu)	네삿(Nesat)
중 국	우쿵(Wukong)	하이옌(Haiyan)	하이선(Haishen)	덴무(Dianmu)	하이탕(Haitang)
북 한	소나무(Sonamu)	버들(Podul)	노을(Noul)	민들레(Mindulle)	날개(Nalgae)
홍 콩	산산(Shanshan)	링링(Lingling)	돌핀(Dolphin)	라이언록(Lionrock)	바냔(Banyan)
일 본	야기(Yagi)	가지키(Kajiki)	구지라(Kujira)	곤파스(Kompasu)	와시(Washi)
라오스	상산(Xangsane)	파사이(Faxai)	찬홈(Chan-hom)	남테운(Namtheun)	맛사(Matsa)
마카오	버빙카(Bebinca)	페이파(Peipah)	린파(Linfa)	말로(Malou)	상우(Sanvu)
말레이시아	룸비아(Rumbia)	타파(Tapah)	낭카(Nangka)	머란티(Meranti)	마와르(Mawar)
미크로네시아	솔릭(Soulik)	미탁(Mitag)	사우델로르(Soudelor)	파나피(Fanapi)	구촐(Guchol)
필리핀	시마론(Cimaron)	하기비스(Hagibis)	몰라베(Molave)	말라카스(Malakas)	탈림(Talim)
한 국	제비(Chebi)	너구리(Noguri)	고니(Koni)	메기(Megi)	나비(Nabi)
태 국	두리안(Durian)	라마순(Ramasoon)	모라꼿(Morakot)	차바(Chaba)	카눈(Khanun)
미 국	우토르(Utor)	마트모(Matmo)	아타우(Etau)	아이에라이(Aere)	비센티(Vicente)
베트남	짜미(Trami)	하롱(Halong)	밤꼬(Vamco)	송다 (Songda)	사오라(Saola)

계를 강화하기 위해 서양식 이름에서 아시아 지역 14개국의 고유한 이름으로 변경하여 사용하고 있다. 따라서 태풍의 이름은 각 국가별로 10개씩 제출한 총 140개가 각 조 28개씩 5조로 편성하여 1조부터 5조까지 순차적으로 사용하고 있다. 140개 이름을 모두 사용하면 1번부터 다시 사용한다.

태풍 이름을 제출한 14개국은 한국, 일본, 홍콩, 마카오, 라오스, 중국, 북한, 캄보디아, 말레이시아, 필리핀, 태국, 미크로네시아, 베트남, 미국이다.

우리 나라에서 제출한 10개의 태풍 이름은 개미, 나리, 장미, 수달, 노루, 제비, 너구리, 고니, 메기, 나비이다. 한편, 북한에서 제출한 10개의 태풍 이름은 기러기, 도라지, 갈매기, 매미, 메아리, 소나무, 버들, 봉선화, 민들레, 날개이다.

참고 문헌

• 기상청(2001). 태풍. 동진문화사.
• 민경덕외 공저(1999). 대기과학개론. 시그마플러스.
• 이현영(2000). 한국의 기후. 법문사.
• 임승원 역(1996). 기상학 입문. 전파 과학사.
• 기상청   : http://www.kma.go.kr
• 천리안 엘니뇨   : http://user.chollian.net/
• 한국환경교육협회 : http://www.greenvi.or.kr/

새로운 재배 기술

과학 기술이 고도로 발달되면서 유전 공학(遺傳工學)은 식물과 동물의 품종 개량은 물론 생산성을 획기적으로 높일 수 있게 되었다.

유전 공학을 식물 재배에 이용하면 다음과 같은 이점이 있다.

첫째, 신품종(新品種)을 육성하여 생산성을 크게 향상시킬 수 있다.

둘째, 우수한 동·식물을 대량으로 복제 생산할 수 있다.

셋째, 새로운 농용 미생물(農用 微生物) 개발에 의한 농약 및 발효 식품의 생산성을 향상시킬 수 있다.

넷째, 우수한 가축 질병의 예방 및 치료약을 생산할 수 있다.

다섯째, 여러 가지 자원을 식품에 이용하고 가축 사료로 사용할 수 있다.

(1) 조직 배양

생물체의 조직이나 세포를 떼어 내어 영양 배지에서 키워 증식시키는 방법으로써, 특히 식물에서 많이 이용되고 있다. 조직 배양 기술은 하나의 개체로부터 같은 유전 형질을 가진 개체를 다량 증식시킬 수 있기 때문에 품질은 좋지만 번식력이 약한 식물을 증식시키는 데 주로 이용된다.

조직 배양 기술을 이용하여 우리 나라에서는 많은 양의 씨감자를 생산하고 있으며, 마늘 증식법을 개발하여 종래의 방법보다 많은 양의 마늘 생산이 가능하게 되었다. 또한, 벼에서 도열병균(稻熱病菌)에 대한 저항성이 강한 개체를 찾아낼 수 있었다. 그뿐만 아니라 가축의 예방 및 치료 효과가 있는 인터페론(interferon)을 생산하는 등의 실적

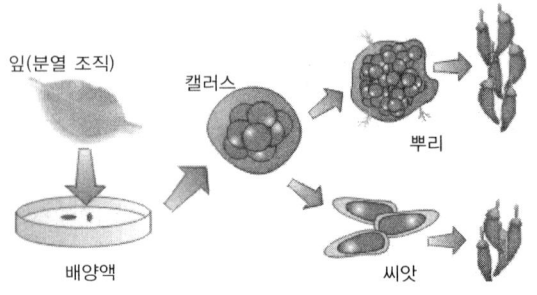

잎(분열 조직)

캘러스

뿌리

배양액

씨앗

그림 X-9 ▲ 고추 조직 배양

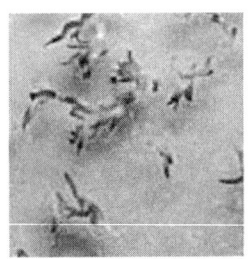 

그림 X-10 ▲ 난 조직 배양

을 올려 돼지 전염병을 예방하고 치료할 수 있게 되었다. 이와 같은 조 직 배양 기술을 이용하여 과수 화훼류(花卉類)에서 병이 없는 묘목을 대량으로 생산할 수 있게 하였다.

① 조직 배양의 장점

㉮ 바이러스가 없는 개체를 얻을 수 있다.

㉯ 유전적으로 특이한 새로운 특성을 가진 식물체를 분리해 낼 수 있다.

㉰ 일정한 식물체를 단시간 내에 대량으로 번식시킬 수 있다.

㉱ 좁은 실내에서도 연중 증식이 가능하다.

㉲ 육종 연한을 단축시킬 수 있다.

② 조직 배양용 배지 : 배지는 배양하는 조직을 지탱하고 양분을 공급 해 주는 것으로 식물 재배시의 토양과 같은 역할을 하는 것으로 생

각할 수 있다. 그러나 항상 무균 상태로 유지해야 한다는 점에 유의해야 한다.

배지에서 자라는 조직은 자연 상태에서는 자랄 수 없는 미세하고 연약한 조직이다. 그러므로 각각의 식물체가 생장하기 위해서는 발육상이나 부위, 기관별 영양 요구도와 필요한 유기물의 생합성이 다르기 때문에 배양 조직의 특성에 알맞은 배지를 조성하는 것이 중요하다.

식물에 알맞는 배지를 찾기 위해서는 예비 실험을 많이 해야 되는데, 이는 식물체의 조건에 따라 각각 다른 배양 조건을 요구하기 때문이다. 이에 관련되는 식물체의 요소로는 식물의 종, 식물체의 나이, 배양 기관의 종류와 그의 속도 등이 있으며, 같은 개체 사이에도 반응의 차이가 있을 수 있다. 또한, 배양 목표에 따라서도 큰 차이가 있다. 같은 절편을 가지고도 부위에 따라서 다르며, 배나 뿌리 또는 양쪽을 다 원하는가에 따라 배지의 생장 호르몬의 구성이 완전히 달라진다.

③ 조직 배양법

㉮ 기관 배양 : 식물의 뿌리 끝, 줄기 끝, 엽원기, 꽃눈, 미숙 과실

표 X-3 ▼ 기관 배양의 종류와 방법

종 류	방 법
경정(莖頂: 생장점) 배양	경정 분열 조직이나 또는 이들을 포함한 경단부를 잘라내어 배양하는 방법
약 배양· 화분 배양	개화 중인 식물의 꽃에 있는 수술로부터 꽃밥이나 꽃가루를 채취하여 배양하는 것으로 육종 기간을 단축시킬 수 있고, 돌연 변이체를 생산하는 데 이용하는 방법
배 배양	발육이 불량하거나 미숙한 종자에서 배를 취하여 시험관 내에서 배양하여 개체로 육성하는 배양법으로 종자의 발아까지 소요되는 시간을 단축할 수 있어 배에 관한 연구에 편리하다. 육종이 불가능한 경우에 이용하는 방법
뿌리 배양	무균 상태에서 발아시킨 유묘(幼苗)로부터 배양하고자 하는 뿌리 절편을 얻는 데 이용하는 방법

및 미숙배 등의 기관을 분리하여 배양한다.

㉯ 캘러스 배양 : 캘러스는 상처를 입은 식물 조직 또는 상처를 입음으로써 생겨나는 유상 조직을 말한다. 캘러스는 거의 모든 식물 또는 한 식물체의 어느 부위를 절단하여 배양하더라도 비교적 쉽게 얻을 수 있다. 따라서 식물의 절편체를 배지에 접종하고 생장 조절제를 첨가하여 캘러스를 유도하면 이 캘러스에서 뿌리나 묘조(苗條, shoot ; 잎과 줄기가 불분명한 식물체)가 분화된다.

이 방법은 원래의 식물을 재생시킬 때 사용한다.

㉰ 액체 현탁 배양 : 거의 대부분이 캘러스를 형성시킨 후 캘러스 조직을 이용하는 방법을 택하고 있다. 고형 배지에서 증식하고 있는 캘러스 덩어리를 액체 배지에 이식한 후 진탕 배양하여 세포를 분리시켜 생육하는 배양 방법이다.

㉱ 원형질체 배양 : 원형질체는 완전한 식물 세포로부터 인위적으로 세포벽만을 제거한 것으로, 세포가 할 수 있는 대사와 번식 기능을 그대로 간직한 일종의 세포벽이 없는 세포라고 할 수 있다. 효소를 이용하여 세포벽을 제거하고 분리된 원형질체를 배지에 옮겨서 이로부터 식물체를 재생시키는 배양 방법이다.

(2) 세포 융합

세포 융합 기술은 서로 다른 종류의 두 세포를 융합시켜 하나의 새로운 잡종 세포를 만드는 방법이다. 이 방법은 두 종류의 생물이 가지고 있는 우수한 형질을 모두 갖는 새로운 생물을 만드는 데 주로 이용되고 있다.

세포 융합은 일종의 접(接)에 해당되는 것이다. 감자와 토마토를 융합한 '포메이토'와 '무추'도 세포 융합에 의한 것이다.

최근에는 마늘과 달래를 융합하여 새로운 종류의 식물을 만드는 방법과 산에 있는 풀에 벼를 융합하여 산에서도 벼를 재배하는 것을 보게 될 것이다.

① 세포 융합 방법

㉮ 바이러스 이용 : 세포를 융합시키는 작용을 하는 바이러스를 인 공적으로 세포에 감염시켜서 세포 융합을 한다.

㉯ 약제 이용 : 폴리에틸렌 글리콜과 같은 약제를 사용하여 세포막 을 인공적으로 녹여서 융합시킨다.

② 세포 융합의 예

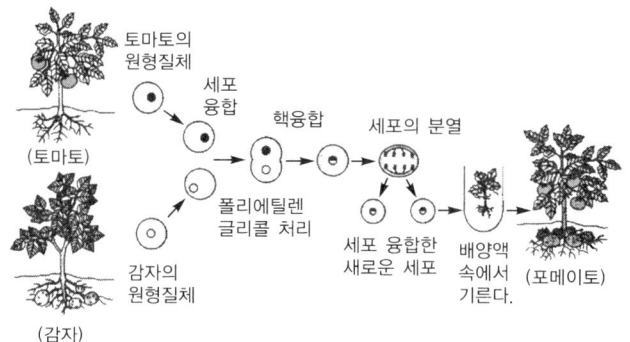

토마토의 원형질체
세포 융합
핵융합
세포의 분열
(토마토)
폴리에틸렌 글리콜 처리
감자의 원형질체
(감자)
세포 융합한 새로운 세포
배양액 속에서 기른다.
(포메이토)

그림 X-11 ▲ 포메이토의 세포 융합 과정

포메이토
2003.6

그림 X-12 ▲ 포메이토

그림 X-13 ▲ 가자

그림 X-14 ▲ 무추

4 ▶ 시설 원예

계절에 관계없이 채소와 과실 등을 먹을 수 있도록 시설을 이용하여 이들 원예 작물을 재배하는 방법이다.

(1) 시설 원예의 종류

① **비닐 하우스 재배** : 채소류의 촉성 재배 또는 열대 식물을 재배하기 위하여 비닐 필름을 씌운 온실에서 재배하는 것이다.

② **터널 재배** : 대나무나 플라스틱 파이프의 양끝을 땅 속에 묻어 터널 모양으로 만든 뒤 염화비닐이나 폴리에틸렌 필름으로 피복하여 보온한다. 이 시설은 작물의 생육을 촉진하거나 추운 계절에도 안전하게 생육시키는 재배 방법이다.

③ **시설 원예의 발전** : 시설 원예의 발전은 유리·비닐 등의 피복자재의 개발과 보급에 따른 비닐 하우스나 유리 온실에 의한 촉성 재배와 억제 재배가 발달하였다. 또한, 하우스 구조의 다양화와 시설 정비의 고도화가 이루어졌다. 실내 온도를 높이고 난방하는 기술도 이러한 발전과 더불어 볏짚·낙엽 등의 재료를 이용한 온상으로부터 중유 연소에 의한 가온기나 환기 장치를 갖춘 근대적인 시설로 발달하게 되었다.

한편, 피복으로 말미암아 강수의 공급이 단절되므로 관수 장치가 필요하게 된다. 또 저온 아래에서의 탄소 동화 작용의 효율을 높이기 위하여 이산화탄소 공급기를 사용하고 있는 시설도 발전하게 되었다. 이러한 장치화된 시설과 컴퓨터 시스템을 결합시켜 작물의 생육 단계와 환경 조건의 변화에 맞춘 과학적인 재배 관리를 할 수 있는 시스템화된 시설 원예가 등장하고 있다.

(2) 식물 공장

식물 공장은 환경 조건을 작물 생장에 알맞게 제어하고, 생산 공정을 규격화하여 대량 생산을 가능하게 한 것으로 작물 수요에 따라 생산 계획을 수립할 수 있고, 파종에서 수확은 물론 유통까지 종합적으로 대처할 수 있도록 하는 고효율 작물 생산 시스템을 말한다.

① **식물 공장의 역사** : 식물 공장은 일조량이 적어 일반 재배가 어려운 북유럽에서 시작되었으며, 그 선두는 덴마크의 크리스텐센 농장이다. 그 후 본격적인 실용화 연구는 1970년대에 미국에서 시작되어 제너럴 일렉트릭(General Electric) 사, 제너럴 밀(General Mills) 사 , 제너럴 후드(General Foods) 사 등이 완전 제어형 공장을 개발했다. 그러나 개발 후 얼마 뒤 채산성이 없어 개발이 중지되었다. 이 중에서는 제너럴 밀(General Mills) 회사를 인수한 파이토팜 회사가 실용화에 성공했다.

네덜란드, 캐나다 등에서도 식물 공장을 만들어 실용화하고 있고, 1980년대부터는 토지가 비싼 일본에서 개발이 왕성했다. 1987년에는 세계 최초로 일본에서 식물 공장 시스템 박람회가 열렸으며, 그 후 여러 곳에서 시설 원예 국제 심포지엄이 열려 원예의 첨단 기술인 식물 공장, 우주 농업 등에 대하여 각국에서 많은 연구

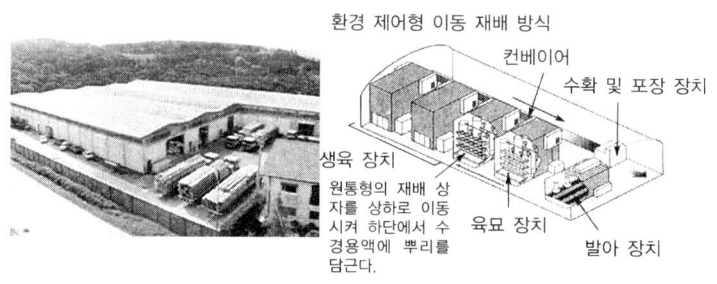

환경 제어형 이동 재배 방식
컨베이어
수확 및 포장 장치
생육 장치
원통형의 재배 상자를 상하로 이동시켜 하단에서 수경용액에 뿌리를 담근다.
육묘 장치
발아 장치

그림 X-15 ▲ 식물 공장

결과가 발표되었으며, 첨단 설비가 전시되었다. 일본에서는 1989년 식물 공장 학회가 설립되기도 했다.

우리 나라에서는 경우 1990년대에 이르러 산발적으로 연구가 이루어지기 시작했으며, 1997년 8월 한국 식물 공장 연구회가 결성됨에 따라 식물 공장에 대한 체계적인 연구가 이루어지게 되었다.

② **식물 공장의 장·단점**

㉮ 장점

　㉠ 생산 환경이 자연 조건과 무관하다.

　㉡ 토지 이용률이 높아 땅값이 비싼 곳에서도 유리하다.

　㉢ 큰 도시의 소비지 가까운 곳에 설치할 수 있다.

　㉣ 생산량 및 품질의 안정화가 가능하다.

　㉤ 노동력을 경감시킨다.

㉯ 단점

　㉠ 조명 전력과 겨울철 난방을 위한 전력 소비가 많다.

　㉡ 시설 설비비가 많이 든다.

③ **식물 공장의 구조 및 설비**

㉮ 수경 재배 : 수경(水耕)이란 뿌리를 양액 속에 담겨진 상태로 재배하는 방식으로, 산소 공급의 효율화를 위해 양액의 깊이나 흐름을 조절하거나 강제 폭기 장치(强制爆氣裝置)를 부착하여 대기압에 가깝게 하면서 재배하는 방식을 말한다.

　㉠ 분무경 재배 : 분무경(噴霧耕) 재배는 식물의 뿌리를 양액이나 고형배지(固形培地)에 두지 않고, 공기 중에 매달아 양액을 분무하여 식물을 재배하는 기술을 말하며, 공기경(空氣耕)이라고도 한다.

　㉡ 분무 수경 재배 : 분무 수경(噴霧水耕)이란 수기경(水氣耕)이라고도 한다. 배양액을 뿌리에 분무함과 동시에 약간의 배양액을 베드 밑부분에 넣어 뿌리의 일부를 담가 재배하는 방식

으로, 분무경과 수경의 절충 방식이라고 할 수 있다.

ⓒ **고형 배지경 재배** : 고형 배지경(固形培地耕)이란 고형 배지를 이용하여 재배하는 방법이다. 배지의 종류에 따라 역경(礫耕; gravel culture), 사경(砂耕; sand culture), 왕겨경, 훈탄경(燻炭耕), 우레탄경, 암면경(rock wool culture) 등으로 구분된다.

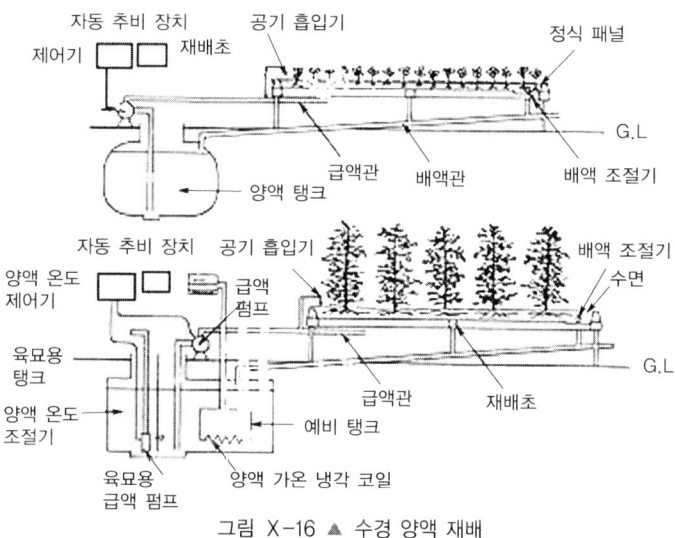

그림 X-16 ▲ 수경 양액 재배

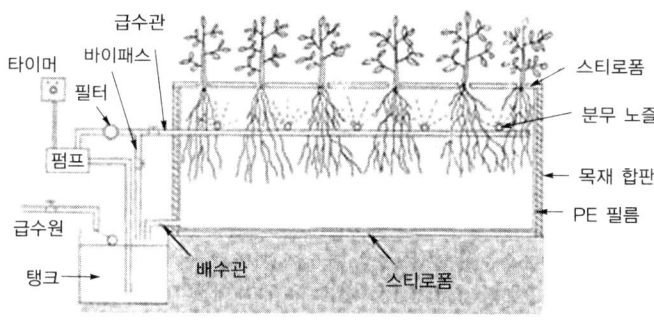

그림 X-17 ▲ 분무경 양액 재배

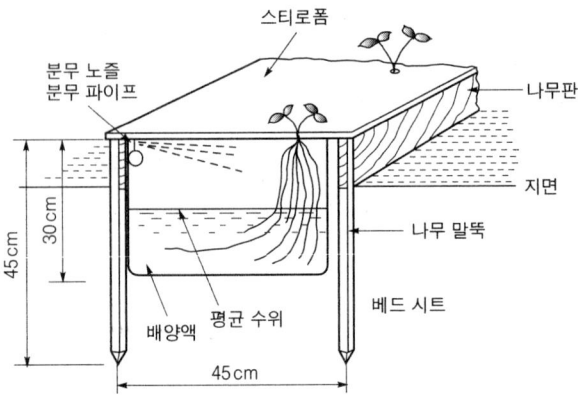

그림 X-18 ▲ 분무 수경 양액 재배

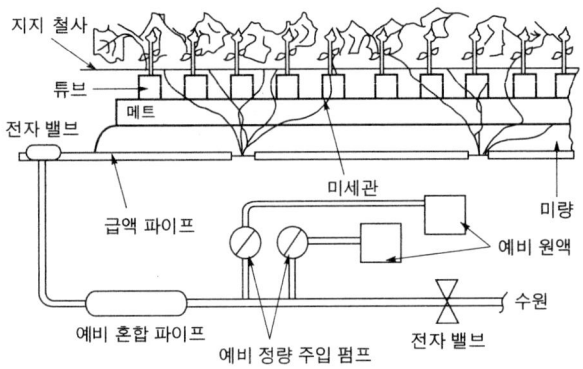

그림 X-19 ▲ 고형 배지경 양액 재배

㉯ 양액 재배

　㉠ 양액 재배의 정의 : 양액 재배(nutrient culture)를 처음에
　　는 수경 재배(hydroponics, soilless culture)라고 하였다.
　　수경 재배의 의미는 영양소가 들어 있는 수경액 속에 뿌리를
　　담아서 식물을 생장시키는 것을 말한다.
　　최근에는 천연 배지 또는 인조 배지를 이용해서 식물을 재배
　　할 뿐만 아니라 식물을 물이나 배지에 의존하지 않고 공중에

뿌리를 매달아 근권(根圈)에 양액을 분무시켜 재배하는 분무 수경법 등이 등장하면서 수경 재배보다는 양액 재배가 보다 포괄적 의미를 갖게 되었다.

양액 재배는 토양을 사용하지 않고 암면, 자갈, 모래, 그리고 톱밥 등에 양액을 공급하여 식물을 가꾸는 것을 무토양 재배(soilless culture)라고 한다. 어떤 배지도 사용하지 않고 물만을 사용하는 재배를 순수 수경 재배(water culture)라 한다. 그러나 최근에는 순수 수경이나 무토양 재배를 혼용해서 사용하고 있으며, 이들 모두가 포괄적 의미의 수경 재배 즉, 양액 재배의 범주에 속하고 있다. 그래서 현재 수경 재배를 토양 이 외의 배지(medium)에서 기르는 것이라고 말한다. 일본에서는 이를 양액 재배라 하며, 최근에 우리 나라에서도 양액 재배라고 하고 있다. 그러므로 수경 재배는 순수 수경 즉, 물에서만 재배하는 것이라고 할 수 있다. 그러나 양액 재배는 토양 이외의 몇 가지 배지 또는 무배지 상태에서 식물을 기르는 것이라고 할 수 있다.

ⓒ 양액 재배의 장점
 • 연작(連作) 상해를 피할 수 있다.
 • 연간 계속 생산이 가능하다.
 • 저농약 청정 식물로 생산이 가능하다.
 • 물이나 비료를 작물 재배에 효율적으로 사용할 수 있다.
 • 환경 오염이 없는 생태 조화형 작물 재배와 기계화, 장치화를 이용한 새로운 기술의 적용으로 신품종 개발이 가능하다.

④ **태양광 식물 공장** : 건조 지대에 설치하면 증발, 냉방을 값싸게 사용할 수 있고, 한랭지에 설치하면 여름철에도 서늘한 기온을 좋아하는 작물을 재배할 수 있다.

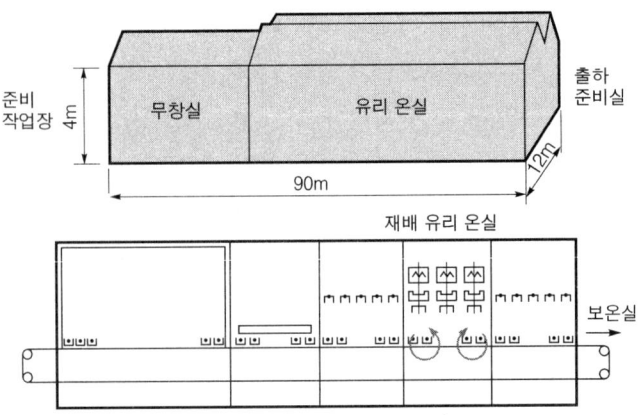

그림 X-20 ▲ 태양광 식물 공장

참고 문헌

• 이상혁(1992). 현대산업·기술의 이해. 대한교과서(주).
• 정원복(2000). 식물 유전 육종학. 동아대학교 출판부.
• 정승근 외6(2000). 작물 재배학 원론. 충북대학교 출판부.
• 박권우(1998). 양액재배. 아카데미 서적.
• http://ccnews.co.kr/tomato/cultivation/
• http://hydropo.home.uos.ac.kr/
• http://vegetables.pe.kr/vegetablesgallery/root_vegetables

찾아보기

INDEX

알기 쉬운
첨단산업기술

2005. 3. 31. 초 판 1쇄 발행
2010. 3. 19. 초 판 2쇄 발행
2014. 3. 10. 개정증보1판 1쇄 발행

지은이 | 이상혁
펴낸이 | 이종춘
펴낸곳 | BM 성안당

주소 | 121-838 서울시 마포구 양화로 127 첨단빌딩 5층(출판기획 R&D 센터)
     | 413-120 경기도 파주시 문발로 112(제작 및 물류)
전화 | 02) 3142-0036
     | 031) 955-0511
팩스 | 031) 955-0510
등록 | 1973.2.1 제13-12호
출판사 홈페이지 | **www.cyber.co.kr**
ISBN | 978-89-315-7728-0 (13500)
정가 | 15,000원

이 책을 만든 사람들
기획 | 황철규
진행 | 김용하
교정·교열 | 이동원
전산편집 | 전미숙
표지 | 임형준
홍보 | 최고운
마케팅 | 구본철, 차정욱, 이상무, 채재석, 강호묵
제작 | 김유석